Das ist der erste
dieser Teile.
Suche nach
den anderen.

CHENERAH »KECAR« GAJAZE

VULPES
LUPUS
CANIS

ᲣᎾᏁᏞᏢᎬᏐ ᏞᏐᏢᏐᏒᏐ ᏞᏗᏳᎠᏐ

ROMAN

Impressum:

Text: © 2019 Copyright by Chenerah Gajaze

Umschlag: © 2021 Copyright by Marion Morgenroth

www.marion-morgenroth.de

Verlag:

Chenerah Gajaze

Claudiusstr. 13

59368 Werne

Druck: wir-machen-druck.de

ISBN Hardcover: 978-3-748573-32-6
ISBN Softcover: 978-3-752943-87-0
ISBN E-Book: 978-3-748574-64-4

Für die Welt, die mich
vom Anbeginn meiner Zeit
bis zu deren Ende begleitet
hat.
An Hund und Freund,
Schmerz und Freude.
In innigem Dank für die
Lehre des Sehens, die ihr
mir in Liebe und Hass ge-
schenkt habt.

*»Zu leben bedeutet nicht
ein Anpassen an die derzeitige
Situation, sondern das immer
neue Schaffen seiner eigenen
Realität.«*

Chenerah »Kecar« Gajaze

Inhalt:

VORWORT

Anthro-Geschichten, also Geschichten, in denen zweibeinige Tiere eine Rolle spielen, gibt es genug. Zumindest weiß ich, dass viele Menschen solche Storys schreiben. Manche von ihnen sind mit größter Sorgfalt und Ernsthaftigkeit verfasst, haben viele kreative Stunden verschlungen.

Warum Sie gerade diese hier lesen sollten?

Sollten Sie nicht, aber Sie dürfen natürlich!

Ich habe mir nie Gedanken darüber gemacht, ob all das hier irgendwann jemand lesen wird. Schließlich wollte ich auch kein Geld damit verdienen oder mich rühmen, ein Buch geschrieben zu haben. Ich war früher recht bescheiden, wenn es darum ging, meine Qualitäten und Fähigkeiten beim Namen zu nennen.

Dieses Buch sollte es ursprünglich nicht zu kaufen geben.

So, wie auch nicht die Wahrheit.

Wir glauben an sie, oder eben nicht. Sie ist gratis, jedem zugänglich und spannend – manchmal aber eben etwas unkonventionell und verwirrend.

Wenn Sie erkannt haben, was ich damit sagen will, dann haben Sie den Kern dieser Geschichte bereits verstanden und werden möglicherweise Spaß daran haben, sie zu lesen.

Wie auch immer dieses Werk in Ihre ›Pfoten‹ gelangt ist, offensichtlich haben Sie mindestens eine der Voraussetzungen erfüllt, um dieser Geschichte würdig zu sein: Entweder ich selbst habe sie Ihnen zukommen lassen, oder Sie haben sie sich angeeignet, was wiederum Neugier bedeuten würde.

Das Thema dieser Geschichte wird sich sicher von dem vieler anderer ihrer Art unterscheiden, denn es geht hier nicht nur schlicht um die Erzählung eines Traums. Hier werden keine Geschichten erzählt, die sich so oder so ähnlich auch auf der Erde hätten zutragen können. Dies ist auch keine Fan-Fiction – obwohl ich gewissermaßen auch ›Fan‹ einer Idee geworden bin. Wenn Sie wissen, dass ›Fan‹ die Kurzform für Fanatismus ist, können Sie erahnen, dass ich sehr vernarrt in meine Ideen dazu war.

Dazu aber später mehr.

Dieses Werk dient meiner ganz persönlichen Aussprache mit der Welt: Das, was ich schon immer sagen wollte, sage ich hier drin. Ich habe nicht wenig zu erzählen, weshalb diese Geschichte sehr umfangreich ist.

Besonders ist auch, dass ich selbst (als Mensch und menschenähnliches Wesen) hier meine Handlung habe und meinen Protagonisten ein Begleiter durch die Geschichte bin. Ich gebe ihnen damit nach und nach das Bewusstsein, dass sie selbst auch nichts weiter sind, als das, was Sie hier im Begriff sind zu lesen: Einfach nur die Geschichte einer Idee davon, was meine eigene Wahrheit ist.

I. Geburt einer Idee

Alles hat einen Anfang, wird geboren.
Alles hat ein Ende, stirbt irgendwann.

Selbst ein Mensch ist manchmal die Geburtsstätte einer Idee – nennen wir sie Fiktion oder Geschichte. Sie beginnt und endet irgendwann. Der Beginn einer Idee setzt ihr Ende bereits voraus. Doch all das, was dazwischenliegt, ist eine Zeit, welche wir mit guten und schlechten Dingen zu erfüllen wissen müssen.

Auch ich verlebe gerade die letzten Tage meiner Zeit, worüber ich aber nicht wütend bin.

Ich bin in Sorge.

Werde ich die Zeit haben, etwas zu hinterlassen?

Ich weiß es nicht, aber versuche es.

Du bist bei mir, wer immer Du auch bist. Ich weiß, dass Du da bist und jedes Wort verstehst, welches meinen Gedanken entflieht und zu Schrift wird.

Mein unsichtbarer Zuhörer – männlich, weiblich, alt oder jung. Wer immer Du sein magst, es ist schön, dass Du jetzt hier bei mir bist, freiwillig, vielleicht etwas scheu und neugierig.

Dir möchte ich von dem erzählen, was ich in einer langen Zeit des totalen Niedergangs in scheinbar ewigem Schweigen erlebt habe.

Ein Teil von mir war stets unabhängig, autonom – doch auch rachsüchtig, ignorant, zuweilen depressiv und ver-

stimmt. Ein anderer war stets sensibel, ängstlich und zurück-
haltend. Am ehesten gefiel mir letzterer, doch leider war das
auch der, der immer genau wusste, wie man sich vor ›all den
bösen Menschen‹ verstecken konnte.

Um verstehen zu können, wie mein Herz schlug, wer ich
war und was ich empfunden habe, ist es wichtig, dass ein
interessierter Mensch wie Du meine Worte liest. Von all
dem, was ich je erlebte, was mich ausmachte und was aus
mir geworden war – oder hätte werden sollen – werde ich
Dir nun erzählen, verpackt in dieser Geschichte.

Sie spielt in verschiedenen Genres, die wunderbar zusammen funktionieren und miteinander verschmelzen. Doch
egal, welcher Gattung dieses Werk am Ende am ehesten angehören mag: Entscheidend ist nur zu wissen, dass alles, was
ich Dir jetzt sagen werde, die Wahrheit ist – nämlich meine
Wahrheit. All das hat sich tatsächlich so zugetragen. Natürlich nicht in Deiner Welt, sondern in meiner.

Ich kann mir vorstellen, dass das ein wenig verrückt klingt,
denn es ist sehr schwierig zu erklären. Deshalb erzählt meine
Lebensgeschichte davon: Man kann seine Umwelt je nach
Eignung und Anlage anders erleben als andere Menschen.
Während andere Menschen sich eben Gedanken darüber
machten, ob parallele Welten tatsächlich existieren oder
nicht, wusste ich irgendwann, dass es einfach so sein musste.

Zwar konnte ich diese Ideen nicht beweisen, hatte auch nie
›die andere Seite‹ mit eigenen Augen gesehen, aber ich
fühlte, dass in meinem Leben mehr existieren musste, als
das, was ich imstande war mit meinen beschränkten Sinnen

zu erfassen. Mehr, als es mir möglich war, mit meinem unterentwickelten, menschlichen Geist zu begreifen.

Ich hatte für dieses Wissen auch eine ebenso plausible, wie auch für mich bedeutsame Erklärung: Schon zu Beginn meiner Zeit war ich ein Kind (vornehmlich psychischer) Gewalt und einer grundlosen, mir unverständlichen Ablehnung. Ich konnte nie behaupten, die Liebe meiner Mitmenschen je wirklich gespürt zu haben.

Eine lange Zeit dachte ich, sie wollten mir nie Wärme und Geborgenheit entgegenbringen, aus welchen Gründen auch immer. Irgendwann fiel mir jedoch ein, dass ich vielleicht in jungen Jahren einfach noch nicht dazu in der Lage gewesen sein konnte, ihre zweifelhafte Art der Liebe richtig zu deuten und zu verstehen. Aus diesem Mangel entwickelte sich schließlich ein Geist, der stets hochsensibel, gutherzig, freundlich und sehr wissbegierig war.

Meine Mitmenschen zu trösten erschien mir selbstverständlich. Sie alle gleichermaßen zu mögen und gleich zu behandeln war normal für mich. Obwohl ich dabei stets uneigennützig handelte, kam mir die Idee damals noch gar nicht, dass ein Gott existieren könnte, der mich beobachtete und meine Taten am Ende meines Lebens bewerten würde.

Fairerweise muss ich aber zugeben, dass ich in jungen Jahren oft Anlass für Ablehnung gegeben habe, doch davon zu erzählen wäre eintönig und ginge am Thema meiner Geschichte etwas vorbei.

Ich hatte jedoch zu keiner Zeit einem Menschen bewusst etwas Schlechtes gewünscht, geschweige denn getan. Ich besaß genug sensible Liebe und Großzügigkeit für sie alle, wann immer es mir möglich war, half ich ihnen, wo ich nur konnte. Sicher war es damals für mich noch nicht vorauszusehen, dass dieses Verhalten dazu führen würde, dass man mich ausnutzte. Die anderen würden vergessen, dass ich ein Wesen war, das nicht nur Gefühle hatte, sondern sogar so empfindsam war, dass es mir irgendwann ein Leichtes wurde, schnell zu erkennen, wann ein Mensch mich belog oder ob er es wirklich wert war, geliebt zu werden.

Im Laufe der Zeit hatte ich jedoch vergessen, was Liebe bedeutet, was sie ausmacht und auch, dass jeder Mensch sie faktisch brauchte, um zu existieren. Auch ich hungerte, lechzte nach ihr, ohne es wirklich wahrzunehmen. Ehrlich gesagt, hatte ich nie das Gefühl, einen anderen Menschen wirklich zu lieben – also rein emotional. Ich konnte es nicht.

Bis ans Ende meiner Zeit hatte ich viele Dinge gelernt: Manches hatte ich mir selbst angeeignet. Anderes lernte ich in der Schule. Doch die meisten Dinge hatte ich nicht beigebracht bekommen oder selbst erkannt, sondern sie waren einfach da.

Das mag unglaubwürdig klingen, aber die Fähigkeit zu kommunizieren brachte mir niemand bei. *Wie* ich etwas zu sagen oder zu schreiben hatte, dieses Wissen kam von ganz allein. Irgendwann war es da, entwickelte sich und reifte. Das Werkzeug der Kommunikation auf verbaler Ebene, gepaart mit der Sensibilität für das Erkennen und Diagnostizieren menschlichen Verhaltens, mutete an, eine sehr mächtige und nützliche Waffe zu werden. Doch diese schien schwach im Vergleich zu dem, was ich nicht imstande war zu erlernen, zu verstehen oder zu geben: Da ich nie das Gefühl hatte, wirklich geliebt worden zu sein, wusste ich nicht, wie es sich anfühlte und konnte diese Empfindung demnach auch nicht erzeugen oder an andere weitergeben – so gerne ich mir dies manchmal auch gewünscht hätte.

Dennoch gab ich meinen Mitmenschen nicht wirklich die Schuld dafür, denn vielleicht wurde ich geliebt und konnte dieses Gefühl nur nicht verstehen und reflektieren.

Trotzdem soll meine Geschichte kein Klagewerk werden, obgleich die *wahre* Liebe, nach welcher ich mich so sehr sehnte, in ihr ein sehr großes Thema ist. An vielen Stellen wird sie nicht nur randläufig erwähnt, sondern gipfelt auch hin und wieder in Erotik, weshalb Du als Teilhaber schon eine gewisse Reife mitbringen solltest.

Ich hoffe, Du bist schon volljährig!?

Ach, was überlege ich, ich kann Dich ohnehin nicht sehen. Wenn es Dir also zu viel wird, ruf laut »Stopp« und lege das Buch beiseite.

Reife ist aber auch nötig, um die Zusammenhänge zwischen Handlung und meinen Gefühlen als Mensch zu verstehen, denn nicht immer wird es mir gelingen, den Schleier dessen weit genug zu lüften, was ich dachte, empfand und ursprünglich sagen wollte. Vieles wird im ersten Moment verwirrend, im nächsten aber auch wieder glasklar erscheinen.

Alles in allem hast Du dich also dazu entschlossen, mir zuzuhören, indem du dieses Buch liest.

Warum eigentlich? Neugier?

Gut so! Neugier ist das, was viele Wesen zur Entwicklung von Ideen antreibt. Wo wir wieder bei den Ideen sind: Als Mensch, der sensibel und sehr fantasievoll war, erdachte ich mir schon als Kleinkind fiktive Freunde. Das an sich war nichts Ungewöhnliches. Ich meine, wir alle kennen solche Phasen. Irgendwann aber begann ich, mich nach einem Gefühl zu sehnen, was man durchaus als Liebe bezeichnen kann. Nennen wir es noch Zugehörigkeit, Achtung und das Gefühl der Schätzung. Mit anderen Worten: Für all die Großherzigkeit, die ich meinen Mitmenschen hatte zuteilwerden lassen (wofür ich fast nie einen Lohn verlangte), wollte ich irgendwann etwas zurückhaben. Und da die Menschen mir nicht das geben konnten, woran ich am meisten interessiert war (Liebe und Wertschätzung), fand ich einen Weg, mir diese Dinge woanders zu holen.

Ich betrachtete meine Fantasie, ihre Farben, Wendungen, ihre Entstehungsgeschichte und begann langsam, mich emotional an sie zu binden. Es kam immer häufiger der Moment, in dem ich mich in meine Traumwelt zurückzog – zuerst rein gedanklich. Als ich in die Pubertät kam, war es für mich nur natürlich, mich auch körperlich zu meiner Fantasie hingezogen zu fühlen. Irgendwann empfand ich sie nicht mehr nur als Möglichkeit abzuschalten, sondern entwickelte sehr starke Gefühle für sie.

Um zu verstehen, wie man für etwas Fiktives überhaupt Gefühle haben kann, ohne, dass hierbei ein physisch greifbares Gegenüber existiert, musst Du wissen, dass es sich bei diesen Fantastereien um Tier-Mensch-Hybriden, Anthros, handelte.

Das waren Geschöpfe, Tieren ähnlich, die auf zwei Beinen laufen und sprechen konnten. Wesen, die mein Leben vom Anbeginn meiner Zeit bis zu deren Ende begleiteten. Ich hatte viel mit ihnen erlebt, schwere Zeiten mit ihrer Hilfe überwunden und wurde so irgendwann ein Teil ihrer Welt.

Wer oder was diese Kreaturen waren, woher sie kamen, wo sie lebten und was sie ausmachte: Die Antworten darauf werden Dich nicht immer erfreuen, soviel sei vorab gesagt. Wenn Du aber den Mut hast weiterzulesen, manchmal vielleicht die Zähne zusammenzubeißen, dann verspreche ich Dir, wirst Du eine sehr lehrreiche, fantastische und ehrliche Geschichte lesen, wie Du sie noch nie vernommen hast …

Einst war ich Chenerah Gajaze.

Doch eigentlich war ich es nicht. Das war nur der Name, den ich mir einst selbst gegeben hatte. Ein Name, den die Welt um mich herum nie akzeptierte. Ich gab ihn mir aus Liebe und Leidenschaft und er war bezeichnend für meine Ehrerbietung, die ich meiner Welt zuteilwerden ließ. Er war auferstanden aus den Wirren eines Krieges, den mein Geist mit sich selbst führte, einem Kampf dreier Persönlichkeiten. Es ging keiner von ihnen um die Vorherrschaft in meinen Gedanken, jedoch wollte jede von ihnen Teil der anderen sein, ewig miteinander verbunden, geordnet und klar.

Der Weg dorthin fiel mir nicht leicht und es kostete unendlich viel Kraft zu begreifen, dass dieser Kampf meine Persönlichkeit ausmachte.

Meinen drei Geistern zu helfen, sich miteinander zu vereinen, war das schwierigste Unterfangen, welches ich je erstreiten wollte. Es fiel mir schwer, all ihren Gesprächen und

Argumenten zuzuhören, ohne einem von ihnen recht zu geben und die anderen damit zu verletzen.

Ich war ein Kind des Glaubens, der Liebe und der Hoffnung. So blieb ich auch immer (gefühlt) für mich allein, bis ich irgendwann erkannte, dass es mein inneres Bestreben war, meinen Träumen und Wünschen zu begegnen. Es dauerte viele Jahre, bis ich herausfand, wie einsam ich war, auf der Suche nach diesen Wesen, die ich unter all den Menschen, die mich umgaben, niemals hätte finden können.

Sieben Jahre Einsamkeit. Im Anschluss dann ein Ende mit Schrecken. Das Ende meiner Zeit. Es war ganz nah, das fühlte ich. Hätte ich nicht in diesem Krankenzimmer gelegen, hätte ich es auch so gewusst: Die Zeit rann mir durch meine Hände wie Sand. Unaufhaltsam bahnte sich mein Schicksal seinen Weg, denn meine letzten Tage waren angebrochen.

So lag ich nun da, in diesem Zimmer, an diesem sterilen, trostlosen und einsamen Ort und blickte bewegungsmüde aus dem großen Fenster. Man war meinem Wunsch gefolgt und hatte das Bett Richtung Osten gedreht, dorthin, wo die Sonne aufging.

Konzentriert blickte ich zum Horizont, den der offene Hinterhof des Hospizes freigab. Ich dachte über den anstehenden Termin nach: Mein Psychologe wollte mich besuchen, um mich wieder zu interviewen. Er war sehr aufgeschlossen, was mir sehr wichtig war. Schließlich sollte ich bald an diesem bescheuerten Magenkrebs sterben; und da war es mir schon recht, wenn jemand Neutrales sich anhörte, was ich abschließend zum Leben noch zu sagen hatte.

Ich wollte keine großen Reden schwingen oder irgendwelche Weisheiten zum Besten geben, die ich eh nicht zu meinen Erkenntnissen zählte, sondern einfach nur reden. Über mein Leben, meine Ideen, das alles hier. Über Glaube, Liebe, Hoffnung – nicht über die Traurigkeit, die ich logischerweise empfand. Ich meine, nicht jeden Tag bekommt man die erschütternde Diagnose ›Krebs im Endstadium‹. Sie war unumstößlich, sollte mich aber nicht davon abhalten, jemandem meine Geschichte zu erzählen – im Gegenteil: Jetzt hatte ich das drängende Gefühl, es sei an der Zeit; und ich hoffte, es bliebe genug von ihr übrig um all das zu sagen, was ich glaubte loswerden zu wollen.

Immer wenn ich aus diesem Fenster starrte und die Leute beobachtete, die im Innenhof Angehörige in Rollstühlen durch die Gegend fuhren, schienen manche von ihnen verschwunden, andere hinzugekommen zu sein.

Alle, die sie dasaßen, mussten sterben.

Die Alten und Jungen.

Dazu waren sie schließlich hier.

Merkwürdigerweise konnte ich in den Augen ihrer schiebenden Genossen nie einen Ausdruck wahrhaftiger Trauer entdecken. Still und langsam rollten sie diese Karren vor sich her, in Gedanken wohl gar nicht realisierend, dass es stets das letzte Mal sein könnte, dass sie ihre Lieben sehen würden.

Mein Sinnieren wurde harsch unterbrochen, als plötzlich die Zimmertür aufging und ich erschrak. Mein Psychologe war gekommen und klopfte wieder einmal nicht an. Manieren hatte er nicht, aber vielleicht gefiel er mir deswegen auch so.

Er war Mitte vierzig, trug einen Vollbart und hatte grau meliertes Haar. Manchmal wirkte er schusselig und irgendwie so, als würde er sein Äußeres vernachlässigen. Obwohl ich der Meinung war, er hätte mehr aus sich machen können, schien er jedoch nicht ungepflegt zu sein.

»Hallo und guten Tag, Herr Gajaze! Wie geht es Ihnen heute?«, fragte er und ging auf mein Bett zu.

»Sie haben mich ganz schön erschreckt«, schmetterte ich dieser Floskel entgegen.

»Tut mir leid.«

»Alles in allem ist es schon ganz nett hier, sobald meine Drogen anfangen zu wirken. Sie machen die Sache hier deutlich bunter.«

Der Psychologe grinste und holte sich einen Stuhl, den er neben mein Bett stellte und sich setzte.

»Haben Sie heute Ihr Diktiergerät dabei?«, fragte ich.

»Ja, habe ich«, bestätigte er und holte besagten Gegenstand aus der Tasche seines langen, braunen Mantels.

»Das ist schön«, lächelte ich und fragte ihn nach seinen Vorstellungen vom Ablauf des heutigen Interviews.

»Nun«, seufzte er und legte den Apparat auf den Nachttisch, »ich würde sagen, wir machen es so wie immer. Sie wollten mir heute ja etwas mehr erzählen. Legen Sie los, wann immer Ihnen danach ist. Ich und das Diktiergerät sprechen nicht und hören nur zu. Solange Sie möchten und sich fit genug fühlen, versteht sich. Ich jedenfalls habe viel Zeit mitgebracht.«

Ich nickte.

»Sie können auch jederzeit aufhören oder pausieren. Alles wird auf der Speicherkarte aufgezeichnet. Ich kann die Datei dann im Nachhinein bearbeiten.«

Ich dachte kurz nach und sagte dann: »Sie sollten wissen, dass ich Ihnen die volle Wahrheit sagen werde.«

»Das setze ich voraus, Herr Gajaze. Das ist schließlich in Ihrem Interesse«, bestätigte der Psychologe. »Lügen würde ja keinen Sinn ergeben.«

Ich blickte einen Moment lang erneut zum Fenster und mahnte: »Sie werden Dinge hören, die keiner von denen jemals verstanden hat. Manches wird sehr böse, anderes sehr abscheulich wirken. Also sagen Sie nachher nicht, ich hätte Sie nicht gewarnt.«

»Herr Gajaze …«, entgegnete er, worauf ich den Kopf wieder in seine Richtung drehte, »Sie können hier sagen, was immer Sie wollen. Niemand wird Sie für irgendwas je zur Rechenschaft ziehen.«

»Ja, schließlich sterbe ich. Was will man mir noch vorhalten?«, meinte ich abwertend.

»Es ist schade, dass Sie sich nicht rechtzeitig haben helfen lassen, aber das war eben Ihre Entscheidung, Herr Gajaze. Ich respektiere das, wie Sie wissen. Es hat durchaus seine Vorteile: Sie sind jetzt quasi unantastbar«, bestätigte mein Zuhörer.

»So ist es. Dann erzähle ich Ihnen jetzt, wer ich bin, wer ich sein wollte und woran ich dabei gescheitert bin. Läuft das Gerät?«

Der Mann erschrak leicht und schaltete den Rekorder ein, was er mir mit einem »So, jetzt« klarmachte.

Mein Herz klopfte stark. Ich war sehr aufgeregt, denn zum ersten Mal würde ich einem Menschen die ganze Geschichte meiner eigenen Welt erzählen. Vollkommen ungeschminkt, manchmal hart, peinlich, aber auch sehr schön, lustig und euphorisch.

Ich entspannte meinen Körper und atmete tief ein. Es fiel mir leichter, zu sprechen, wenn ich dabei niemanden ansah. Also schaute ich zur Decke, sodass ich in meinen Augenwinkeln nichts mehr erkennen konnte. So wirkte es, als blickte ich in eine reine, weiße Unendlichkeit, die ich fast schon hätte anfassen können.

Ich dachte einen Moment nach, beobachtet von meinem Zuhörer, sinnierte dann: »Die einzige Wahrheit der Welt liegt in ihrer Stille.«

Der Psychologe und ich lachten kurz, denn diese Phrase hatte er in unseren Sitzungen öfter von mir gehört. Er wollte von allem wissen, was ich als wahr empfand, selbst wenn es nie wirklich stattgefunden hatte. Ich schloss meine Augen und holte mir eine meiner Visionen hervor, die ich zeit meines Lebens nie vergessen hatte.

»Meine fiktiven Wesen sind Tiere, die aber wie Menschen auf zwei Beinen laufen. Sie haben Fell, tragen aber Kleidung und können sprechen. Wenn man so will, sind sie eine Art

Hybriden-Wesen, Tier-Menschen, Anthros, die ebenso Bedürfnisse haben wie wir. Ich habe irgendwann damit angefangen, mir in solchen Geschöpfen meine Vorbilder zu suchen. Das ging so weit, dass ich mich in eines von ihnen verliebte.«

Der Psychologe schaute mich gespannt an, als ich wieder die Augen öffnete.

»In ein männliches oder weibliches?«, fragte er, obwohl er es eigentlich hätte besser wissen müssen.

Ich antwortete nicht, was in seinem Kopf ein lautes Klingeln hervorzurufen schien.

»Verstehe. Wer war er?«, fragte er weiter.

»Nein, wer *ist* er?«, korrigierte ich und erzählte weiter, nachdem ich mich räusperte. »Sein Name ist Fox McCloud.«

Als ich diesen Namen nannte, drohte mein Herz förmlich zu zerspringen. Sofort stellte ich mir eine bewegte Szene von ihm vor und grinste. Ein tolles Gefühl!

»Ich habe ihn nicht selbst erfunden. Er ist eine Figur aus einem Videospiel. Wie soll ich sagen? Jemand anderes hat ihn gemacht.« Ich pausierte und suchte nach den passenden Worten, die auch er verstehen würde.

»Was fühlen Sie, wenn Sie an ihn denken?«, fragte mein Zuhörer, offenbar sehr interessiert.

»Tiefe, unendliche Liebe. Eine Art Wärme, Geborgenheit. Ich weiß nicht, woher sie kommt, aber dennoch ist sie da. Ich hätte es nie für möglich gehalten, dass Liebe so stark sein kann, dass man eine ganze fiktive Welt für jemanden entwickelt«, bemerkte ich und drehte meinen Kopf nach links, sodass mein Blick auf das an der Wand hängende Bild Fox

McClouds fiel. Sofort erblickte ich vor meinem inneren Auge kurze Bildsequenzen, in denen meine Hand über den pelzigen Körper dieses Fuchses strich.

Mein Gegenüber folgte meinem Blick und schien schlagartig zu verstehen. »Er ist offenbar sehr maskulin«, merkte er an und unterbrach meine Gedanken.

»Allerdings«, grinste ich süffisant. Ich seufzte und sprach weiter, ohne den Psychologen anzusehen: »Nun, wie auch immer … Ich habe mich in ihn verliebt, in ihm einen Ersatz gefunden. Nur deswegen gibt es die Geschichte, die ich Ihnen erzählen will. Und das will ich abschließen, ehe meine Zeit zu Ende geht.«

Nachdenklich fragte mein Zuhörer mich: »Okay, das verstehe ich irgendwie. Was aber soll ich eigentlich mit dem Text anfangen, den Sie hier draufsprechen?«

»Damit können Sie tun und lassen, was immer Sie wollen«, meinte ich. »Sie können daraus ja ein Buch machen. Vielleicht liest es ja jemand. Wichtig ist mir nur, dass ich Ihnen alles erzählt habe.«

»Also gut. Was wir damit machen, können wir später noch besprechen. Ich würde sagen, ich verhalte mich jetzt still und Sie legen einfach los. Sagen Sie, wenn Sie eine Pause brauchen, Herr Gajaze.«

»Okay, also los«, sagte ich und ein weiterer, tiefer Seufzer folgte.

»Die Geschichte besagter Wesen und meiner Liebe zu ihnen beginnt mit der Theorie, dass es immer einen Ursprungspunkt geben muss – vielleicht jemand Göttlichen, der die Idee hatte, etwas zu erschaffen. Dies ist die Entstehungsgeschichte aus der Sicht meiner Freunde, meiner geliebten Wesen, welche ebenfalls auf der immerwährenden Suche nach einer Antwort auf die drei größten aller Fragen waren: »Wer sind wir, woher kommen wir, wo gehen wir hin?«

II. Aram und Eria

Residierend am Anfang einer dunklen Stunde schufen sieben Götter die Welt. Sie war nicht die, wie wir sie heute kennen: Dort gab es zuerst nichts als Wasser und die Lande, die unsere Arten heute so zahlreich bevölkern. Als die Schöpfer feststellten, dass die neue Welt farb- und leblos erschien, langweilten sie sich und beschlossen, sie mit vielen verschiedenen Lebewesen zu besiedeln. Dabei ließen sie ihren Ideen freien Lauf: So entwickelte die junge Natur schnell eine Vielzahl von Lebensformen. Jede Art war mit ganz eigenen Fähigkeiten ausgestattet.

Den Göttern gefiel es, dabei zuzusehen, welche Kämpfe sie ausfochten, um den jeweils anderen Rassen überlegen zu sein und das Überleben der eigenen zu sichern. Abermillionen Gattungen bewohnten den Planeten AlphaVul und ähnlich den Tieren auf Gaja, dem Heimatort der Menschen, gab es Säugetiere, Vögel, Reptilien, Amphibien, Fische und einige mehr. Wie auf Gaja waren die Säugetiere keiner komplexen Sprache mächtig. Die vielen Arten verstanden sich auch nicht untereinander und so waren sie gefangen in einem sich stets wiederholenden Wettstreit um die Vorherrschaft auf AlphaVul. Einige von ihnen starben schließlich aus, worüber sich ihre Götter jedoch keine Gedanken machten. Sie amüsierten sich darüber, wenn eine Gattung eine andere mithilfe von Trieben bezwungen und ausgelöscht hatte. Ohne, dass es hier schlichtweg um das Töten des Hungers wegen ging, metzelten sie sich gegenseitig nieder.

Doch einem der Götter gefiel bald nicht mehr, wessen er mitverantwortlich war und er beschloss, dem ein Ende zu setzen. Man wollte einen besseren Planeten schaffen, als es Gaja geworden war. Auf ihr gab es nun, dank der Menschen, keine anderen Tiere mehr außer ihnen selbst. Dieses Schicksal sollte der neuen Schöpfung erspart bleiben und so übertrug der einsichtige Gott den Tieren die Fähigkeit miteinander zu sprechen. Jede Art, die es auf AlphaVul gab, sollte ihre eigene Sprache erlernen und erweitern können. So könnte sie ihre Individualität behalten, würde aber dazu angehalten sein, mit anderen Arten zu kommunizieren und durch das Erlernen ihren Geist zu weiten.

Was ihr Bruder tat, gefiel den anderen sechs Göttern gar nicht, woraufhin sie beschlossen, den Widersacher zu verbannen: Er sollte als einziger Humanoide, als Mensch, auf AlphaVul leben – nackt, blind und stumm. Seine göttlichen Fähigkeiten würden sie ihm nehmen, bis auf die Macht der Unsterblichkeit. Ihr Verwandter sollte nicht einsam und verlassen altern und schließlich verenden, sondern in alle Ewigkeit einen barbarischen Kampf ums Überleben führen. Sie nahmen ihm die Sprache und das Sehen und als Strafe für seine eigenmächtigen, unabänderlichen Taten sollte er aber alle ihn umgebenden Geräusche hören können, wie auch die schmähenden Worte seiner ehemaligen Brüder, der Götter.

Der Abtrünnige lag nackt und stumm auf einer Wiese, und nun würde er von irgendwelchen Tieren getötet und gefressen werden. Zum ersten Mal fühlte er den kühlen Hauch von Wind auf seiner Haut, die er nun besaß. Es kribbelte und er bekam auf seinen Armen eine Gänsehaut.

Er zitterte und versuchte zu schreien, doch es ertönte kein Laut. Der Mensch setzte sich auf und das Gras wog sich, doch sah er nichts davon, hörte es nur. Wo er sich nun befand, konnte er lediglich mit seinen Händen ertasten.

›Euch schwöre ich Rache!‹, dachte er bei sich und blieb still und regungslos lauschend im Gras sitzen, bereit zu sterben, wann immer die anderen ihn lassen würden.

Nach einiger Zeit hörte er, wie sich etwas näherte, und streckte seine Hand danach aus. Das hohe Gras direkt vor ihm raschelte und er hatte sehr viel Angst. Nie zuvor hatte er Geräusche wie diese wahrgenommen und sein Atem wurde immer schneller, als sein Herz ihm bis in die Kehle zu klopfen schien.

Plötzlich spürte er weiches, langes Fell auf seiner Handfläche. Ein warmer Atem schlug ihm entgegen und ein Schnuppern war zu hören.

Als der Mann schon glaubte, sein Ende sei gekommen, erklang plötzlich eine gutmütig klingende, weibliche Stimme: »Fürchte dich nicht.«

›Bitte, hilf mir, wer immer du bist. Bitte friss mich nicht!‹, dachte sich der einstige Gott. Gerne hätte er etwas gesagt, aber so sehr er es auch versuchte: Sein Mund öffnete sich, doch nichts kam dabei heraus.

»Ich bin Eria, eine Wölfin. Du musst der sein, der unseren Völkern ihre Stimmen gegeben hat. Dafür möchte ich dir danken. Deine Brüder haben dich sehr hart dafür bestraft. Armer Freund, lass mich dir helfen und habe bitte keine Angst vor mir. Ich tue dir nichts.«

Die Wölfin leckte sanft über die Hand des Mannes, der dabei anfing zu weinen, zuerst lautlos, dann plötzlich mit einem Schluchzen, welches immer lauter wurde. Er erschrak und zitterte, doch verstand, dass es ihm wieder möglich war, zu sprechen.

»Danke, danke!«, wimmerte er vor Freude und konnte nicht aufhören zu weinen, so glücklich war er darüber.

Zum ersten Mal hörte er seine eigene Stimme und seine Freude darüber konnte er schwer im Zaum halten.

»Gern geschehen«, sprach Eria sanft und versprach, bei ihm zu bleiben, um auf ihn zu achten, sodass kein anderes Tier ihm schaden könnte. »Lege dich schlafen«, sagte sie. »Ich wärme deinen fast haarlosen Körper, damit du die Nacht überstehst. Es wird später sehr kalt werden.«

»Ich danke dir, Eria«, flüsterte der Mann und legte sich eingerollt auf die Seite, denn er wurde plötzlich sehr müde.

Die Wölfin war viel größer als der Ausgestoßene und hatte keine Mühe, seinen Körper mit ihrem zu umschließen. So war der Mensch durch ihr warmes, silbernes Fell geschützt und Eria blieb die ganze Nacht wach. Sie bemerkte bald, dass er schlecht träumte, sich dabei heftig bewegte und zu kämpfen schien. Die Wölfin leckte sanft über sein blondes Haar und beruhigte ihn so.

Als der Mann aufwachte, schien die gutmütige Eria verschwunden zu sein. Verzweifelt tastete er nach ihr und wurde sehr unruhig.

»Eria! Eria, wo bist du?«, rief er und bekam Angst.

»Ich bin hier!«, erklang die Stimme, die er kannte. Schnell lief seine Beschützerin zu ihm und kuschelte sich mit ihrem mächtigen Kopf an seine Hand, damit er ihn ertasten konnte.

»Ich dachte, du hättest mich verlassen«, sagte der Mensch.

»Nein«, flüsterte Eria, »ich verlasse dich nicht. Ich habe dir etwas zu essen mitgebracht.«

»Was ist es?«

»Sagen wir mal, es ist gut, dass du es nicht sehen kannst. Habe es übel zugerichtet«, grinste sie dann.

»Du bist so gut zu mir. Habe ich das denn verdient?«, fragte der Mann sie dann und begann, das rohe Fleisch zu essen. Es war warm, glitschig und schmeckte seltsam, doch hatte der ehemalige Gott nie zuvor das quälende Gefühl von Hunger verspürt und war froh, dass dies Abhilfe versprach.

»Nun, da du uns die Sprache gegeben hast, können wir endlich miteinander reden, statt uns sinnlos zu bekämpfen, weil keiner den anderen versteht. Sicher hast auch du es verdient, gut behandelt zu werden. Deine Brüder verstehen offenbar nicht, dass Liebe und Vergebung allen zustehen.«

Eine kleine Pause entstand, in der auch Eria etwas aß. Sie riss ab und zu ein Stück Fleisch in kleinere Teile und legte sie vor ihrem Freund nieder, der sie dann mit den Händen aufspüren konnte.

»Du warst doch einer von ihnen. Das muss schlimm sein mit den ganzen neuen Eindrücken und Empfindungen. Habt ihr auch Namen? Ich weiß gar nicht, wie mein neuer Freund heißt.«

»Oh verzeih«, begann der Mensch, »ich bin Ephraim. Und ja, es ist schon sehr merkwürdig. Nie zuvor hatte ich Angst, habe Kälte und Wärme gefühlt oder Hunger verspürt. Aber nochmals vielen Dank, dass du mir hilfst.«

»Ah, Ephraim«, sagte Eria sanft, »es freut mich, dich kennenzulernen. Ich helfe dir gern. Du wirst dich an alles hier gewöhnen. Ganz sicher.«

Nach einer Weile schlug sie dann vor, er solle sich auf ihrem Rücken zu einem Fluss tragen lassen, um zu trinken. Er willigte ein und stieg tastend auf die Wölfin. Ihr Fell war sehr weich und der Mann bemerkte, dass sie eine sehr kräftige Fähe sein musste. Jeden einzelnen Muskel spürte er.

Eria brachte ihren Gefährten bis an das Ufer eines Flusses, in den er sich sofort hineinstürzte und zugleich badete und trank, während sie ihm zusah und lächelte. Wieder am Ufer, bedauerte Ephraim, dass es ihm nicht möglich war, Eria und seine neue Heimat zu sehen.

»Gerne hätte ich all die Farben und Lichter, die wir einst geschaffen haben, mit eigenen Augen gesehen. Wenigstens kann ich nun wieder sprechen. Wie hast du das gemacht?«, wollte er wissen.

»Jedes Wesen trägt einen göttlichen Funken in sich und manche von uns lernen, ihn auch zu nutzen und damit Gutes zu tun. Es sind leider nur mit der Zeit immer weniger geworden, die ihre Gaben einzusetzen wissen«, erklärte sie, hob dann plötzlich den Kopf und schnüffelte konzentriert im Wind.

»Ist etwas? Was ist los?«, fragte Ephraim, der ihre Atemgeräusche hörte.

»Ephraim«, sagte die Wölfin und ihre Stimme klang freudig, »wir bekommen Besuch!«

Doch der Mensch befürchtete Schlimmes: »Sag nicht, es kommt jemand, der mich fressen will?!«

»Ach, Blödsinn«, lachte Eria. »Aram, der Fuchs, ist auf dem Weg hierher. Vielleicht kann er uns dabei helfen, eine Bleibe für dich zu finden.« Sie sah kurz auf den Penis des nackten Menschen und sagte dann hämisch: »Außerdem solltest du vielleicht deine nackte Haut einhüllen.«

»Ja«, sagte der dann, »ich habe ja nicht ein so weiches Fell wie du.«

Wenige Augenblicke später kam Aram und setzte sich vor die beiden. Er war ein stattlicher Fuchsrüde und etwas größer als Eria. Er hatte langes, goldenes Fell, das die Sonne reflektierte. Ephraim konnte die beiden stolzen Tiere nicht sehen, sehr wohl aber eine tiefe, männliche Stimme wahrnehmen.

»Hallo, Eria, hallo, äh … Primat«, sagte Aram und musterte den Mann für einen Moment.

»Hallo Aram«, freute sich die Wölfin, »das ist Ephraim. Er ist der Ausgestoßene, von dem man sich erzählt. Ich dachte, du könntest ihm vielleicht helfen. Er weiß noch nicht, wo er bleiben kann, und braucht Schutz vor den kalten Nächten.«

»Ja, das sehe ich«, meinte der Fuchs, »und blind ist er obendrein. Aber ich glaube, da lässt sich was machen. Wäre doch gelacht, wenn wir den Gottheiten nicht ein Schnippchen schlagen könnten! Wir werden sehen.«

Aram überlegte kurz und sagte dann: »Komm näher, Ephraim.«

Der Mensch tat einen Schritt nach vorn und fragte ängstlich: »Was hast du vor?«

»Psst! Lass ihn helfen!«, mahnte Eria.

»Ich werde dir einen Kuss geben, Ephraim«, meinte der Fuchs.

»Was?«, fragte der Mann ungläubig.

Doch ehe er reagieren konnte, gab Aram ihm einen innigen Kuss und schob seine Zunge in Ephraims Mund. Der Rüde schloss die Augen und es machte auf Eria den Eindruck, als genoss er das, was er da tat. Ephraim, der völlig überfordert war, konnte sich nicht dagegen wehren, denn sein Körper erstarrte, als er im Geiste die Stimme Arams hörte: »Dies ist der Kuss, der dich sehend macht.«

Dann ließ der Fuchs plötzlich von ihm ab und Ephraim fiel zu Boden.

»Was ist passiert?«, fragte Eria, sichtlich besorgt um ihren Freund.

»Keine Angst. Das war sicher etwas unangenehm für ihn, aber es musste sein.«

Schnell stand der Mann wieder auf und war völlig außer sich: »Was sollte das? Du verflohtes, stinkendes … Oh, ich kann sehen!« Ephraim betrachtete seine Hände von beiden Seiten, blickte auf und drehte seinen Kopf. Plötzlich konnte er die vielen Farben der Welt mit menschlichen Augen sehen. Der ehemalige Gott sperrte den Mund auf und bewunderte die sich im Wind wiegenden grünen Blätter und rosa Blüten der Bäume, an denen Früchte hingen, die ähnlich den Pfirsichen auf Gaja waren. Er erkannte, wie farbenfroh diese Welt leuchtete und es war viel schöner, sie so zu sehen als aus der Ferne, in der er sich zuvor befand. Erst jetzt bemerkte er auch den Duft, den die Blumen und das grüne Gras verströmten, und war überwältigt von der Schönheit des Planeten, den auch er einst miterschaffen hatte.

»Ich hatte ja keine Ahnung, wie schön er ist!«, staunte er und blickte in Arams Augen. »Vielen Dank, guter Fuchs! Ich danke dir vielmals! Ich entschuldige mich für das, was ich im Begriff war zu sagen. Verzeih mir bitte.« Die Erscheinung der beiden Tiere gefiel dem Mann sehr und er gab zu: »Ich hatte auch keine Ahnung, welch Schönheiten wir einst erschaffen haben. Wie konnten wir nur so dumm sein und euch gegeneinander kämpfen lassen? Was haben wir uns nur dabei gedacht? Ihr seid wunderschön!«

»Ja, ist ja schon gut, kein Problem«, beschwichtigte der Rüde. »Ich freue mich, wenn ich dir helfen konnte. Nun lasst uns aber überlegen, wie wir eine dauerhafte Bleibe für dich finden.«

»Vorerst könnte er bei uns wohnen«, schlug Eria vor.

»Bei *uns*?«, fragte Ephraim erstaunt.

»Ja, bei uns«, begann der Fuchs dann. »Du solltest wissen, dass Eria und ich ein Paar sind. Ich weiß, es ist ungewöhnlich.«

Dann sah er die Wölfin lächelnd an und sie fügte hinzu: »Aber es war Liebe auf den ersten Blick.«

»Ja, ich verstehe. Ihr seid beide auch sehr schöne Tiere«, lobte der Mensch. »Es tut mir leid, dass wir Götter euch so behandelt und ignoriert haben. Ich wünschte, ich könnte das ungeschehen machen.«

»Das muss dir nicht leidtun. Wäre es anders gelaufen, hätten Aram und ich uns vielleicht nie getroffen, denn wir hätten einander nicht verstehen können«, sagte Eria.

»Ich werde einen Teil davon wiedergutmachen, indem ich euch die Freiheit vor den Göttern schenke«, rief der Mensch aus, erhob seine Hand und ein kleines Leuchten erschien in seinem Körper. Der Schein teilte sich entzwei und jeweils eine Hälfte flog einem der Tiere zu, bis das Licht plötzlich in Arams und Erias Fell verschwand.

»Was war das?«, fragte die silberne Wölfin irritiert.

»Das«, begann Ephraim, »ist die Freiheit, alles zu tun und zu lassen, was ihr wollt, ohne, dass die Götter irgendeinen Einfluss auf euch haben. Sie haben nun keinerlei Macht mehr über euch. Ich habe meine Eigenschaft, ein Gott zu sein, aufgegeben und sie euch geschenkt.«

»Welch großes Geschenk! Das können wir unmöglich annehmen«, meinte Eria.

»Ihr könnt. Und ich glaube, dass euch das eines Tages nützen wird«, entgegnete Ephraim.

»Aber ich dachte, sie hätten dir deine göttlichen Mächte genommen?«

»Nicht alle«, sprach der Mensch.

»Wie dem auch sei. Danke, Ephraim. Was auch immer dieses Geschenk bedeuten mag. Lasst uns nun aber zu uns nach Hause gehen. Bis wir dort sind, ist es fast dunkel«, mahnte Aram. »Außerdem solltest du dir so etwas wie ein Fell besorgen. Wir können nicht die ganze Nacht mit dir kuscheln«, befahl er Ephraim, »denn schließlich habe ich ja eine Fähe, mit der ich kuscheln kann.«

Ephraim stimmte lächelnd zu: »Du hast recht. Ich suche mir einen Fetzen Fell von einem Aas.«

Auf ihrem Weg erlegte Eria ein kleines Wildschwein und zog ihm mit ihren Fangzähnen die Haut ab.

»Ich hoffe doch, das ist kein Fuchsfell«, scherzte Aram, als sie wieder zu den anderen beiden stieß.

»Nein, das ist Wildschwein. Ich hoffe, das geht in Ordnung, Ephraim.«

Mit einem Nicken bestätigte dieser und Aram wunderte sich darüber, was zuvor passiert war: »Ephraim, dein Geschenk an uns … Ich sehe, du hast einige deiner Fähigkeiten behalten. Warum hast du dich denn dann nicht selbst sehend und sprechend gemacht?«

»Nun«, erklärte der Mann und wurde sichtlich traurig, »ich habe nicht viele Fähigkeiten behalten. Selbst heilen konnte ich mich offenbar nicht. Ich kann nur das mir innewohnende Licht, den Götterfunken, kontrollieren. Durch die Übertragung von Seelenanteilen an euch beide bin ich nun sterblich und werde als erster und letzter Mensch auf diesem Planeten allein zugrunde gehen.«

»Warum sagst du das?«, wollte die Wölfin wissen, als sie schon fast am Ziel waren.

»Du hast neue Freunde gefunden. Zugegeben, vermehren kannst du dich mit uns ja nicht, aber wir werden an deiner Seite und immer für dich da sein, wann immer du uns brauchst«, schwor Aram.

»Ich danke euch sehr. Ich bin froh, Freunde wie euch gefunden zu haben. Nun habe ich ein Gefühl, welches sich kaum beschreiben lässt: Geborgenheit trifft es wohl am ehesten.«

Nach einer Weile, es war schon dunkel geworden, kamen sie an dem Bau der beiden Tiere an, der eine steinerne Höhle war.

Der Rüde erklärte: »Hier leben wir. Das ist unser Zuhause.«

»Klein aber fein«, stimmte Eria zu.

Sie gingen hinein und während sich Wolf und Fuchs hinlegten, setzte sich der Mensch zu ihnen. Dann machte er eine Handbewegung über dem Boden und es erschien eine Art leuchtende Kugel, die über der Erde schwebte und den ganzen Bau in ein warmes Licht hüllte.

»Das ist wunderschön«, freute sich Eria.

»Ja, sehr romantisch«, stimmte ihr Mann zu.

Das helle Lichtspiel bestrahlte die steinernen Wände der Höhle, sodass der Fels glitzerte. Aram und Eria sahen einander sehr zufrieden und verliebt an. Ihr Freund bemerkte dies und schob vor, müde zu sein, um die Tiere für sich sein zu lassen – schließlich wollte er keine Belastung sein.

»Träum schön, Ephraim. Wenn wir uns schlafen legen, kommen wir zu dir«, raunte die Wölfin.

»Keine Sorge. Ich träume von meinen neuen Freunden in einer neuen Welt. Danke, dass ihr mich gerettet habt. Das werde ich euch nie vergessen. Das verspreche ich. Schlaft gut.«

Ephraim legte sich etwas abseits, während Aram und Eria sich darüber unterhielten, wie traurig es für den armen Menschen sein musste, als einziger seiner Art in einer ihm völlig neuen Umgebung leben zu müssen. Schließlich hatte

Ephraim nur noch sie beide. Aber sie hofften, dass die anderen Götter irgendwann Gnade zeigen und ihn wieder bei sich aufnehmen würden.

»Weißt du, wie sehr ich dich liebe, mein Schatz?«, fragte Aram seine Frau nach einer Weile.

»Ja, ich denke, in etwa so, wie ich dich.«

»Und viel mehr.«

Sie begannen damit, einander zart zu küssen und Ephraim, der ihnen zum Schlafen den Rücken zugewandt hatte, hörte still zu.

»Schade, dass du mir keine Welpen schenken magst«, bedauerte Aram.

»Wir müssen es einfach weiter versuchen. Ich werde es jedenfalls nie aufgeben«, schwor Eria.

Ephraim dachte darüber nach: Leider schienen sie nicht zu wissen, dass sie niemals Welpen bekommen würden, denn schließlich war Aram ein Fuchs und Eria eine Wölfin. Eine Kreuzung zweier Arten untereinander war von ihren Erschaffern nie vorgesehen worden. Plötzlich kam dem ehemaligen Gott eine Idee, welche er aber vorerst für sich behalten wollte. Er dachte noch ein wenig nach und hörte unweigerlich mit an, dass die beiden Tiere sich immer wieder liebkosten und sich schließlich miteinander verpaarten. Als sie ihren unüberhörbaren Höhepunkt erlebten, schlief Ephraim ein und die Tiere schmusten noch eine ganze Weile miteinander.

Am nächsten Morgen wachte der Mann auf, drehte sich um und beobachtete den Fuchs und die Wölfin eine Zeit lang: Sie hatten sich sehr eng aneinandergelegt und es wirkte fast schon menschlich, wie innig sie sich allem Anschein nach liebten. Sie wirkten wie verschlungenes Silber und Gold, wie eine Einheit, etwas Untrennbares.

Zunächst wachte Aram auf und blinzelte Ephraim an. »Hallo, Ephraim«, sagte er leise.

»Guten Morgen, Aram.«

»Ich hoffe, du hast gut geschlafen«, gähnte der Fuchs und streckte langsam seine Glieder.

»Ja, das habe ich, nachdem ihr euch geliebt hattet.«

Der Rüde schaute überrascht und sagte beschämt: »Oh, tut mir leid. Ich wollte nicht, dass du das mitbekommst.«

»Na, warum denn nicht? Ist ganz natürlich und somit in Ordnung. Aber ich muss dir sagen, dass deine Frau auf normalem Wege keine Welpen von dir bekommen kann.«

»Was? Woher willst du das wissen?«, erschrak Aram.

»Nun, sie ist ein Wolf, du ein Fuchs. Wir Götter hatten festgelegt, dass das nicht möglich sein sollte, um die Rassen nicht zu vermischen. Die Natur ist bunt genug. Es sollte ja nichts entarten, wenn du verstehst, was ich meine.«

Aram bestätigte traurig: »Ich verstehe.«

Er blickte Eria an und hatte Tränen in den Augen, als Ephraim ihm plötzlich seine Idee offenbarte: Er hatte vor, ihr die Möglichkeit zu geben, Welpen zu bekommen, obwohl Aram und sie unterschiedlichen Gattungen angehörten.

»Ich werde einen Teil meines Lichtes einsetzen, um eine Ausnahme zu machen: Ich schenke euch Welpen. Ihr seid so gut und freundlich zu mir gewesen, dass ich gar nicht anders kann, als gegen bestimmte Gesetzmäßigkeiten zu verstoßen.«

Das Gesicht des Fuchses hellte sich wieder auf, als er davon hörte. »Das wäre das größte Geschenk, welches du uns machen kannst. Aber hast du uns nicht schon viel zu viel gegeben?«, fragte er, als der Mensch ihn mit einer Handbewegung anwies, still zu sein.

Ephraim schloss die rechte Hand und sagte dann: »Dies ist mein Samen, den ich deiner Eria geben werde.«

In seiner Faust erstrahlte ein Leuchten und er ging zu ihr, betrachtete die schlafende Wölfin. »Sie ist schön, stark und weise«, sagte er.

»Ja, das ist sie«, stimmte Aram zu und beobachtete den Menschen, der mit geöffneter Hand die Weiblichkeit Erias berührte: Es schien, als verteilte er das Licht auf ihrer Scham.

»Du musst nachher mit ihr schlafen, damit es funktionieren kann«, sagte er dann.

»Wenn du mich so darum bittest …«, lächelte der Rüde, »dann werde ich dem Wunsch gerne folgen.«

»Ha! Das sollte dir nicht allzu schwerfallen, wie ich die Sache so einschätze«, lachte der Mensch leise. »Lege dich wieder zu ihr. Sie wacht gleich auf. Ich lasse euch eine Weile allein. Habt Spaß miteinander. Ich sehe mich etwas in der Gegend um«, sprach er weiter.

Ephraim zog sich aus dem Bau zurück, um die beiden Tiere sein (und ihr) Werk vollenden zu lassen, als Eria die Augen öffnete und fragte: »Was ist los? Wo ist Ephraim?«

»Er will sich ein wenig in der Gegend umsehen. Er sagte, er würde wohl bis zur Mitte des Tages nicht wiederkommen.« Das war zwar eine kleine Lüge, die der ›Sache‹ jedoch durchaus dienlich sein würde. »Also wären wir eine ganze Weile allein, Eria.«

»Ich glaube, ich weiß, was du meinst. Würdest du denn schon wieder wollen?«, grinste sie.

»Oh ja!«, antwortete der Fuchs mit einer gewissen Erotik in seiner Stimme. »Es war gestern wieder so schön. Ist es denn ein Wunder, dass ich von dir nie genug bekommen kann?«

Die Tiere begannen, sich lange und zärtliche Zungenküsse zu geben. Eria stand kurz darauf auf und drehte ihrem Mann ihr Hinterteil zu, um ihm zu zeigen, dass sie für ihn bereit war. Sie drehte ihren Kopf leicht zur Seite und lächelte Aram süßlich an.

»Komm, mein starker Rüde!«, befahl sie und wackelte anregend mit dem Hintern.

Als sie ihre Paarung beendet hatten, legten sie sich wieder hin und sprachen liebevoll miteinander:

»Aram.«

»Ja, Schatz?«

»Ich fühle, dass es diesmal geklappt hat. Wir werden Welpen bekommen, das weiß ich einfach.«

»Nun«, seufzte der Fuchs, »ich hoffe es. Hab Geduld, es wird schon werden. Was denkst du, wie viele Welpen es werden könnten? Ich meine, wenn es denn diesmal funktioniert haben sollte. Was sagen deine weiblichen Instinkte?«

Eria grinste: »Wenn ich so in deine schönen, blauen Augen sehe, dann könnten es gar nicht genug Babys sein, die du mir schenkst«, und entlockte damit ihrem Gefährten ein sanftes Lächeln.

»Jetzt sollten wir aber langsam etwas zu Essen organisieren, ehe es spät wird«, schlug der vor.

Eria nickte und sagte: »Ich gehe nach der Jagd mal nach Ephraim suchen. Er wird dann sicher auch hungrig sein.«

»Gut. Pass auf dich auf, Süße.«

»Du auch, mein Herz.«

Nach ihrer Verabschiedung verließen sie ihr Heim und gingen jeweils in eine andere Richtung.

Eine halbe Ewigkeit schien vergangen zu sein, als die sanftmütige Wölfin die Suche nach ihrem Menschenfreund schon aufgeben wollte, doch plötzlich lautes Husten vernahm. Sie folgte dem Geräusch und erschnüffelte die Fährte Ephraims. Dann sah sie den Mann auf einer Lichtung liegen und rannte zu ihm, während sie immer wieder seinen Namen rief.

»Ephraim! Oh nein! Was ist passiert?«, schrie sie, als sie bei ihm war.

Ihr Freund lag blutüberströmt dort. Sein Bauch war aufgerissen und die Därme lagen zum Großteil neben ihm. Es grenzte an ein Wunder, dass er noch lebte. Ephraim atmete schwer und ruckartige Zuckungen am ganzen Körper machten ihm das Sprechen schwer. Seine Verletzungen waren tödlich, das erkannte die Wölfin sofort, versuchte aber, ihm einzureden, dass alles wieder gut werden würde.

»E-Eria!«, stotterte Ephraim.

»Nein, nicht sprechen!«, flehte sie mit Tränen in den Augen und begann, hastig das Blut von seinem Kopf zu lecken, während er nach Luft schnappte und röchelte.

»Du, du hast mich gefunden! Ein Bär … Ich wollte nur … T-tut mir leid!«

»Still, still! Alles wird wieder gut, Ephraim. Ich muss nur das Blut beseitigen, dann wird das wieder«, sprach sie hastig und leckte wirr des Menschen Körper.

»Nein, es geht … vorbei. Ich gehe von euch.«

»Nein! Geh bitte nicht! Hörst du?«, flehte Eria und rief dann um Hilfe, so laut sie nur konnte. Doch es half nichts: Der ganze Wald schien plötzlich wie leer gefegt zu sein und zu allem Überfluss begann es erst zu donnern und zu regnen. Die Wölfin weinte und drückte vorsichtig die Stirn an die Schulter des Menschen, der mit einem leeren Blick in die Baumkronen starrte. Die ersten Regentropfen trafen sein Gesicht und er zwinkerte, hustete immer wieder viel Blut aus.

»Ephraim, wir waren nicht für dich da! Oh bitte, stirb nicht!«

Plötzlich schien der verstoßene Gott völlig klar und konnte wieder normal sprechen. Er flüsterte langatmig: »Es ist doch nicht deine Schuld. Ich war unvorsichtig und jetzt haben meine Brüder wohl doch bekommen, was sie wollten. Ich lief mit einem Wildschweinfell herum, war dumm, denn ich war ja erst wenige Tage ein Mensch.«

Wieder begann Eria zu weinen: »Es tut mir so leid!«

»Das muss es nicht«, bekam sie zur Antwort. »Ich habe euch Gutes getan. Aber mehr, als dich und Aram meine Freunde nennen zu dürfen, hätte ich nicht verlangen können. Alles ist gut, glaube mir. Ich werde wieder zu dem, was ich einst war. Meine letzte Bestrafung sollte wohl das Gefühl sein, welches ich jetzt habe: Jetzt weiß ich, wie es ist … zu sterben.«

Eine Pause entstand, in der Ephraim immer ruhiger atmete, während die Wölfin wimmerte.

Er sagte ganz ruhig: »Nimm meine Hand, Eria.«

»Ich habe doch nur Pfoten. Ich kann deine Hand nicht greifen.«

»Doch! Versuche, eine Hand zu öffnen, die du nicht hast. Tu es, schnell!«

Der Regen rauschte laut, als die Wölfin ihre rechte Pfote hob und versuchte, deren Zehen zu spreizen, um nach der Hand des Menschen greifen zu können. Nie hatte sie je etwas Derartiges probiert und strengte sich deshalb sehr an. »Es tut weh! Mein ganzer Körper … Was passiert hier?«, rief sie und biss die Zähne aufeinander. Es fühlte sich an, als würde irgendetwas sie in Stücke reißen wollen.

»Versuche es einfach! Du schaffst das schon!«, schrie Ephraim mit schmerzverzerrtem Gesicht und seine Stimme wurde vom lauten Donnern und dem Geräusch des Regens fast erstickt.

Eria kniff die Augen zusammen und schrie, während Ephraim begann, irgendetwas in einer fremden Sprache zu sprechen. Es klang wie ein Gebet oder ein Zauber, doch Eria konnte es nicht richtig hören, geschweige denn deuten.

Plötzlich leuchtete der Körper der Fähe in einem hellen Licht, welches sie vollständig umgab und der Schmerz verschwand. Es kribbelte überall und die Fähe glaubte, auch ihr Ende sei gekommen. Alles um sie herum wurde so hell, dass sie nur noch Umrisse wahrnehmen konnte, ehe sie bewusstlos wurde und umfiel.

Als Eria ihre Augen wieder öffnete, war das Unwetter vorbei: Die Sonne schien und die Vögel zwitscherten. Die Wölfin hob den Kopf und blickte an die Stelle, an der Ephraim gelegen hatte. Er war verschwunden und kein Blut war mehr zu sehen.

Hatte sie geträumt?

War das alles nicht passiert?

Wie war sie dann hierhergekommen?

Sie wollte sich aufrichten, um auf ihren Pfoten zu laufen, und stellte fest, dass sie gar keine Pfoten mehr hatte. Eria kniete jetzt und erblickte menschenähnliche, mit Fell bedeckte Hände! Sie drehte sie, betrachtete ihre Finger, die sie zuvor gar nicht besaß, spreizte sie und fing vor lauter Angst zu schreien an.

»Hab keine Angst, Eria!«, rief eine Stimme und die Wölfin erschrak, bevor sie sich mit dem Kopf zur Seite wandte und einen Menschen erblickte.

»Ephraim? Wie ist das möglich? Was ist mit mir passiert? Du warst doch tot.«

Tatsächlich aber war es so, als sei ihr menschlicher Freund gar nicht gestorben: Er stand nun direkt vor ihr und lächelte. Er war in ein weißes Gewand gekleidet und all seine Verletzungen waren verschwunden. »Wie du siehst, bin ich *nicht* tot. Nun, nicht wirklich. Sagen wir, ich habe meine menschliche Hülle abgelegt und wurde wieder in den Zirkel der Götter aufgenommen. Alles ist also wieder gut, Eria.«

»Aber …«, begann die Wölfin.

»Alles, was du erlebtest, war real. Ich bin tatsächlich gestorben. Wie ich dir bereits sagte, können die Götter dich und Aram nicht mehr beobachten. Daher habe ich dir – und übrigens auch allen anderen Tieren – mein letztes Geschenk überreicht«, erklärte Ephraim und deutete auf den veränderten Körper Erias. Diese kniete noch immer, als Ephraim ihr seine Hand reichte und ihr aufstehen half.

»Siehst du, du kannst stehen. Auf zwei statt auf vier Beinen. Und mit diesen Beinen kannst du auch laufen.«

»Aber warum?«, fragte sie, worauf der Mann das Abbild der Wölfin vor ihr erscheinen ließ.

»Hier, damit du dich betrachten kannst. Du bist wirklich sehr schön, Eria. Aber das brauche ich dir sicher nicht zu sagen.«

Skeptisch schaute sie ihren silbernen Körper an und stellte fest, dass er sich sehr verändert hatte: Sie besaß immer noch einen richtigen Wolfskopf, eine Schnauze, Wolfsnase, das wolfstypische Gebiss und ihre braunen Augen. Aber jetzt stand sie aufrecht auf ihren zwei Hinterpfoten, die dennoch wölfisch aussahen. Ihre Vorderpfoten waren in Hände verwandelt und eine weitere große Veränderung war, dass sie jetzt anstelle ihres Gesäuges zwei Erhebungen am oberen Teil ihres Leibes hatte. »Was … ist denn das?«, staunte sie.

»Nun«, erklärte Ephraim, »das sind deine Brüste. Sie werden deinem Mann sehr gefallen. So, wie ihm auch dein Hintern gefallen wird.«

Nun musste der Gott grinsen, während Eria sich umdrehte und ihre Projektion es ihr gleichtat. Sie erblickte ihre lange, buschige Rute und ihren ›neuen‹ Hintern. »Also sind jetzt alle so verändert? Und Aram? Wo ist er? Hat er jetzt auch solche Brüste?«

»Nein«, lachte Ephraim, »zumindest nicht so ausgeprägte. Schließlich musst du deine Welpen säugen. Aram ist in eurem Bau und schläft dort. Er weiß nichts von alldem, was passiert ist.«

»Wie meinst du das?«

»Er weiß nur, dass er und du, so wie der Rest eurer Welt, schon immer so waren. Er hat mich nie getroffen und für ihn sind die letzten Tage nie passiert. Aber sehr wohl weiß er, wer du bist. Er weiß, dass er dich liebt und sich von dir Welpen wünscht. Für ihn und alle anderen ist eure Gestalt, wie sie nun ist, völlig normal.«

»Und für mich? Bin ich die Einzige, die von dir weiß und von dem, was passiert ist?«, fragte die Wölfin, als die Projektion von ihr verschwand.

»Ja, und ich möchte dich darum bitten, dass das auch so bleibt. Du wirst dich schnell an deinen neuen Körper gewöhnen. Wie man ihn handhabt, was man mit ihm alles machen kann, weißt du schon. Glaube mir, denn ich habe es dir als Instinkt mitgegeben. Ich wollte dich noch mal sehen und dir erzählen, wie eure Zukunft sein wird, denn ich kann nun nicht mehr eingreifen. Die anderen Götter haben zwar keine Macht über Aram und dich, aber wenn ich mich einmischen würde, würden sie ganz sicher davon erfahren.«

»Es ist zwar schön, dass du dich von mir noch verabschieden willst, aber ich verstehe noch immer nicht, warum du uns so verändert hast«, meinte Eria und betrachtete weiter fasziniert ihren Körper.

»Das ist recht einfach: Ich gebe dir jetzt einige Instruktionen mit auf den Weg, Dinge, die du bitte für dich behältst –

das ist sehr wichtig!«, befahl Ephraim und schaute sehr ernst.

Die Wölfin nickte und sagte entschlossen: »Dann erzähl mal.«

»Du wirst sieben Welpen bekommen, die wiederum mit anderen ihrer Art viele Nachfahren zeugen werden. Der Ort, an dem du und dein Mann Aram leben, wird der Ursprungspunkt eures Reiches sein, welches ihr nach euren Namen, nämlich ›Aram-Eria‹, nennen sollt.

Deine Kinder und Kindeskinder werden eines Tages eine neue Sprache sprechen und eine Nation begründen, die fast gänzlich ohne menschliche Gier und Machtgelüste auskommen wird, denn Reichtum und Besitz des Einzelnen werden nicht wichtig sein. Alles was du und dein Mann dazu tun müsst, ist Sex haben. Eure Triebe kann niemand beeinflussen, der Rest entwickelt sich dann schon von allein. Ihr werdet euch entfalten, Städte, Häuser und Maschinen bauen.«

»Aber was meinst du mit diesen Dingen? Was sind Städte, Häuser, Maschinen? Was ist, wenn wir versagen?«, zweifelte Eria.

»Das werdet ihr nicht. Ich kann dir nicht alles erklären. Alles Weitere ist euch genetisch seit heute gegeben. Wenn du wissen willst, warum das alles, kann ich dir aber auch das sagen: Die Menschen auf Gaja sind kurz davor, all ihre Ressourcen verschwendet zu haben. Ihre Heimat kollabiert und wenn es so weit ist, werden sie irgendwann diesen fruchtbaren und reichen Planeten finden. Sie sind schließlich sehr einfallsreich, das muss man ihnen lassen. Sie werden eines fernen Tages in der Lage sein, das Universum zu bereisen und auszubeuten und nicht davor zurückschrecken, sich mit all ihrer Aggression zu nehmen, wonach es ihnen gelüstet.«

»Menschen? Gaja?«, unterbrach die Wölfin fragend.

»Ja, Menschen. Das sind sehr gewalttätige Säugetiere. Sie sehen alle so aus, wie du mich damals aufgefunden hast. Sie sind eher nutzlos und schädigend, wenn du mich fragst. Aber sie haben sich aus den Wesen entwickelt, die wir einst auf einem anderen Planeten namens Gaja erschaffen haben. Wenn sie kommen, müsst ihr bereit sein, sie davon abzuhalten, diese schöne Welt genauso auszurauben und zu zerstören. Deshalb habe ich euch einen ihnen ähnlichen Körper gegeben. Ich habe euch alle Möglichkeiten eröffnet, ihnen physisch und psychisch ebenbürtig zu sein: Euer Antlitz ist eine Kreuzung aus animalischen Eigenschaften und denen der Menschen. Mehr noch: Ihr seid ihnen in vielen Dingen überlegen. Jede der Arten auf diesem Planeten auf ihre ganz eigene Weise«, erklärte Ephraim weiter.

»Das bedeutet, wir sollen kämpfen? Kämpfen, um diesen Planeten zu retten?«, fragte Eria traurig.

»Nun, du wirst all das nicht mehr erleben. Aber in ferner Zukunft wird es so kommen«, bestätigte der Gott.

»Ja, aber dann macht ihr Götter uns zu eurem Werkzeug!«, rief sie erbost. »Woher willst du wissen, dass wir das wollen, was du da von uns verlangst?«

»Sei nicht böse, Eria. Wenn es so weit ist, wird einer Generation weit nach dir klar werden, was das Endziel ist. Ihr kämpft nicht für uns Götter, sondern um zu überleben. Ich und meine Brüder werden euch helfen, wenn es so weit ist. Vertrau mir, bitte«, beschwichtigte der Gott.

»Ja, ich vertraue dir«, seufzte Eria. »Also dürfen sich die Arten dieses Planeten glücklich schätzen, dass ihr sie alle für etwas Großes auserwählt habt?«

»So in etwa. Aber wie gesagt: Es wird deine und Arams einzige Aufgabe sein, gesund und lang zu leben und gut für eure Welpen zu sorgen. Das soll nicht bedeuten, dass die Zeugung von Welpen dein einziger Lebensinhalt sein soll, aber ihr werdet schon eine gewisse Lust und Liebe füreinander empfinden, die dazu nötig ist, euer Schicksal und das eurer Welt zu erfüllen.«

Jetzt grinste Eria und fasste sich mit beiden Händen an ihren Busen, während sie sagte: »Ja, wenn du sagst, dass Aram diese hier gefallen, dann wird das schon werden.«

»Gut so!«, lobte Ephraim. »Aber nun muss ich mich wohl verabschieden. Genug der Einmischung. Bitte denke daran: Behalte diese Informationen, die du nun hast, alle für dich. Zumindest solange, bis deine Nachfahren dich um deine Hilfe bitten werden. Andernfalls wird dieser Planet untergehen, wie bald schon Gaja. Der Mensch wird euch angreifen und versuchen, euch alles wegzunehmen. Lass es nicht so weit kommen!«

»Ich verstehe manches von dem nicht, was du da sagst, aber ich verspreche dir, dass niemand zurückweichen wird, wenn sie auftauchen«, schwor Eria selbstbewusst.

»Das freut mich sehr. Ich möchte euch erneut dafür danken, dass ihr mir geholfen habt, als ich euch brauchte. Du bist eine starke Wölfin, gemacht zum Führen; und Aram ist ein kluger Fuchs, geboren zum Lenken. Er ist ein toller Ehemann und Vater. Vergesst nicht: Ich bin bei euch und ich liebe euch!«

Jetzt hatte die Wölfin Tränen in den Augen und nahm den Gott in Menschengestalt in ihre Arme.

»Wir werden dich nie vergessen, Ephraim!«

Auch dieser hatte nun feuchte Augen und sagte: »Siehst du, das ist eine weitere positive Eigenschaft dieses Körpers: die Fähigkeit, umarmen zu können.«

Der Gott spürte ein letztes Mal das weiche Fell der Wölfin. Beide weinten, als Ephraim sich langsam aufzulösen begann und schließlich zu Licht wurde, bis er verschwunden war.

Der Kontinent Arameria als Inselland wurde bald danach von vielen Arten anthropomorpher Tierwesen bevölkert, deren Vielfalt sich zusehends vergrößerte. Da die begrenzte Fläche bald nicht mehr allen Völkern Platz bieten konnte, stritten sie sich immer öfter und heftiger um den verfügbaren Lebensraum. Ihre Ideologien und ihre Glaubensbekenntnisse unterschieden sich, weshalb eine Aufteilung der Landmasse in Ländereien aufgrund fehlenden Konsenses unmöglich blieb.

Als erste Schiffe die Küste verließen und Kunde von viel weitläufigerem Land jenseits des östlichen Großen Meeres mitbrachten, brachen viele Hybriden auf in eine neue Welt.

Banato, der einzige Nachkomme Arams und Erias, wuchs zu einem kräftigen Rüden heran, welcher optisch sehr stark an einen Wolf erinnerte. Sein Körperbau, sein Fell und seine ganze Art schienen eher einem Wolf abzustammen denn einem Fuchs.

Aram erzog ihn zu einem hart arbeitenden Mann. Fleißig, geschickt und ideenreich gab der sein Bestes, seinen Eltern ein guter Sohn zu sein und ihnen ein sorgenfreies Leben zu ermöglichen. Banato und sein Vater bauten ein bescheidenes Haus, welches die einstige Höhle umschloss.

Eria war sehr stolz auf ihren Sohn, wenngleich sie auch bedauerte, dass viele Versuche zur Zeugung weiterer Kinder erfolglos blieben. Auch Aram fühlte, dass Banato ihr einziges gemeinsames Kind bleiben würde, sprach jedoch nie darüber.

Eines Abends verweilte die Wölfin auf der Bank auf der Terrasse ihres gerade fertig gewordenen Hauses und blickte versunken zu den Sternen, als Banato sich wortlos zu ihr setzte und es ihr gleichtat.

Plötzlich durchbrach er das Zirpen der Grillen: »Mutter, warum bin ich allein?«

»Wie meinst du das? Du bist nicht allein. Du hast uns, mein Sohn.«

»Ich meine: Warum habe ich keine Brüder und Schwestern? Wollten du und Vater denn keine Kinder mehr?«

Eria schaute ihn verwundert an und strich Banato sanft über seinen Kopf. Sein fragender Blick änderte sich auch nicht, als seine Mutter liebevoll sein Ohr kraulte. »Weißt du, Banato, dein Vater und ich sind mittlerweile schon etwas zu alt dafür. Wir hatten schließlich auch schon ein langes Leben zusammen, noch bevor uns der Menschengott erschienen war.«

»Vater kennt diese mysteriöse Geschichte nicht, aber du hast mir immer davon erzählt, dass dieser Ephraim dir früher einmal sagte, du würdest mit deinem Gatten sieben Welpen bekommen. Stimmte das denn nicht?«

»Nun«, seufzte sie, »sieben Welpen soll ich bekommen, das sagte Ephraim. Er sagte aber nicht, dass sie alle von Aram sein würden.«

Nachdenklich blickte Banato auf die Dielen der Holzterrasse und erblickte einen Käfer, der über die Planke lief, nur um in einer der Spalten zu verschwinden. »Wenn es also stimmt, was er sagte, bedeutet das dann nicht, dass nur Vater derjenige ist, der zu alt ist und nicht du?«

Seine Mutter blickte wieder in den Himmel und meinte, dass man nie wissen könne, was die Götter für einen bereithielten. Ihr Sohn jedoch empfand diese Antwort als unbefriedigend und bohrte nach: »Was, wenn der Mensch meinte, du solltest mit anderen Füchsen …?«

»Lass uns nicht weiter darüber reden, mein Sohn. Es ist spät und morgen ist viel zu tun«, winkte die Wölfin ab und ging ins Haus, nachdem sie ihm einen Kuss auf die Stirn gab.

Nachdenklich versuchte der junge Mann, selbst eine Antwort zu finden, geriet jedoch an immer neue Fragen: Was, wenn es stimmte, was er dachte? Sollte seine Mutter sich einen neuen Gefährten suchen, damit sich die Prophezeiung erfüllen konnte? Würde es also jemanden geben, der seinen Vater ersetzen sollte?

Auch der Rüde ging nun ins Haus und legte sich ins Bett. Mit geöffneten Augen starrte er an die Decke und ließ seine Gedanken kreisen, wobei sich vor seinem Geist abstruse Zukunftsvorstellungen auftaten: Ein fremder Anthro, der sich in ein gemachtes Nest setzte, Eria nicht wirklich liebte und ihn, Banato, als Konkurrenten sah. Aram, von der Familie verstoßen, alternd, wirr und gebrechlich. All das durfte nicht passieren! Niemand würde seine Mutter je so lieben wie er und sein Vater!

Banato träumte eine kurze Sequenz, in der er am Esstisch stand und mit einer Hand auf ihm stützte. Der Rüde erhob sie und hinterließ einen blutigen Abdruck. Es klebte an seinen Fingern und tropfte wie Sirup von seinem Fell zu Boden. Er blickte sich um und lief langsam zur offenstehenden Eingangstür, welche blutbeschmiert das Sonnenlicht hereinließ.

Ängstlich durchschritt er sie und sah im Gras eine merkwürdige rote Masse liegen, um die sich die Fliegen scharten. Es musste ein toter Fuchs gewesen sein, nur noch zu erkennen an der Fellzeichnung auf einer auseinandergerissenen Schnauze.

Zerschnitten.

Zerfetzt.

Ausgeweidet.

Tot.

Sein Herz schlug schnell und die Angst wurde stärker. Wer war dieser Körper und wer hatte ihm das angetan?

»Mutter! Vater! Wo seid ihr?«, rief Banato wieder und wieder und war den Tränen nahe, als eine leise Stimme ihn mit schnellen Worten aufforderte: »Geh wieder hinein! Es ist kalt draußen!«

Gerade als er sich fragte, was das sollte – schließlich war es ein warmer Sommertag – bemerkte der Fuchs-Wolf, dass der Himmel sich eintrübte und es plötzlich bitterkalt wurde. Er bibberte und sein Atem gefror, als er weitere Leichenteile erkannte, die verstreut im Gras lagen: einäugige, erschlagene Schädel, abgetrennte Beine und Arme, ausgeweidete Körper und verkohlte Überreste. Immer mehr von ihnen kreuzten seinen Blick und er begriff schnell, dass es sich ausschließlich um Wölfe handeln musste. Es stank nach verbranntem Fleisch und die Luft schmeckte metallisch.

Die Welt ergraute und zuerst kleine, dann immer größere Schneeflocken begannen, die Kadaver und Körperteile zu bedecken, als von irgendwoher eine tiefe Stimme rief: »Meinen Freund Joliyad wollte ich nie töten, aber dich und deine Sippe, du Bastard!« Eine andere, etwas höhere Stimme, Banato ebenfalls unbekannt, schien zu antworten: »Du … bist … ein … verdammter … Schlächter!«

»Was ist hier los? Ich will aufwachen! Bitte! Mutter!«, flehte der Fuchs-Wolf-Mischling weinend und sank zu Boden, als plötzlich jemand mit festem Griff unter sein Kinn seinen Kopf anhob.

»Ja, ruf nach deiner Mama! Sieh hin, mein Freund. Sieh, was die Füchse getan haben! Sie haben all unsere Familien umgebracht. Das alles nur, weil deine Eltern Bastarde gezeugt haben«, sprach ein junger Wolf böse, die Lefzen angezogen, und hatte ein kleines, blutverschmiertes Messer mit einer breiten Klinge und einem hölzernen Griff gezückt. Er trug Kleidung, welche Banato fremd war und schrie ihn an, er solle aufstehen und sich seine Schandtaten ansehen.

»Nein!«, wimmerte der. »Ich habe doch nichts getan. Geh weg!«

»Doch, das hast du. Ahma, Enna, Jack, Joliyad. Du hast zugelassen, dass sie sie alle getötet haben, und wirst dafür bezahlen!«, knurrte sein Gegenüber, doch der Träumende verstand nicht.

»Was? Was ist Ahma, Enna, Jack, Joliyad? Was bedeuten diese Worte?«, schniefte Banato und spürte plötzlich einen Kopfschmerz, der stärker und stärker wurde, hörte einen Pfeifton, der so schrill und hoch war, dass er sich schreiend vor Schmerzen die Ohren zuhielt und sich dann wälzend in seinem Bett wiederfand.

Von diesem Tage an war der junge Hybride nicht mehr derselbe: Immer hatte er Kopfweh, sprach wenig, war stets übellaunig und hatte einen Hass auf alles und jeden in sich. Seine Eltern versuchten, das Gespräch zu suchen, jedoch gab Banato ihnen stets schmerzgeplagt zu verstehen, dass sie sich gefälligst um ihre eigenen Sachen kümmern sollten.

Der Traum, den er einst hatte, enthielt eine Botschaft, die er mehr und mehr zu verstehen glaubte: All die toten Wölfe mussten von Füchsen ermordet worden sein. Schließlich meinte dies auch der Fremde, der ihn dort angesprochen hatte. Die Mörder waren wohl Nachkommen Arams und E-rias, was bedeuten musste, dass eine weitere Schwangerschaft seiner Mutter möglich sein könnte. Sollte sie also weitere Welpen von Aram bekommen, könnten sie einen höheren Fuchsanteil in sich tragen und irgendwann vielleicht für diesen Genozid verantwortlich sein.

Der junge Rüde war sicher, dass es sich beim Erlebten um eine Vision einer grausamen Zukunft handeln musste, wenn er sich auch nicht erklären konnte, warum es ein fremder Wolf war, der ihm das alles dargelegt hatte.

Die Kopfschmerzen und das stete Pfeifen in seinen Ohren wurden zu einer kontinuierlichen Qual, der selbst geübte Heiler keine Abhilfe schaffen konnten, was dazu führte, dass Banato mit den Jahren zusehends seinen Verstand verlor. Sein Traum kehrte bald jede Nacht zurück, weshalb er beschloss, dem ein Ende zu setzen und die vermeintliche Zukunft zu verändern.

Eines Tages gingen Aram und sein Sohn zum Sägen von Baumstämmen in den Wald. Eria wollte sie zum Kräutersammeln begleiten, doch ihr Sohn winkte ab. Er meinte, sie solle lieber zuhause bleiben und könne später noch zum Sammeln gehen. Zwar schaute die Fähe verwundert, ließ sich aber nicht weiter bitten, sondern stimmte zu.

Die Rüden marschierten eine Weile und begannen die geplante Arbeit, als Eria daheim das Essen vorbereitete und sie ein ungutes Gefühl beschlich. Irgendetwas schien nicht zu stimmen: Banato hatte sich über die letzten Jahre verändert, war so aggressiv, ablehnend geworden. Warum redete er nicht über das, was ihn bedrückte? Sie seufzte: Was hatte ihr Sohn für eine mysteriöse Krankheit? Würde es in naher Zukunft Hilfe geben?

Während der Zubereitung fiel ihr auf, dass ihr Mann das Trinkwasser vergessen hatte, und sie machte sich auf, es ihren Jungs zu bringen.

Unterwegs bewölkte sich der Himmel und eine merkwürdige Stille breitete sich aus, obwohl Wind wehte. Alles wirkte dumpf und unwirklich und es wurde merklich kühler. Die Sonne war verschwunden und von bedrohlich dunklen Wolken verdeckt. Als sie die Waldgrenze erreichte, erschrak Eria, denn sie konnte plötzlich ihren Atem sehen und ein dichter Nebel verhüllte die Bäume.

Allumfassendes Grau.

Trostlos und traurig.

Undurchdringlich und blickdicht.

Kalt und nass.

»Was ist hier los?«, fragte sie sich selbst, schritt weiter und rief nach Aram und ihrem Sohn.

Niemand antwortete, was die Situation noch unheimlicher machte.

»Es … ist doch Sommer«, sprach sie erstaunt, als sie zwischen den gewaltigen Bäumen stand und ihr eine Schneeflocke auf die Nase fiel. »Das ist nicht möglich!«

Nachdem weitere Rufe unbeantwortet blieben und die Wölfin sich große Sorgen machte, sprach plötzlich hinter ihr die Stimme ihres Sohnes: »Hallo Mutter.«

Eria erschrak heftig und glaubte, ihr Herz würde stehen bleiben. »Banato! Du hast mich erschreckt!«, rief sie und erkannte, dass der rechte Arm ihres Sohnes blutverschmiert war.

Ein Blick weit geöffneter, leerer Augen starrte sie an und Banato grinste verbissen, als er mit schnellen Worten zischte: »Geh wieder hinein! Es ist kalt draußen!«

Jetzt fürchtete seine Mutter das Schlimmste und fragte: »Was? Wo ist dein Vater, Banato? Was ist passiert?«

»Mein Kopfschmerz ist weg, Mutter«, war die einzige Antwort, die sie bekam, als der Rüde sich wieder von ihr abwandte und weiter waldeinwärts schlenderte.

Der Schneefall war nun sehr dicht und fast hätte seine Mutter ihn aus dem Blick verloren, doch ging sie ihm schnell nach, mit klopfendem Herzen und befürchtend, dass es einen Unfall gegeben haben musste. Einige Meter weiter standen sie vor einem großen Laubbaum, der pfirsichartige Früchte trug. An seinem Geäst hing der Körper eines längs aufgeschnittenen, blutgetränkten Fuchses, der den Kopf hängen ließ und der Wölfin mit aufgerissener Schnauze direkt in die Augen starrte. Vor ihm lagen seine Eingeweide am Waldboden und der Schnee darum war tiefrot gefärbt.

Die Wolfsfähe erkannte sofort: Der Fuchs dort war Aram, ihr Mann, und Banato hatte ihn getötet! Sofort fing sie an zu schreien und ließ sich auf die Knie fallen. Sie weinte, holte immer wieder Luft und setzte den Schrei fort, bis sie ihren Kopf in den Schnee sinken ließ und »Warum, Banato? Warum?« wimmerte.

Doch ihr Sohn zeigte sich unbeeindruckt und wischte sich die zahlreichen Schneeflocken von der Schnauze. »Es ist nicht mehr kalt, Mutter! Der Pfeifton ist weg, kein Schmerz mehr!«

Eria war am Boden zerstört und brauchte einen Moment, bis sie aufstand und hasserfüllt auf den Mörder zulief. »Warum hast du das getan? Du Mörder!«, schrie sie und wurde von den Armen ihres Sohnes abgefangen, aus denen sie sich schlagend und tretend zu befreien versuchte.

Wie in einer Psychose antwortete der Rüde verbissen und angestrengt: »Ich werde nicht zulassen, dass er weiter Wölfe zu Füchsen macht. Ich werde als sein Sohn seinen Platz einnehmen.«

Noch ehe Eria verstand, was geschah und was das alles sollte, riss Banato ihr die Kleidung vom Körper und warf sich auf ihr liegend in den Schnee.

Einige Jahre lang vergewaltigte er seine Mutter wieder und wieder und war enttäuscht, dass sie keine Welpen gebar, die so wölfisch waren wie er. Es waren sechs Füchse, die sich später gegen den Peiniger ihrer Mutter wandten und ihn vertrieben. Eria verbat es ihnen, Banato zu töten. Lieber sollte er am äußeren Osten des Kontinents im Exil leben. Die Fähe brachte es nicht übers Herz, den Befehl zu einem Mord zu geben, geschweige denn auch nur einem Lebewesen je ein Leid zuzufügen.

Warum Banato getan hatte, was er tat, verriet er nie. Auch sein Hass auf seinen Vater, der urplötzlich aufgekommen zu sein schien, blieben der Wölfin zeitlebens ein Rätsel. Ihr Sohn war irgendwann krank geworden. Bei dieser Tatsache ließen die Wölfin und ihre verbleibenden Kinder es bewenden und hörten nie wieder vom Mörder Arams.

Ihre letzten Jahre verbrachte die gebrochene Wölfin damit, ihre bereits erwachsenen Kinder zu beraten. Schließlich sollte jedes von ihnen einen eigenen Teil ihres großen Kontinents Arameria sein Eigen nennen und in die Zukunft führen.

Als ihre Kinder sie zu Grabe trugen, betteten sie sie neben ihren Mann. Die Grabsteine der Eltern zierten die Symbole ihrer Kosenamen, die sie sich einst gegeben hatten: »mein Sonnenfuchs«, »meine Mondwölfin«.

III. NONPLUSULTRA

Als mehr als zweitausend Jahre später das Reich Arameria inmitten seiner Blütezeit stand, waren die vier Kontinente des Planeten AlphaVul, dem ersten im Sternbild Vulpecula, in etliche Nationen unterteilt. Auf dem größten dieser Kontinente, welcher vollständig von Wasser umgeben war, existierte das Reich, in dem Fuchs-Wolf-Mischlinge lebten. In den vergangenen zwei Jahrtausenden hatten sie eine eigene Architektur entwickelt, maßen in eigenen Maßeinheiten, hatten einen eigenen Kalender und sprachen eine eigene Sprache, zu der auch eine Schrift mit komplexen Zeichen gehörte.

Der Weg hierher war lang und blutig: Immer wieder gab es Krieg zwischen den Aramerianern und den sie umgebenden Nationen um die ›Inselnation mitten im Großen Meer‹. Unter diesen Querelen zerfiel die kleine Nation, die damals nicht ein Zehntel des Kontinents umfasste, in mehrere Kleinstaaten, welche sich später wiedervereinigten und für eine kurze Dauer zu einer Demokratie wurden.

Hiernach folgten einige kleine Stellungskämpfe mit einem Volk vom Kontinent östlich der Republik Arameria. Dieses bestand aus reinrassigen Wölfen, welche sich Samojedani nannten und in einem Königreich lebten.

Erzürnt über die fortwährenden schweren Verluste durch Krieg und die damit einhergehenden Zerstörungen und Hungersnöte bäumte sich ein großer Teil des Aramerianisschen Volkes gegen die Demokratie auf und setzte die damalige Regierung blutig ab. Hieraus ging der neue Staat Arameria hervor, welcher seitdem als Diktatur unter der Führung eines Autokraten stand, der seinen Titel durch sein angeborenes Recht erhielt. Der Führer der Nation war ein direkter Nachfahre Arams und Erias und stets männlich. Er baute seinen Einfluss durch massive Zugewinne von Land und die Unterjochung des eigenen Volkes immer weiter aus.

Entgegen der meisten anderen Staaten auf AlphaVul nutzte Arameria kein Zahlungssystem im herkömmlichen Sinn: Man bezahlte was man zum Leben brauchte mit seinem Können und dem Dienst am Volke insgesamt. Die eigene Rasse voranzubringen, sie weiter aufzubauen und zu schützen, das waren die wichtigsten Bedürfnisse, die die Aramerianer kannten.

Es spielte auch die Forschung eine wichtige Rolle: Die stete Entwicklung neuer Ideen und Technologien, möglichst unabhängig von den Ressourcen anderer Völker, war des Volkes Anspruch, getrieben von nahezu menschengleicher, unstillbarer Neugier. So hatten die Aramerianer sich in nur zweitausend Jahren einen Entwicklungsstand erarbeitet, der weit höher war, als der jeder anderen Art des Planeten.

Ihr Glaube an ihre Entstehung war ihnen wichtig, wenngleich auch nur wenige die Wahrheit außerhalb religiöser Bücher kannten. Eria, die Mutterwölfin, hatte laut den Überlieferungen sieben Welpen geboren: die vier Rüden Banato, Akano, Inudo und Topu und die drei Fähen Lepona, Savenia und Jezerelija.

Jedes ihrer Kinder erhielt einen Teil des gebirgigen Inselkontinents mit zahlreichen Seen und Flüssen als sein Herrschaftsgebiet und führte sein eigenes, sogenanntes Jagrenat.

Jezerelija leitete als die Letztgeborene das flächenmäßig kleinste der sieben Jagrenate: Bolemare. Dies war zugleich die Hauptstadt, welche zentral auf dem Kontinent lag und als der Standort und Ursprung allen Wissens und Fortschritts von Arameria galt. Dort befand sich auch die Höhle Arams und Erias, nun umbaut vom Palast des Anführers.

Die grobe Einteilung des Reiches existierte bereits zu Zeiten der Republik und die Fläche der einzelnen Gebiete vergrößerte sich mit dem Fortgang der Jahrhunderte. Lediglich Bolemare veränderte sich flächenmäßig nicht.

Die sechs anderen Jagrenate wurden später ihrer riesigen Ausmaße wegen noch einmal in je drei Jukonate unterteilt, welche ihrerseits von je einem sogenannten Jukon, einem Befehlshaber, verwaltet wurden.

Obwohl sie sich weit entwickelt hatten, lebte ein großer Teil der Aramerianer in sehr einfachen Verhältnissen: Man hatte sich zu zahlreichen Dörfern und Städten zusammengefunden und lebte in futuristisch anmutenden Gebäuden, die nicht sehr groß waren. Hätte ein Mensch Arameria besucht, hätte er es nicht für möglich gehalten, dass es sich hierbei um ein extrem hoch entwickeltes Land handelte. Das Volk liebte es, getreu seinem Ursprung in spartanischen Verhältnissen zu leben und man erledigte die meisten Arbeiten wie Landwirtschaft und Dienstleistung noch immer selbst, nicht irgendeine Maschine.

Die Entwicklung und Anwendung neuer Ideen und Technologien fand fast ausschließlich in Bolemare statt, wo es auch Bildungseinrichtungen gab und von wo aus auch internationaler Handel betrieben wurde. Schließlich besaß man nicht alle benötigten Ressourcen auf dieser einen Insel, weshalb es nötig war, ein Zahlungsmittel zu entwickeln, welches in Währungen anderer Länder auf AlphaVul umgerechnet werden konnte.

Die Aramerianische Währung, Letveri genannt, durfte nur in der Hauptstadt und auf internationaler Ebene verwendet werden. Alle anderen Jagrenate Aramerias betrieben ausschließlich Handel durch Tauschgeschäfte oder gegenseitige Hilfe bei landwirtschaftlicher und dienstleistender Arbeit. Der Letveri musste seinerzeit eingeführt werden, da die anderen Nationen auf dem Planeten sich weigerten, mit dem Aramerianischen Volk auf der ihm vertrauten Basis aus Tausch und Schenkung Handel zu treiben.

Rado Perteriza wurde zur Zeit der 2016. Sonnenumrundung geboren und war nun 54 Jahre alt. Sein Beruf war Lehrmeister an einer Denkfabrik im Zentrum Bolemares und er wohnte zusammen mit seiner Frau und seinen vier Kindern in einem kleinen Dorf namens Keti, nordwestlich der Hauptstadt. Wie jeden Morgen machte er sich auf den Weg zur Arbeit, wo er eine Gruppe Schüler der zweiten Jahrgangsstufe unterrichtete. Anders als bei den Menschen gab es hier keine Schulen in deren Sinne: Pro Lehrstufe gab es ein Gebäude mit mehreren Räumen, technisch sehr gut ausgestattet, in welchen jeweils bis zu zehn Schüler Platz hatten und um einen runden Tisch saßen. Alle Studenten schliefen und lebten auf dem Gelände der Einrichtung, es sei denn, sie durften ihre Familien besuchen, was regelmäßig vorkam.

Rado ging zur nächsten Schnellreisestation in Keti. Optisch der U-Bahn der Menschen ähnlich, fuhren hier Züge durch unterirdische Tunnel. Die Schnellreisezüge waren sehr leise und wurden von je einem eigenen kleinen Fusionsreaktor angetrieben. Sie bewegten sich nicht auf Schienen, sondern schwebten durch Magnetismus über dem Tunnelboden und waren um einiges schneller als der Menschen U-Bahnen. Dieses Verkehrsmittel erleichterte den Aramerianern das Leben sehr, denn individuelle Mobilität gab es zwar, aber nichts so Flexibles wie Autos – aber dafür auch keinen Smog.

In der Station angekommen, setzte sich Rado auf eine Bank. Überall herrschte reger Personenverkehr und die Luft war stickig, schmeckte unangenehm und verbraucht. Ein großes Getöse wurde um den ganz normalen Alltag gemacht. Viele wollten nach Bolemare.

Der Lehrer holte sein Informations- und Kommunikationsmodul, kurz: InfoCom, aus seiner Umhängetasche, denn der Zug war ihm gerade vor der Nase weggefahren, was ihn aber nicht störte. Er hatte noch genug Zeit und konnte so wenigstens noch aktuelle Nachrichten einholen, ehe der Alltag nach den Ferien wieder losgehen sollte.

So ein InfoCom war schon praktisch: Ähnlich der Tablet-PCs auf Gaja, der Erde der Menschen, konnte man mobil alle möglichen Informationen abrufen. Nur sagte man hier nicht

›Internet‹ dazu und ging auch nicht ›über Access Points surfen‹. Das InfoCom bezog alle Daten und Medien direkt vom Palast des Führers, einem riesigen Turmbau im Herzen Bolemares. Dort liefen alle nationalen und internationalen Informationen zusammen und waren gut sortiert und völlig unzensiert für jeden verfügbar, wann immer man sie brauchte. So lautete zumindest die offizielle Darstellung seitens des Informationsministeriums.

Der Fuchs schaltete das Gerät ein, indem er aus einer kleinen, schwarzen Rolle eine stabile, flexible Folie herauszog, welche das Display darstellte. Er wurde sodann mit einem »Guten Tag, Herr Perteriza!« in aramerianischen Lettern begrüßt.

»Das Wetter für die nächsten acht Stunden«, sprach er zum Gerät, und dieses antwortete ihm grafisch, dass es ein sonniger Tag werden würde. Eine Temperaturskala wie in Celsius oder Fahrenheit gab es nicht, sondern nur die Aussage, dass es warm werden würde. Wem nützte auch eine Grad-Zahl, wenn Wärme oder Kälte sich subjektiv anders anfühlten?

»Neuigkeiten, national«, sagte Rado dann knapp und es öffnete sich ein Artikel mit animierten Bildern.

Eine Überschrift stach dem Fuchs sofort ins Auge: ›Erstes Raumfahrzeug mit freier Energie getestet! Die Raumfahrt rückt in greifbare Nähe!‹, lautete die Schlagzeile übersetzt.

»Oh, da haben sich die Schlauköpfe in Bolemare ja wieder ganz schön angestrengt«, flüsterte er, als ein neuer Zug in Richtung Hauptstadt einfuhr. »InfoCom ausschalten!«, befahl Rado dem Gerät, welches sich schriftlich von ihm verabschiedete, worauf er das Display wieder einrollte und es zurück in die Tasche steckte.

Der Lehrer sah sich um, als er sich auf einen Sitzplatz setzte. Gerade einen erleichterten Seufzer von sich gegeben, ertönte eine Stimme, welche auf Arameriani darauf hinwies, dass der Zug gleich in Igaviora, der Jukonatshauptstadt von Akanorija, halten würde. Mehrere große Farbdisplays, die sonst fortlaufend aktuelle Nachrichten und die Wettervorhersage anzeigten, wurden jetzt weiß und stellten einen Countdown dar, der angab, wie lange die Fahrt bis zum nächsten Halt noch dauern würde.

»Müssen Sie auch in Igaviora umsteigen?«, fragte ein junger Fuchs, der plötzlich vor dem Lehrer stand.

Erschrocken antwortete dieser: »Äh, ja. Ich will nach Bolemare.«

»Toll! Ich will auch da hin, aber das ist meine erste Zugfahrt alleine«, meinte der Knabe.

»Okay, dann halte dich einfach an mich. Ich fahre diese Strecke jeden Tag«, lächelte Rado und auch der Junge grinste freudig, als der Zug anhielt, seine Türen öffnete und eine Stimme »Zornice Ze'tece Kapi'talja Iga'viora!« sagte.

Nach kurzem Laufen waren sie dort angekommen, wo sie in den nächsten Zug umsteigen konnten. Es waren viele Füchse unterwegs und sie alle drängelten, aber das kannte Rado schon und nahm es gelassen.

Verwirrt und völlig überfordert blickte der Junge umher, als er sich neben seinen Wegweiser setzte und dieser ihn nach seinem Namen fragte.

»Ich bin Joliyad, Sir. Joliyad Kakodaze.«

»Komm mit, Joliyad, wir müssen eine Ebene tiefer«, sagte Rado und der junge Fuchs folgte.

»Joliyad … Das ist interessant. Weißt du denn auch, was dein Name bedeutet?«

»Irgendwas mit ›Wächter‹ oder so …«, antwortete der Knabe unwissend.

Rado lachte: »Nicht ganz: Das ist ganz altes Aramerianisch und bedeutet: ›mein Beschützer‹. ›Kakodaze‹, das hieß früher so viel wie ›Geist-Wesen‹. Jeder aramerianische Name hat eine Bedeutung. Wusstest du das nicht?«

»Nein, Sir«, gab Joliyad zu.

»Nenn mich Rado, Kleiner. Das bedeutet übrigens so viel wie ›Sonne‹. Es wundert mich, dass du das alles nicht weißt. Da musst du in Gesellschaftslehre und Geschichte wohl besser aufpassen.«

Der Lehrer betrachtete eine von der Decke herabhängende Tafel, die den Zug nach Bolemare über die Stadt Unkrade ankündigte. Das bedeutete für ihn: endlich raus aus diesem Gedränge. Manchmal hatte Perteriza das Gefühl, jeden Tag würden mehr Füchse die Bahn nutzen wollen als am Vortag.

Er wandte sich wieder an Joliyad und fragte: »Wohin genau musst du denn in Bolemare?«

»Zum Unterricht in der Einrichtung in Grav. Das liegt doch im Stadtteil Trzwe, oder?«

»Ja, sicher. Es gibt nur eine Schule in Grav. In ihr werden derzeit Schüler des zweiten Lehrgangs unterrichtet. Allerdings sind das alles Hauptstädter. Bist du sicher, dass du dorthin musst?«, fragte Rado ungläubig.

»Ja, hier in diesem Schreiben steht es so«, sagte Joliyad und holte ein zerknittertes Stück Papier aus seiner schwarzen Umhängetasche, die schon ziemlich verschlissen aussah.

Der Lehrer las flüchtig und bruchstückhaft vom Zettel ab: »Aufgrund seiner Begabung im zweiten Bildungsabschnitt … Institution freien Denkens … Anordnung der Förderbehörde. Hm … Das hatte ich noch nie. Weißt du denn, wer dein Lehrer sein soll?«

»Nein, das würde man mir da schon sagen, meinten meine Eltern. Sie haben viel zu tun und arbeiten jeden Tag auf unserem Feld in Lado. Daher konnten sie mich heute, an meinem ersten Tag, auch nicht begleiten.«

Der Zug fuhr ein und die beiden setzten sich.

Als die Bahn wieder losfuhr, meinte Rado: »Hör mal, ich weiß nicht, wo du diese Tasche herhast, aber die ist ja komplett hinüber. So kannst du dich nicht zu den anderen Schülern setzen. Nimm meine. Ich besorge mir später eine neue.«

Schüchtern gab Joliyad dem Lehrer seine Tasche, der sofort den Inhalt der beiden tauschte. In der des Jungfuchses fanden sich jedoch nur ein Apfel, ein Buch, eine kleine Tafel und ein Stück Kreide, das so klein und abgenutzt war, dass man es treffender als Kreidekugel hätte bezeichnen können.

»Hast du denn kein InfoCom?«

»Wozu brauche ich denn ein InfoCom?«

Diese Frage verschlug Rado die Sprache. Wie konnten seine Eltern ihn nur so in diese Schule schicken? Jeder hatte dort ein solches Gerät. Wer schrieb denn noch auf einer Tafel? »Joliyad, wir werden dich erst mal komplett neu ausstatten müssen, sobald wir angekommen sind. Ich weiß nicht, was man dir erzählt hat, aber hier weht ein anderer Wind. Dies ist nicht der grüne Bauernhof. Wir haben in der Schule noch einige Ersatzgeräte rumliegen. Nicht ganz taufrisch, aber vorerst ausreichend, bis wir die nächste Generation geliefert bekommen.«

Als der Zug in Unkrade hielt, eine Station vor Bolemare, stiegen ein paar Jungfüchse ein, die sich sehr rüpelhaft benahmen. Was auch immer sie zu sich genommen haben mussten, es wirkte, denn die drei fühlten sich scheinbar ziemlich stark. Rado beobachtete, wie sie zu verschiedenen Leuten gingen, um sie zu belästigten und zu beschimpfen. Sie wollten einem älteren Herrn einen Stoffbeutel entreißen, doch der Mann wehrte sich dagegen vehement. Der Lehrer wies Joliyad an, auf seinem Platz zu bleiben und ging langsam auf die drei Burschen zu, um dem Alten zu helfen.

Einer der Rüpel erhob seinen Arm und wollte dem Alten ins Gesicht schlagen, damit er den Beutel herausgeben würde, als Rado plötzlich den Arm des Jugendlichen ergriff und sagte: »Hey, Hundesohn, such dir jemanden in deiner Liga! Seit wann haben es Füchse nötig, zu klauen?«

»Ach«, sprach der Rüpel, der der Anführer der drei zu sein schien, »und du bist wohl einer aus unserer Liga? Verpiss dich, sonst machen wir dir Beine!«

Da drehte Rado dem anderen den Arm mit einer schnellen Bewegung auf den Rücken. Dieser verzog vor Schmerzen stöhnend sein Gesicht und ließ vom Stoffbeutel ab. Er schrie: »Los, schlagt ihn zu Brei!«

Eines der anderen beiden Gruppenmitglieder kam auf Rado zu, der keine Mine verzog, die linke Hand ausstrecke und ein Stehohr des Angreifers zu fassen bekam. Er drehte den Löffel, woraufhin dessen Besitzer das Gesicht entglitt, er ebenfalls schrie und in die Hocke ging.

»Na, und was jetzt, Hundesohn?«, fragte Rado ruhig.

»Hör auf, mich Hundesohn zu nennen!«

»Ach, und wenn nicht?«

Plötzlich kam der dritte Rüpel angelaufen, woraufhin der Lehrer die beiden bewegungsunfähigen Füchse schubste, sodass sie zusammenstießen und ihr Freund in sie hineinstürzte. Danach gingen alle drei zu Boden und Rado blickte auf sie herab. »Sucht euch Fähen. Die zeigen euch, wo es langgeht. Sauft nicht so viel. Und du, wasch dich mal wieder, Hundesohn! Es stinkt hier.«

Der Zug hielt in Bolemare und die drei Schläger standen auf, verschwanden schnell und schmerzerfüllt aus dem Zug, als Rado seinem Begleiter einen Blick zuwarf, sodass dieser wusste: Es war Zeit zum Aussteigen. Einige Füchse, die die Intervention Perterizas beobachtet hatten, standen auf und applaudierten. Das interessierte den Lehrer aber nicht, denn er hatte es nun eilig und musste bald zum Unterricht. Der alte Herr mit dem Beutel verbeugte sich mehrfach und bedankte sich bei seinem Retter, der darauf nur schnell nickte, die Barthaare richtete und laut seufzte.

»Wow! Das war voll krass«, rief Joliyad voller Bewunderung, »wie du sie fertiggemacht hast: bäm, bäm!«

Da drehte sich Rado zu ihm um und beugte sich leicht zu ihm herunter: »Das ist nicht witzig, Joliyad! Gewalt ist immer schlecht, auch wenn sie jemanden rettet, verstehst du?

Dieses Volk hat schon so viel davon erlebt, so viel gelitten. Eigentlich sollte es ja mal gut sein, findest du nicht?«

»Tut mir leid«, sagte der Junge beschämt, als sie weitergingen.

»Schon gut. Wir sind gleich da«, meinte sein Führer knapp und fügte an: »Willkommen in Bolemare!«

Der junge Fuchs hatte Mühe, mit dem Älteren schrittzuhalten und sah sich mit staunendem Blick um. Es schien endlos viele, riesige Hochhäuser zu geben, und sie alle sahen so aus, als bestünden sie nur aus Metall und reflektierendem Glas. Einige mussten mehrere Hundert Schritt hoch sein, denn Joliyad konnte nicht ihre Spitzen sehen, als er nach oben schaute. Sie stachen in die Wolkendecke, welche sich mit ihrer ewigen Selbstverständlichkeit zwischen ihnen hindurchschob. »Wow!«, sagte der Knabe erstaunt und völlig von dieser Größe überwältigt.

Zahlreiche Glasflächen leuchteten schrill und zeigten Gesichter von Politikern, Zahlen und Fakten zu Arameria und lauter gut aussehende, sportliche Fähen und Rüden. Es handelte sich um Werbung, was Joliyad vom Dorf nicht kennen konnte und deshalb verwundert die Schnauze aufsperrte.

»Komm, Kleiner! Ich zeige dir nach dem Unterricht alles. Wir machen heute nicht allzu lange in der Schule. Ich halte nur einen Vortrag, um das neue Schuljahr einzuläuten. Vielleicht diskutieren wir noch ein wenig. Wir lassen es ruhig angehen. Danach hast du bestimmt noch etwas Zeit. Du weißt, dass du erst in einigen Tagen wieder nach Hause kannst? Dann darfst du deine Eltern besuchen.«

»Also, meine Eltern erwarten mich nicht wirklich. Sie arbeiten immer sehr hart. Jetzt fehle ich auch noch als Arbeitskraft und das müssen sie schließlich wieder reinholen«, sagte der Junge traurig.

»Ich verstehe. In deinem Dokument steht übrigens, dass *ich* dich unterrichten soll. Das war mir erst gar nicht aufgefallen. Also werden wir sehen, wie du dich heute einbringen kannst«, meinte Herr Perteriza.

Die beiden Füchse betraten ein großes, weißes Gebäude, auf dem in aramerianischen Lettern übersetzt ›Erste Institution freien Denkens von Bolemare‹ stand.

Sie gingen durch einen großen, langen Flur, dessen Boden mit dicken, steinernen Platten ausgelegt war, die wie polierter Marmor das Licht reflektierten. Auch hier gab es Leuchtwerbung, welche diesmal mit Sprache untermalt wurde. Es waren Phrasen, wie »Jetzt hier im Sportbüro anfragen und eine Karriere als Sportlehrer beginnen!«, »Mach dich stark für Volk und Vaterland! Pack mit an und mach' den Führer stolz!« und »Arbeite jetzt für die Raumfahrt und sichere dir bei Erfolg ein Ticket zu den Sternen!«

Diese Dinge verstand der junge Fuchs nicht und schaute lieber begeistert einem autonomen, schneeweißen Androiden hinterher, der einen Stapel Aktenordner auf den Armen trug und mit einer blechernen Stimme grüßte: »Guten Morgen, Sirs!«, während er weiterrollte.

»Guten Morgen, Achtzehn«, beantwortete Rado und ging auf eine Tür am Ende des Korridors zu. Seine Schuhe, die sehr gepflegt waren und glänzten, klackerten auf dem kalten Boden.

Dann fiel Joliyad die Nummer 18 auf dem Rücken der Maschine auf und er fragte: »Ist das ein echter Roboter?«

»Aber sicher, Joliyad. Die machen hier die Aufräumarbeit«, grinste der Ältere und meinte dann ernst: »So, hier sind wir. Die anderen Schüler sind schon da, wie man unschwer hören kann.«

Lärm und viel Gelächter drangen durch die Tür, an deren Seite ein Sensor für Einlass sorgte, indem sie sich seitwärts öffnete, als der Lehrer mit seiner Hand daran vorüberstrich. Joliyad und er betraten den Raum, worauf alle anderen sich fluchtartig hinsetzten, still wurden und Rado ansahen. Herr Perteriza wies dem Jungen einen leeren Stuhl zu und setzte sich an die Stirnseite des ovalen Tischs, der sehr groß war und schwer aussah. Er knallte laut Joliyads ehemalige Tasche auf den Tisch und die Schüler zuckten zusammen, senkten die Köpfe. Es waren fünf weibliche und ebenso viele männliche Aramerianer außer ihm hier, stellte Joliyad fest.

»Nun, eure Disziplin scheint ja in den Ferien etwas gelitten zu haben, wie ich sehe«, begann Rado streng und auch Joliyad senkte jetzt, fast unwillkürlich den Kopf. Warum wohl? »Das wird sich aber schnell wieder ändern. Ihr wisst, dass Disziplin das Wichtigste ist, wenn man es zu etwas Großem bringen will!«

»Ja, Sir«, raunte die Menge einstimmig, als einer der Schüler heimlich die Augen bewegte, um Joliyad zu beobachten.

Da wandte sich der Lehrer speziell an ihn und herrschte: »Das gilt insbesondere auch für dich, Atemach!« Schnell senkte dieser wieder den Blick und der Lehrer fuhr fort: »So, ich darf euch heute im zweiten Bildungsabschnitt begrüßen.

Wie die Aufmerksamen unter euch mitbekommen haben, haben wir einen neuen Gefährten. Joliyad – aufstehen!«, sprach er, ohne dabei irgendwen anzusehen.

Joliyad stand auf und versuchte dann kerzengerade und absolut still dazustehen. Er fühlte sich in diesem Moment wie in der Armee und versuchte, eingeschüchtert wie er jetzt war, bloß alles richtig zu machen. So hatte er den netten Herrn Perteriza nicht in Erinnerung, doch rief er schnell: »Ja, Sir! Zu Befehl, Sir!«, worauf alle anderen Füchse leise lachten.

»Ruhe!«, schrie Rado und haute mit der flachen Hand auf die dicke Tischplatte, woraufhin das Gelächter schnell wieder verstummte.

Joliyad steckte ein Kloß im Hals, als der Lehrer plötzlich lächelte und ganz ruhig zu ihm sprach: »Verzeih, aber ich habe es hier mit einer recht schwierigen Truppe zu tun. Ein ganzes Jahr vergangen und scheinbar nicht viel gelernt.«

Der Junge drehte langsam den Kopf zu Rado und sah ihn überfordert und fragend an: Er verstand jetzt gar nichts mehr. Wie sollte er sich nun verhalten?

»Wir sind hier nicht bei der Armee, aber danke für deinen Respekt. Ich schätze das sehr«, sagte Herr Perteriza und sah noch einmal sehr ernst in die Runde. »Stelle dich uns vor. Wer bist du, wie alt, woher kommst du, was machst du, was führt dich hierher, was willst du erreichen?«

»Ähm …«, stammelte der Junge, »mein Name ist Joliyad Kakodaze. Ich bin sechzehn.«

Und noch ehe er weitersprechen konnte, wurde er durch einen Zwischenruf eines Mitschülers unterbrochen: »Was? Sechzehn? Dann ist er ja fast noch ein Kind!«

»Schnauze, Jerome, du Spinner! Du bist gerade mal zwanzig«, schrie Rado.

Rado, so dachte Kakodaze, sah gar nicht so streng aus, wie er sich gab. Aber es musste schließlich einen guten Grund dafür geben, dass er sich so verhielt. Er wandte sich wieder Joliyad zu und befahl knapp: »Weiter!«

»Ich komme aus Lado und helfe dort meinen Eltern auf unserem Hof. Ich kam hierher, weil ich ein Schreiben vom Büro eines Herrn Kardoran und der Förderungsbehörde bekommen habe, worin stand, dass ich mich hier melden sollte. Was ich erreichen will? Ich hoffe, Gutes tun zu können.«

»Setz dich, danke!«

Joliyad tat es erleichtert und bemerkte, dass zwei der weiblichen Schüler tuschelten, ihn ansahen und immer mal wieder kicherten.

»Ruhe, ihr Glucken! Wo bleibt euer Respekt?«, rief Rado. Das Gekicher verstummte und der Lehrer erklärte: »Also, Joliyad Kakodaze, zu deiner Information: Wir befinden uns hier in einer Art Denkfabrik. Hier werden die fähigen und würdigen Aramerianer in letzter Instanz ausgebildet, um aus sich etwas zu machen. Was dabei herauskommt, hängt von ihnen allein ab. Ich, als der Ausbilder, pflege ihnen nur einige Gedankengänge ein. Lösungen muss man sich hier selbst erarbeiten. Ich verlange Gehorsam und Disziplin. Was aber fast wichtiger ist, ist gegenseitige Rücksichtnahme und Respekt. Wir sind ein Volk, eine Art. Darum behandeln wir uns alle ebenbürtig. So soll es zumindest sein. Letania, aufstehen!«

Ein Mädchen, welches sicher schon keins mehr war und als Fähe bezeichnet werden konnte, stand auf.

»Sag ihm, wer der Herr namens Kardoran ist«, befahl der Lehrer.

»Kardoran ist Regent und oberster Führer von Arameria!«, rief sie aus und setzte sich schnell wieder.

»So«, meinte Rado, »jetzt weißt du, wer Kardoran ist. Er ist der Big Boss, der Chef hier. Und der hat offenbar verfügt, dass du von deinem Feld geholt werden sollst, um einfach so am zweiten, statt am ersten Jahrgang teilzunehmen. Ich staune etwas. In der Erstausbildungsschule bei euch in Lado musst du also sehr gute Leistungen gezeigt haben. Das bedeutet für alle Anwesenden hier, dass sie dich gleichgestellt behandeln werden. Schließlich hat es ja seinen Grund, dass der Großmeister höchstpersönlich davon überzeugt ist, dass mehr in dir steckt.«

Joliyad konnte es sich zwar nicht erklären warum, aber irgendwie klangen diese Worte so, als könnte Rado diesen Kardoran nicht sonderlich leiden. Diesen hatte Kakodaze noch nie getroffen. Woher sollte er also wissen, wie gut der Junge in der Schule war?

»Meine Schüler hier sind alle um die achtzehn bis zwanzig. Das bedeutet, sie sind erwachsen, haben teilweise selbst Welpen. Du, Joliyad, bist hier zwar der Jüngste, aber ich sehe keinen Grund dafür, warum du einen von ihnen mit ›Herr‹ oder ›Frau‹ anreden solltest. Ihr stimmt mir doch zu, oder?«, fragte Perteriza in die Runde, worauf stilles Nicken allerseits folgte. »Wir reden uns hier mit dem Vornamen an. Also auch ich möchte mit meinem Vornamen angesprochen werden. Das gilt natürlich nur für all diejenigen, die mich mit Respekt behandeln. So handhabe ich es auch umgekehrt. Die menschliche Idee, jemandem mit dem Nachnamen anzureden, gehört hier nicht her – genau so wenig, wie alle anderen menschlichen Ideen, bis auf ihre Sprache Latein. Die Menschen von Gaja halten sie zwar für tot, ich aber nicht.«

Eine Pause entstand, in der Rado sein InfoCom aus der Tasche holte, was die Schüler ihm allesamt gleichtaten.

»Jeremia, gib Joliyad dein InfoCom. Er hat noch keines«, meinte er.

Plötzlich folgte weiteres Lachen und abfällige Bemerkungen wie: »Oh, jetzt kommen die Pornobilder!« und »Hast du nicht deine scharfen Kerle da versteckt?« machten sich breit.

Widerwillig reichte Jeremia Joliyad das Gerät, als Rado es ihm schnell wieder wegnahm und einschaltete.

»Aha«, sagte er plötzlich, »jetzt verstehe ich, was ihr meint. Nicht, dass ich das nicht erwartet hätte …« Er grinste und gab Jeremia das InfoCom zurück, als er sich räusperte und anfügte: »Die Futterale dieser Typen sehen alle so aus, als würdest du den Mund beim Ausschachten aber ziemlich voll nehmen wollen.« Dann brach großes Gelächter aus und auch der Lehrer lachte mit. Selbst Jeremia, die eigentlich allen Grund zur Scham hatte, lachte herzhaft und streckte Rado neckisch die Zunge heraus. Kichernd meinte sie: »Ach, bist wohl wieder neidisch, hihi!«

Auf einmal wirkte die Atmosphäre sehr gelöst und entspannt. Das verstand Joliyad nicht. Vorhin noch schien alles so verklemmt, erdrückend. Jetzt war alles ganz anders.

Als Rado bemerkte, dass er nicht ebenfalls lachte, sagte er zu ihm: »Mach dir keine Sorgen. Das ist hier völlig normal. Wir haben ein familiäres, respektvolles Klima hier. Solange sich eben alle benehmen, geht alles. Eure Sexualität interessiert mich nicht. Sie interessiert den Führer nicht. Sie interessiert dieses Volk nicht und auch nicht dieses Land. Wenn ihr es braucht, um euch freier zu fühlen, tut es, wenn Zeit dazu ist. Das gilt auch für dich, Joliyad.«

Der Sechzehnjährige sah Jeremia an und fragte sie: »Aber, ist dir das denn nicht peinlich?«

»Kleiner, man merkt, dass du vom Dorf kommst«, antwortete sie, was erneut zu Gelächter führte.

»Toll gesagt, Jeremia. Dann solltest du seine Mentorin werden. Super Idee!«, rief Herr Perteriza.

Die Schülerin verdrehte ihre Augen und sagte widerwillig: »Ja, von mir aus.«

»Gut«, lobte Rado, »dann haben wir das auch geklärt.« Er lehnte sich zurück und seufzte: »Also, meine Lieben, ich möchte, dass ihr euch in der Pause mit Joliyad unterhaltet. Stellt euch ihm vor und zeigt ihm hier alles. Jeremia, du als seine Anleiterin gibst ihm alles Nötige, was er zum Schlafen braucht, und gehst mal ein Zimmer für ihn suchen, ja?«

»Ja, mach ich«, bestätigte die Füchsin genervt.

»Heute lassen wir es ruhig angehen. Nach der Pause halte ich meine Rede, die ihr sehnsüchtig erwartet habt. Das wird sicher ein großer Spaß für euch werden, so wie letztes Jahr.«

Großes Gestöhne breitete sich aus. Aber weshalb nur?

Die Schüler verließen den Raum und Jeremia blieb zusammen mit Joliyad bei Rado stehen.

»Was gibt es?«, fragte der.

»Haben wir denn überhaupt noch ein Zimmer für ihn?«, wollte die Schülerin wissen. »Ich dachte, alle sind belegt.«

»Ja, wir haben noch eines«, erklärte Rado. »Neben deinem ist ja noch der Putzmittelraum. Sag den Reinigungsrobotern, wir brauchen den Platz. Die sollen sich einen anderen Ort für ihre Klamotten suchen.« Dann wandte er sich an Joliyad und meinte: »Es ist nicht groß, aber es wird reichen. Wir sind jetzt um genau eine Person überbelegt, denn wir haben hier üblicherweise maximal einhundert Schüler.«

»Ich verstehe«, nickte Kakodaze.

»Okay, ich geh mich mal kümmern. Komm Joliyad, zuerst bringe ich dich zu den anderen auf den Hof.«

Jetzt verließen die jungen Füchse den Raum, während Herr Perteriza ihnen nachsah und sich sicher war, dass man den Neuen bestimmt gut aufnehmen würde.

Nachdem die Pause beendet war, versammelten sich Rados Schüler wieder in ihrer Klasse und setzten sich. Als ihr Lehrer den Raum betrat, standen sie auf und er wies sie an, wieder Platz zu nehmen. Auch er setzte sich und begann seinen Vortrag:

»Also, dies ist unser zweites gemeinsames Semester und sicher fragt ihr euch, was dieses Jahr auf dem Programm stehen wird. Ich kann es euch sagen: Nachdem wir im vergangenen Abschnitt über unsere Geschichte sinniert haben, sprechen wir diesmal über den Verfall und den Niedergang unserer Rasse in nicht allzu ferner Zukunft. Das ist das wichtigste Thema überhaupt.«

Entgeisterte Blicke und offene Fuchsschnauzen folgten, denn offenbar musste der Lehrer verrückt sein.

»Unsere Rasse, das heißt: Unsere Art, ist über zweitausend Jahre alt. Seit der Geburt des ersten Wurfes unserer Mutter Eria haben wir uns also zu der Gesellschaft entwickelt, die wir heute sind. Wir haben eine lange Zeit des Krieges, Wohlstands, Friedens und Wachstums hinter uns; und noch einige gute Jahre werden kommen. Aber: Jede gute Zeit geht einmal zu Ende! Wachstum endet! Mit fast einer Milliarde auf diesem Kontinent geht uns der Raum aus, den wir brauchen, um uns weiterzuentwickeln, das sollte euch klar werden.

Nicht nur das: Genetisch sind wir alle grundsätzlich miteinander verwandt. Nur durch unsere Forschung war es bisher möglich, den genetischen Verfall zu verhindern, doch unsere Wissenschaftler sind bald am Ende: Resistenzen entwickeln sich und keiner weiß, wann es zum großen Knall kommen wird!

Ich werde also in diesem Jahr mit euch erörtern, wie unsere Zukunft aussehen *wird*, wenn alles so weiterläuft, wie bisher. Und wir werden herausfinden, wie unsere Zukunft aussehen *kann*, wenn unsere Gesellschaft sich umorientiert. Sicher haben wir Aramerianer es weit gebracht, sind den meisten unserer Genossen auf diesem Planeten in vielen Belangen weit überlegen. Das bedeutet aber nicht, dass wir auf ewig bestehen werden.

Diese Idee, sich darüber einmal Gedanken zu machen, kommt von unserer schlauen Führung – von ganz oben! Ihr seid Teil der klügsten Köpfe unserer Nation, denn sonst würdet ihr nicht hier sitzen. Dies ist also eine eindringliche Bitte unseres gesamten Volkes an euch und eure Altersgenossen: Entwickelt Ideen, seid kreativ und rettet unsere Welt!«

Jetzt machte er eine Pause, ehe er laut »Tempus fugit!« rief, was aus dem Lateinischen kam und etwa bedeutete »Die Zeit verrinnt!«

»Wir werden vielleicht nicht in fünfzig oder hundert Jahren dahinscheiden, aber wir müssen früh genug anfangen, ehe die Zeichen für unseren Niedergang unübersehbar werden oder es vielleicht zu spät sein wird! Dass das kein Witz sein soll, werdet ihr merken, wenn ich euch sage, dass ihr euch bereits vor Ablauf der Gesamtausbildung den obersten Führern unseres Volkes vorstellen werdet, nicht erst am Ende, wie sonst üblich.

Wir werden zuvor also viele Theorien zu unserem Fortbestand entwickeln und, wenn möglich, diese Theorien auch materialisieren. Unter anderem bauen wir an Technologien für die Raumfahrt, jetzt, da wir als Rasse bereits den Antrieb entworfen haben. Ich hoffe, ihr seid nicht allzu verängstigt. Ich habe auch nicht schlecht gestaunt, als ich diesen Lehrplan bekam. Es gibt viele Dinge, die wir, das Volk, noch nicht wissen, was aber Kardoran und die anderen Bosse schon längst erkannt haben.

Lasst uns zusammenarbeiten und helfen, dass es gut für uns alle ausgeht! Auch, wenn der Stichtag hierzu vielleicht doch noch weit in der Zukunft liegen könnte.«

Bedächtiges Schweigen machte sich breit. Niemand stand auf und applaudierte, wie sonst üblich nach einer Rede. Herr

Perteriza seufzte und kratzte sich an seinem linken Ohr. Er lehnte sich wieder zurück und fragte nach kurzem Nachdenken eine Schülerin: »Nemaya! Was denkst du? Was müsste unsere Gesellschaft ändern, damit wir nicht irgendwann aussterben?«

Erschrocken blickte die Füchsin auf und stammelte: »Na ja, i-ich weiß nicht recht … Keine Ahnung, was ich jetzt dazu sagen soll.«

»Seht ihr?«, rief Rado. »Ich habe euch irgendwann alles Mögliche gelehrt und ihr könntet in die Welt gehen, um auf eigenen Pfoten zu stehen. Einige von euch würden hier in Bolemare bleiben und irgendeinem tollen Beruf nachgehen, damit zufrieden sein, die Gesellschaft in die vermeintlich richtige Richtung zu bewegen. Aber das ist nicht alles, was ihr zum Leben braucht! Ihr wisst nicht, was es bedeuten kann, wenn alles endet. Endet … Ja, das sagt der Alte so … Tempus fugit! Denkt nach! Ihr seid Füchse, Schlauköpfe, Aramerianer! Also zeigt, wie ich euch analysieren und diagnostizieren gelehrt habe!«

Ein Rüde stand auf und rief: »Mehr Leistung in die Genforschung!«

»Okay, das ist eine Idee. Aber dumm nur, dass die Forschung, wie ich schon sagte, bereits dem Ende zugeht. Was noch?«

»Sich mit anderen Völkern vermischen! Hier gibt es fast nur uns Füchse«, rief Jeremia.

»Ja sicher. Mit den Samojedanern. Ganz tolle Idee«, winkte ein anderer Schüler ab und die Truppe lachte.

»Wartet!«, unterbrach Rado das Gelächter. »Warum auch nicht? Hat sie denn unrecht? Ich meine, auf diesem Kontinent leben alle Füchse dieses Planeten vereint. Als Canidenrasse eigenen sich Wölfe doch hervorragend für die Bereitstellung neuen genetischen Materials, oder?«

»Na, weil wir im Streit mit ihnen sind, Rado, und zwar schon immer«, gab Atemach zu bedenken und die anderen vier Rüden quatschten durcheinander, was sie »mit diesen Hundesöhnen« so alles anstellen würden, wenn sie je einen von ihnen träfen.

»Ja, da hast du wohl recht. Aber sie und wir haben schließlich einen gemeinsamen Ursprung, nämlich den Anbeginn der Zeit. Die meisten Aramerianer sind Mischlinge aus Fuchs und Wolf, die Samojedaner sind reine Wölfe. Wie gesagt, neues genetisches Material«, dachte der Lehrer nach.

»Ich habe gehört, sie haben viele Muskeln und sehen verdammt heiß aus, hihi!«, lachte eine der Füchsinnen.

»Ezrane, du notgeile Fähe!«, rief Jerome.

Wieder kam es zu Gelächter, welches Rado unterbrach, indem er meinte: »Seht ihr: Weil sie hier in der absoluten Minderheit bei uns leben, haben nur die wenigsten von euch auch nur einen von ihnen je gesehen, seid aber gleich über alles im Bilde. Ihr würdet euch nicht auf samojedanischen Boden trauen, glaubt aber, zu wissen, dass sie die Aggressoren sind. Daher würdet ihr sie am liebsten totschlagen! Und wenn einer von ihnen vor euch stünde, dann würdet ihr mal seine vielen Muskeln sehen und vor Angst weglaufen!«

»Ach, das sind doch Wilde!«, rief ein Schüler, der sonst noch gar nichts gesagt hatte.

»Was meinst du dazu, Joliyad?«, fragte Herr Perteriza, die vorangegangene Bemerkung ignorierend. »Bring dich etwas ein.«

»Ja, also … Ich kenne einen Samojedaner aus Salijeko und der ist ganz nett.«

»Aus Salijeko? Das gehört zum Jukonat Tshutpri, ganz im Osten, nicht wahr?«, fragte Rado und Kakodaze bejahte.

»Ja, Tshutpri, weil diese blöden Arschlöcher einfach hierhergekommen sind, um unserer Gesellschaft auf der Tasche zu liegen und nichts dafür zu tun. Diese Bastarde! Scheiß auf nette Wölfe!«, schrie Atemach Joliyad an.

Darauf schritt Herr Perteriza ein: »Hey, Atemach, halt dein Maul, wenn du nichts Cleveres zu sagen hast! Ich werde dir sagen, wie es wirklich ist: Die Samojedaner bezeichnen *uns* als Bastarde, womit sie ja auch irgendwie recht haben. Trotz zahlreicher Kriege in den vergangenen Jahrhunderten hatte unsere Führung einigen von ihnen erlaubt, in Arameria zu bleiben. Es folgte Frieden, doch leider änderte man schnell seine Meinung wieder – warum auch immer – und sperrte die Samojedaner in Reservate ein, und zwar ohne die Möglichkeit, je über das große Meer wieder nach Hause zu kommen. Man befürchtete, sie könnten eine Art Schmuggel veranstalten, mit ihrem Wissen über dieses Land einen neuen Krieg ausbrechen lassen, oder so was.

Außerdem wollte man ursprünglich einen zu großen Wolfsanteil in unseren Genen verhindern. Eine Entscheidung, die uns zukünftig womöglich unsere Existenz kosten wird. Nach all den Jahren wollen die Samojedaner nun das gesamte Jagrenat Banatorija für sich haben, weshalb sie immer wieder Aufstände anzetteln. Das ist der Grund für diesen Konflikt: Nach Hause dürfen sie nicht; und selbst wenn man sie ließe, wollten sie nicht mehr, denn sie sind jetzt hier zuhause.«

»Deshalb scheidet die Vermischung unserer Völker aus?«, fragte Joliyad interessiert.

»Ja, so ist es – noch! Die Obrigkeiten werden schon irgendwann einsehen, dass ihr Handeln sinnlos und völlig überzogen ist. Aber so viel nun zu unserer perfekten Welt und dem Nonplusultra, für das wir uns immer gerne halten.«

Joliyad verstand nicht richtig, warum Rado so böse über die ›Bosse‹ sprach. Er war ihnen aus irgendeinem Grund sehr abgeneigt. Der Jungfuchs erkannte nun aber, woher der Hass auf die Samojedaner kam und warum ihm seine Eltern es ihm plötzlich verboten hatten, wieder nach Salijeko zu fahren, um seinen Kumpel zu treffen: Die Wölfe waren dort nur geduldet, nicht gewollt.

»So, wenn diese Option ausscheidet … Der nächste Vorschlag. Was sollten wir tun?«, wollte der Lehrer von allen wissen und zeigte sodann auf eine völlig unbeteiligte Füchsin.

Diese zuckte nur mit den Achseln.

»Wie wäre es, wenn wir uns einen neuen Planeten suchen würden? Vielleicht gibt es da draußen noch andere Völker, wie unseres«, meinte Letania.

Da drehte Herr Perteriza sich schnell zu ihr um und rief: »*Das* ist mal eine Idee!«

»Ja, wir haben doch jetzt bald den Antrieb mit dunkler Energie und so … Hauen wir hier ab!«, rief ein anderer Fuchs.

»Was sagst du dazu, Joliyad?«, wollte Rado wissen.

»Na ja, wir müssen noch eine Weile forschen, glaube ich, aber möglich wäre es sicher, einen bewohnten Planeten zu finden, auf dem noch andere Anthros leben. Ich halte trotzdem viel von den Samojedanern. Sie sind zu mir immer gut gewesen«, sagte Kakodaze und bemerkte dabei nicht, wie Jeremia ihn ansah: Wie er empfand, auch für die Samojedaner, gefiel ihr. Er war unschuldig, unerfahren und neutral.

›Der hat was‹, dachte sie bei sich und erschrak, als ihr Lehrer plötzlich rief: »Ja, das hat was!«

Zuerst dachte die Füchsin, Rado könnte Gedanken lesen, beruhigte sich aber wieder.

Eine rege Diskussion folgte, der endlich die meisten etwas Vernünftiges beizutragen hatten. Forschung interessierte sie und außerdem ging es bei dieser Idee darum, dass das Aramerianische Volk sich selbst aus eigener Kraft retten können würde, was ohnehin im Sinne des Führers gewesen wäre.

»Nun, Gaja, die Welt der Menschen, können wir natürlich vergessen. In früherer Zeit spähten verschiedene Nationen sie über die Entsendung von Satelliten aus. Wir hörten ihre Funksignale ab, welche verzweifelte Versuche waren, mit irgendwem im All Kontakt aufzunehmen. Zum einen haben sie auf ihrem Planeten keine Anthros, und zum anderen sind sie noch sehr primitiv. Also beschäftigt euch mal mit der Idee, die Heimat zu verlassen. Was wäre nötig? Wie lange müssten wir forschen? Wo wäre Leben im All möglich? Wo gäbe es andere Arten, mit denen wir uns kreuzen könnten? Wie sähe das Leben dort aus? Solche Dinge eben … Morgen will ich mehr von euren Gedanken hören. Denkt auch daran, dass es im InfoCom sehr viele Informationen, auch zu Planeten und zum Weltraum, gibt«, sagte Perteriza.

»Na ja«, grübelte der Lehrer weiter, »ich denke, da es jetzt schon erste Tests gegeben hat, werden wir wohl auf jeden Fall ins All fliegen. Es wäre nur schöner, hätten wir ein Ziel vor Augen, versteht ihr?«

Kakodaze nickte und als das Ende des heutigen Unterrichts durch die Schulklingel eingeläutet wurde, brachen alle auf, um auf ihre Zimmer oder nach draußen zu gehen.

Rado rief ihnen noch hinterher: »Per aspera ad astra soll Titel dieses Themas sein!«

IV. VERSTÄNDNIS DER LIEBE

Mit verschränkten Armen wartete Kakodaze vor der Schule auf seinen Lehrer, denn dieser wollte ihm schließlich noch Bolemare, die ›Stadt am Ufer‹, zeigen. Er lungerte vor dem Schulgebäude herum, als er bemerkte, dass Jeremia ihn lächelnd beobachtete. Immer wenn er in ihre Richtung blickte, drehte sie schnell ihren Kopf zur Seite und sprach weiter mit einer ihrer Freundinnen.

Rado kam aus dem Gebäude und fragte: »Na, Kleiner, fertig für eine Reise?«

»Ja, klar. Ich freue mich darauf!«

»Schön. Heute habe ich auch etwas mehr Zeit und zuerst fahren wir mit der Bahn nach ›Metro‹. Das ist, wie du dir sicher denken kannst, die Mitte Bolemares.«

Sie stiegen in die Bahn und fuhren nicht lange, als Herr Perteriza sagte: »Wir sind schon da.«

Sie verließen den Zug, gingen zur Oberfläche und Joliyad erblickte riesige Gebäude und viele Füchse, aber auch andere Anthros: Hasen, Pferde, Katzen und weitere Arten. Die Nicht-Aramerianer waren deutlich in der Unterzahl und der Schüler konnte sich nicht daran erinnern, je welche von ihnen gesehen zu haben.

»Wer sind die?«, fragte er erstaunt und verwirrt zugleich.

»Dies ist das Herz von Bolemare und wie du sicher nachvollziehen kannst, wollen andere Nationen mit unserem Land Handel treiben. Auch Touristen gibt es hier. Sie alle kommen von weit her, nur um mal hier gewesen zu sein. Bolemare ist nämlich sehr schön und hat einiges zu bieten. Das Nachtleben ist sehr toll«, erklärte der Lehrer.

»Ich habe noch nie andere Hybriden, außer Füchse und Wölfe gesehen«, gestand sein Schüler ihm und blickte umher.

Rado lächelte und meinte nur, dass ihn das nicht wunderte. Schließlich lebte Joliyad in Lado und das war die Provinz. »Du wirst hier viele neue Dinge sehen, Kleiner. Da vorne ist übrigens das Nervenzentrum unseres ganzen Reiches«, meinte Rado und deutete auf ein unglaublich hohes, strahlendweißes Gebäude, das als schmaler Turm gebaut war. »Da drin sitzt Kardoran. Manchmal auch noch ein paar Jukons und Jagres. Beeindruckend, nicht wahr?«

»Wow, wie hoch mag das sein?«

»Ich glaube, wenn man herunterspringt, dauert es schon eine Weile, bis man unten angekommen ist. All diese Gebäude wurden mit einer speziellen Farbe gestrichen, die mit der Luft und der Sonne reagiert, um für Beleuchtungsenergie zu sorgen. Ziemlich cool, oder?«, lehrte Rado.

»Und dort befindet sich auch der Ursprung Aramerias? Der ›Ispocetka‹, also der Punkt, an dem Aram und Eria lebten?«

»Exakt!«, stimmte Perteriza zu. »Im Kellergewölbe soll die Höhle der beiden sein. Das Gebäude wurde einfach drumherum gebaut. Allerdings haben nur wenige Füchse diesen Ursprungspunkt jemals gesehen. Er ist geheim. Ich allerdings glaube, dass da ganz andere Sachen abgehen, aber ich will dich mit meinen Verschwörungstheorien nicht überfordern.«

Verwundert erblickte Kakodaze immer wieder Hybriden, die in irgendwelche Gebäude mit großen Fenstern gingen und mit den verschiedensten Dingen wieder herauskamen. Sie benahmen sich wie Ameisen: irgendwie strukturiert, obgleich alles wirkte wie ein heilloses Durcheinander. Man konnte kaum einem Einzelnen mit den Augen folgen, ohne ihn wieder zu verlieren.

»Was machen die da?«, wollte Joliyad wissen.

»Sie versorgen sich mit Dingen, die sie gerne haben wollen. Sie gehen einkaufen. So nennt man das«, grinste Perteriza. »Komm, wir gehen auch mal hinein!«

So gingen sie in ein Haus, in dem verschiedene Früchte, Gewürze und andere Lebensmittel ausgestellt wurden. Viel Hausmannskost wurde angeboten. Hier war es sehr voll und alle redeten durcheinander.

»Ich habe aber keine Letveri. Die braucht man doch hier in Bolemare, oder?«, fragte Joliyad.

»Ja sicher, Kleiner. Der Letveri ist so was wie eine Tauschwährung und gilt nur hier in Bolemare. Hier funktioniert das nicht so: eine Kartoffel gegen drei Möhren. Die Touristen wollen schließlich mit harter Währung bezahlen können. Wir sind hier nicht auf dem Lande. Das nennt man Konsum, mein Junge!«, freute sich der Lehrer und schien ganz fasziniert und wie in Trance zu sein.

Joliyad blickte zu ihm auf: Irgendwie wirkte er verändert, wie unter irgendeiner Droge stehend. Die Augen aufgerissen, psychotisch. »Das ist schrecklich! Lass uns gehen, Rado, bitte«, bat er.

»Okay, Kleiner, hast ja recht. Es ist eh zu voll hier. Ich merke schon, du kannst damit nichts anfangen.«

»Nein, ich finde das traditionelle System besser. Ich mag diese Massen und den Trubel nicht und mit Geld kann ich nichts anfangen.«

Nach einer Weile setzten die beiden Füchse sich auf eine Bank, die an einem Brunnen stand. In dessen Mitte erhob sich die Plastik eines Fuchsrüden. Er war unbekleidet, muskulös und schaute ernst gen Himmel. Sein majestätischer Blick schien sich imposant durch die Wolken zu bohren und am Sockel war ein goldenes Schild angebracht, auf dem ›Per aspera ad astra‹ stand.

»Per aspera ad astra … Latein … Durch das Raue zu den Sternen. Was bedeutet das, Rado?«, wollte der Jungfuchs wissen.

»Latein, richtig. Eine sehr alte Sprache der Menschen, welche wir abgehört haben. Nach allem, was wir wissen, benutzen sie sie aktuell nur noch selten. Wenn es Nacht wird und es keine Wolken gibt, kann man erkennen, dass dieser Fuchs direkt in Richtung Gaja blickt. Sie selbst kann man von hier nicht sehen, aber die dazugehörige Sonne.«

»Aber was will diese Statue uns damit sagen? Warum schaut er so ernst?«

»Nun, das zu beurteilen, bleibt offenbar jedem selbst überlassen. Mir erscheint der Typ da eher nachdenklich und beobachtend, fast schon überwachend. Auf dass die Menschen es nie wagen mögen, hierherzukommen.«

»Verstehe. So wie der Gott Ephraim es Eria prophezeit hatte?«, fragte Kakodaze.

»Ich merke, du weißt ja doch etwas. Ich bin fast beeindruckt«, lobte der Lehrer. »Aber ja, so ist es. Weißt du denn, wer dieser stattliche Rüde ist?«, prüfte sein Lehrer das Wissen des Schülers weiter.

»Kardoran?«, riet dieser und entlockte Rado ein breites Grinsen.

»Nein, mein Junge. Das da ist ein Fuchs, den es gar nicht gibt. Man nennt ihn Fox McCloud. Irgendein Künstler hat ihn vor vielen, vielen Jahren der Stadt geschenkt. Radovan sieht ihm allerdings ziemlich ähnlich. Was sagt er *dir*?«

Joliyad hatte den Namen Fox McCloud noch nie gehört und überlegte kurz, was dieser ihm wohl sagen wollte. Er konnte sich darauf jedoch keinen Reim machen. Wahrscheinlich nichts, dachte er sich und beließ es dabei.

»Ich habe keine Ahnung. Vielleicht passt er auf uns alle auf?«, meinte er.

»Das ist möglich. Vielleicht später mehr dazu. Für heute haben wir genug unbekleidete Rüden gesehen. Lass uns weiterfahren.«

Rado und sein Schüler fuhren durch die einzelnen Stadtteile Bolemares und stiegen für ein paar Sehenswürdigkeiten immer wieder aus, ehe sie an einen riesigen See kamen. Dieser erstreckte sich bis zum Horizont und schien kein Ende zu kennen. Er hatte ein so sattes Blau, dass man glauben konnte, er wäre ein Spiegelbild des Himmels. Kleine Wellen trafen das Ufer. Es war insgesamt merkwürdig ruhig und entspannt hier.

Einige Momente lang standen die beiden Füchse da und sahen in die Ferne. Wie von fremder Hand gesteuert blickten sie in die Weite und der Knabe merkte, dass es ihm nahezu unmöglich war, sich zu bewegen oder einen Laut von sich zu geben. Es war aber nicht so, als wäre er gelähmt gewesen. Er wollte schlicht diese unendliche, friedliche Stille nicht verderben.

Plötzlich zerschnitt die Stimme des Lehrers die Ruhe: »Das ist ›Odgniza Vedo‹, der glitzernde See. Er ist fast halb so groß wie die bebaute Fläche Bolemares selbst«, sagte er.

»Ich habe von den beiden Seen an den Grenzen der Hauptstadt gehört, aber gesehen habe ich sie noch nie. Ich hatte keine Ahnung, wie schön sie sind«, sagte Joliyad, worauf ihn sein Mentor fragte: »Und *was* hast du speziell über Odgniza Vedo gehört?«

Einen Moment lang dachte Kakodaze nach.

»Aram und Eria lebten eine lange Zeit sehr glücklich miteinander. Als ihren ersten Welpen bekam Eria Banato, einen Sohn, der viel wölfischer war, als seine Geschwister. Er war der erste Jagre von Banatorija. Als Aram an Altersschwäche starb, nahm Banato als erstgeborener Sohn dessen Platz ein und Eria weinte angeblich viele Jahre lang, so sehr vermisste sie Aram. Sie weinte so viel, dass daraus Odgniza Vedo wurde.«

»Du sagst, Banato nahm den Platz seines Vaters ein. Weißt du denn auch, was das in unserer Kultur bis heute bedeutet?«, fragte der Lehrer, gespannt auf die Antwort.

»Nein«, gab Joliyad zu.

Rado erklärte: »Nun, Radovan Kardoran, unser Führer, ist direkter Nachfahre von Aram und Eria. Vor ihm führte sein Vater dieses Land. Schon immer, auch zu Zeiten der Republik, steuerten Nachfahren unserer beiden Götter unsere Geschicke.«

»Verstehe.«

»Deine Mutter ist diejenige in eurem Familienverband, die das Sagen hat. Sie ist die Führerin, also so etwas wie eine Leitwölfin, richtig?«

Joliyad nickte.

»Und dein Vater ist der, der die Familie ernährt und sie am Leben erhält. Er ist der Lenker. Der Führer Aramerias vereint diese beiden Aufgaben. Stirbt ein Vater, bricht also die Komponente weg, die die Familie ernährt. Deshalb würde sich deine Mutter an dir orientieren und dir die Aufgaben deines Vaters übertragen, damit eure Sippe weiter bestehen kann, wenn dein Vater von euch ginge. Du wärst dann der, der die Familie lenken würde. Dies würde allerdings das Zeugen neuer Welpen miteinschließen, sofern das erforderlich wäre. Das wiederum ist ein Urinstinkt, den wir bis heute nicht abgelegt haben.«

»Ach, Quatsch!«, unterbrach Joliyad frech.

Doch Rado sprach ruhig weiter: »Es ist so, glaube mir. Du müsstest deiner Mutter neue Welpen schenken. Niemand sonst dürfte das, außer dir als Erstgeborener.«

»Das ist Blödsinn!«, herrschte der Junge.

»Weißt du also, was Liebe ist, mein Junge? Und komm mir bitte nicht mit der Liebe zur Mama oder so was! Ich meine Liebe, die alles sein kann, alles tun würde! Liebe, die dazu fähig sein kann, Gesetze zu übertreten, mit allen Konsequenzen. Liebe, die alle Dinge tut, die nötig sind – egal, was andere davon halten. Du hast keine Ahnung von Sexualität, Fähen, Rüden, dem Verhältnis zueinander.«

»Nein, ich habe keine Ahnung. Tut mir leid.«

Es schien, als wäre Perteriza etwas verärgert, denn er sagte plötzlich: »Ich würde sagen, machen wir Schluss für heute. Ich bringe dich zurück zur Schule und fahre dann auch wieder nach Hause. Meine Frau und meine Kinder warten sicher schon auf mich.«

»Hey«, begann der junge Fuchs, »wenn ich was Falsches gesagt habe …«

»Nein, ist schon gut. Ich muss langsam nach Hause, das ist alles. Triff dich mit ein paar Leuten aus deiner Klasse und lern sie besser kennen. Sie feiern heute. Morgen nach Sonnenaufgang geht es weiter zum Thema ›Per aspera ad astra‹. Wir wiederholen das hier mal, wenn du etwas reifer bist.«

Kakodaze seufzte und bemerkte später, dass sein Lehrer den ganzen Weg zur Bahn über kein Wort mehr gesagt hatte. Was war es, was ihn so wütend gemacht hatte? Joliyads Unwissenheit oder die Tatsache, dass er so vorlaut gewesen war? Gerne hätte der Jungfuchs sich dafür entschuldigt, aber er traute sich nicht, auch nur ein Wort zu sagen, ehe sein Lehrer nicht einen Anfang gemacht hätte.

Die Rüden stiegen wieder in die Bahn nach Takvo. Es dämmerte schon, als Joliyad aus dem Zug stieg, er und Rado sich umarmten und verabschiedeten.

»Denk nicht mehr so viel nach. Du hast nichts falsch gemacht. Bis morgen, Kleiner.«

»Bis morgen, Rado. Und danke dir. Es war sehr lehrreich. Tut mir leid, dass ich so vorlaut war. Es kommt nicht wieder vor, versprochen«, entschuldigte sich Joliyad.

Als die Tür der Bahn anfing, sich zu schließen, rief Perteriza noch schnell: »Keine Sorge Joliyad, auch du wirst deiner Bestimmung zukommen, wenn du etwas erwachsener bist!«

»Was?«, fragte der Jungfuchs überrumpelt. Doch es war schon zu spät: Sein Lehrer winkte noch und der Zug fuhr ab.

Joliyad ging nachdenklich zurück zur Schule. Was sollte das bedeuten, seine Bestimmung? Bestimmt wozu? Was wollte sein Lehrer ihm damit sagen? Erwachsen? War er das nicht schon?

Seine Gedanken wurden von Stimmen unterbrochen, die aus dem hinter dem Gebäude angelegten Garten drangen. Schnell wurde dem Rüden klar, dass dort die Feier stattfinden musste, doch das war eher nichts für ihn, weshalb er gerade das Gebäude betreten wollte, um schlafen zu gehen.

Plötzlich rief jemand: »Joliyad! Komm, wir feiern das neue Schuljahr!«

»Was?«, fragte er und drehte sich um.

Da kam Jeremia auf ihn zu und lächelte: »Komm, du musst die anderen kennenlernen!« Als die Füchsin dann vor ihm stand, sagte sie leise: »Wir haben auf dich gewartet«, gab ihm blitzschnell einen Kuss und lief in den Garten zurück.

Kakodazes Lefzen bebten, als er ihr nachsah: Sie hatte ein schönes, rotes Kleid an und irgendetwas in Kako sagte ihm, dass er das, was er jetzt schmeckte und empfand, schon immer wollte. Einer seiner Instinkte war geweckt: Er nahm ihren Geruch auf und war plötzlich völlig betört von ihr. Was auch immer das, was diese Fähe tat, zu bedeuten hatte …

›Das fühlt sich komisch an. Warum hat sie das gemacht?‹, dachte er und lief ebenfalls in den Garten.

Die Schüler hatten ein großes Lagerfeuer angezündet. Es mussten etwa 60 Leute auf der Party sein und laute, traditionelle Musik versüßte ihnen den Abend. An einem der vielen Tische hatten sich Jeremia und Letania gesetzt. Jeremia winkte Joliyad zu sich und er ging auf die Fähen zu.

Die Mädels tuschelten und als der Rüde vor ihnen stand, war Letania bereits aufgestanden. Sie lächelte und sagte: »Ich geh mal für kleine Füchsinnen. Bis dann.«

Kakodaze setzte sich Jeremia gegenüber und spürte, wie sein Herz stark klopfte.

»Hallo Joliyad! Ist das nicht ein schöner Abend?«, fragte sie süßlich, doch dem Jungen kam nur ein heiseres »Ja« über die Lefzen.

»Mach dich locker. Ich beiße nicht«, meinte die Füchsin und lächelte erneut. Dann wandte sie ihren Blick einer provisorisch aufgestellten Bar zu und rief: »Hey, Chucky! Mach uns mal zwei fertig!« Dieser Chucky hinter der Bar nickte und Jeremia wandte sich wieder ihrem Gesprächspartner zu: »Und? Was führt dich hier her, geheimnisvoller Fremder?«

»Na ja, ich … wurde schriftlich informiert, dass ich in diese Schule kommen sollte, um am letzten Lehrjahr teilzunehmen.«

»Okay, so viel wissen wir schon. Was war denn dein stärkstes Gebiet in der Grundausbildung?«

»Ich war immer gut in Linguistik, Philosophie und noch in ein paar anderen Fächern. Ich kann mir vieles sehr schnell merken. Was aber den Ausschlag gegeben hat, dass man mich hierherschickte, weiß ich nicht. Ich weiß auch nicht, wie Kardoran darauf kommt, mir dies hier zuzuteilen. Schließlich kenne ich ihn nicht mal. Bei dir?«

»Was mein starkes Fach war? Sagen wir, ich will Ingenieurin für Raumfahrttechnik werden.«

»Das klingt doch sehr gut und umfangreich. Passend zu unserem derzeitigen Thema in der Schule«, merkte der Rüde an.

»Na ja, deshalb bin ich ja auch hier. Man wollte mich. Kardoran kennt alle Füchse, glaub mir. Es ist etwas zu kompliziert, um dir das erklären zu können. Es ist aber so, dass er stets über unsere Leistungen informiert ist und wird. Er traut dir zu, einen wichtigen Beitrag zu unserer Gesellschaft leisten zu können, vielleicht auch in der Zukunft«, erklärte Jeremia.

Wer auch immer dieser Kardoran gewesen sein musste, er wusste offenbar eine Menge, was Joliyad etwas unheimlich vorkam. Wurde er etwa beobachtet?

Chucky kam und stellte zwei große Krüge auf den Tisch, wobei er »Lasst es euch schmecken« sagte und wieder ging.

»Das sieht gut aus. Was ist das für ein Getränk?«, wollte Kakodaze wissen. »Ist da Alkohol drin?«

Die Füchsin lachte, als der Rüde schnell einen übergroßen Schluck nahm und sich daran verschluckte. »Langsam! Wir haben Zeit. Und: Ja, da ist *viel* Alkohol drin. Das ist Kopa'che. Es wird aus Kopa'chekas gemacht, die hier überall wachsen. Chucky braut da immer was Nettes zusammen. Es schmeckt sehr süß und ich kann davon gar nicht genug bekommen, wenn ich erst einmal angefangen habe.«

Als Joliyad sich wieder erholt hatte, fragte er ängstlich: »Dürfen wir hier denn Alkohol trinken?«

»Ja, warum denn nicht? Ich bin immerhin schon zwanzig, also erwachsen, und du bist … ach ja, sechzehn. Dann ist alles okay. Solange wir morgen wieder pünktlich auf der Matte stehen, wenn Rado auftaucht, ist das kein Problem. Das ist schließlich unsere Feier zum Beginn des Lehrjahres«, erklärte sie ihrem schüchternen Freund.

»Es schmeckt wirklich sehr gut. Habe ich noch nie getrunken«, sagte dieser dann und nahm noch einen Schluck. Er beobachtete, wie Jeremia den Krug in einem Zuge und laut schluckend leerte. Danach wischte sie sich mit scheinbarer Selbstverständlichkeit laut seufzend die Schnauze ab, was Joliyad fassungslos dreinschauen ließ. Er bekam große Augen und sagte dann: »Aber, du sagtest doch, wir hätten Zeit?!«

Wieder lächelte Jeremia und sprang auf. »Komm mit! Ich muss dir was zeigen«, rief sie. Sie fasste den Arm des Rüden, der erst gar nicht verstand, dann aber auch aufstand. Er nahm noch schnell einen kräftigen Schluck und folgte ihr.

Der süße, brennende Geschmack des Getränks floss seine Kehle hinab und irgendwie hatte er das Gefühl, etwas benebelt zu sein. Er hoffte nur, Jeremia würde ihm nichts davon anmerken.

»Wo willst du auf einmal hin? Und warum so schnell?«, rief er, als Jeremia ihn hinter sich herzuziehen schien.

Einige Schritte vom Garten entfernt ließ sie sich plötzlich ins Gras fallen und zog den Jungen dabei mit hinunter. Beide waren aus der Puste und lachten, wobei sie nebeneinanderlagen und in den Nachthimmel blickten. Es schienen Tausende Sterne sichtbar zu sein und gerade heute, an diesem lauen Abend, bemerkte Joliyad zum ersten Mal, wie schön doch dieses Universum war, in dem sie alle lebten. Diese unendliche Weite und die Sterne darin, die sich unaufhaltsam und in einer unfassbaren Ewigkeit ihre Wege bahnten, faszinierten ihn schon seit jeher.

Die Musik der Party war kaum noch zu hören und die Füchsin sagte leise: »Hier lege ich mich oft abends hin und betrachte die Sterne, wenn ich noch nicht müde bin.«

»Ja, das kann ich gut verstehen«, stimmte Joliyad zu. »Es ist wunderschön. Ich mag das auch sehr.«

»Glaubst du, wir werden eines Tages zu den Sternen fliegen, Joliyad?«

»Du wirst vielleicht Ingenieurin. Also musst du dich anstrengen, damit das klappt. Ich hoffe es jedenfalls, denn wenn das, was Rado gesagt hat, wahr ist, dann werden wir vielleicht irgendwann keine andere Wahl haben, als wenigstens ein paar von uns eine zweite Heimat suchen zu lassen.«

»Ich würde gerne in einem Raumschiff mitfliegen«, seufzte Jeremia und fing an herumzualbern: »Brumm, brumm, tüüt, tüüt!«, machte sie und wackelte dabei mit ihren Armen. Als der Junge sie fragte, ob das Getränk denn schon wirken könne, kicherte sie: »Ein wenig, hihi!«

»Mir geht es ebenso«, gab der Rüde zu. »Wo hast du denn so das Trinken gelernt?«

»Tja, mein Süßer, ich bin eben ein echtes Flaschenkind!«, flachste sie lallend.

Hatte sie gerade »Süßer« zu ihm gesagt? Ob sie das auch noch am morgigen Tage wüsste? Aber lieber stellte sich Kakodaze vor, dass das ein Ausrutscher ihrerseits gewesen sein musste, und vergaß es auch ganz schnell wieder. Schließlich war sie angetrunken, wie auch er. Das war sicher alles nur Spaß.

Die beiden lagen noch eine ganze Weile im Gras und unterhielten sich über ihre Kindheit und was sie später aus ihrem Leben machen wollten.

Irgendwann verstummte die Musik im Garten und Jeremia sprang auf: »Wir müssen zurück! Einschluss!«

Schnell rannten die Füchse zurück und gingen in das Schulgebäude. Eine Lehrerin stand schon im Eingang und blickte finster drein. »Nun aber Marsch auf die Zimmer! Licht aus!«, rief sie streng krächzend.

Als Joliyad und Jeremia zwischen ihren nebeneinanderliegenden Zimmern standen, sagte die Füchsin: »Danke für den lustigen Abend«, und nahm den Rüden sanft in den Arm. Sie gab ihm einen zarten Kuss auf die Lefzen und ging dann in ihren Raum, während Kakodaze ihr fasziniert nachsah, seufzte und schließlich auch schlafen gehen wollte.

Schon wieder ein Kuss. Es war schade, dass sie sich morgen vermutlich schon nicht mehr daran erinnern würde.

Spielte sie nur mit ihm?

Was meinte sie überhaupt ernst?

Es war Joliyads erste Nacht hier und noch nie hatte er an einem anderen Ort geschlafen, als daheim oder bei seinem wölfischen Freund in Salijeko. Das machte ihm schon ein wenig Angst, weshalb er sich um die Sache mit Jeremia keine Gedanken mehr machte. Er zog sich die Klamotten aus und legte sich, wie Füchse das so machten, nur mit seinem Fell bekleidet auf die Liege. Er lag eine ganze Weile wach und konnte nicht einschlafen, weshalb er sein Buch aus der Tasche nahm und die Geschichte ›TimeFox‹ weiterlas. Dort ging es um einen Fuchs, der der Anführer einer Mannschaft war und mit ihr auf einem Raumschiff im All lebte. Es war Joliyads Lieblingsbuch, obwohl es inhaltlich nicht immer einfach nachzuvollziehen war. Hierin wurde viel rumgeballert und fantastische Technik kam zum Einsatz. Merkwürdigerweise übertrugen sich manche Erfindungen aus diesem Buch mit der Zeit auf die reale Welt, so als hätte der Autor in die Zukunft blicken können. Mit diesem Stoff konnte Joliyad sich jedenfalls bestimmt die Zeit bis zum Einsetzen der Müdigkeit vertreiben.

Der Rüde hatte schon ein paar Seiten gelesen, als er merkte, dass irgendwer vor seiner Tür herumschlich. Er glaubte, dass es diese strenge Fähe sein musste und deshalb löschte er schnell das Licht, indem er flüsterte: »Licht aus!« Er steckte das Buch unter sein Kopfkissen und täuschte vor, zu schlafen. Nur das Mondlicht erhellte den Raum ein wenig.

Plötzlich hörte er, wie sich seine Tür öffnete und jemand leise das Zimmer betrat. Die Tür schloss sich wieder und Schritte kamen auf das Bett zu. Der Fuchs rührte sich nicht, denn irgendwie erschienen ihm die leisen Geräusche so unheimlich, dass er eine Heidenangst hatte, die Augen zu öffnen. Es war auf einmal ganz still. Joliyad spürte, dass sich ein Körper neben seinen legte und sich mit einem Teil seiner Decke zudeckte. Sein Herz schlug ihm bis zum Hals und er konnte sich vor Angst nicht bewegen, als sich ein fremder Arm um ihn legte und eine Hand begann, langsam und sanft sein Brustfell zu streicheln.

Der Junge spürte einen warmen Atem im Nacken und schluckte, als plötzlich ganz leise Jeremias Stimme erklang: »Bist du noch wach?«

Joliyad erschrak, drehte seinen Kopf zu ihr und blickte mit großen Augen in ihr lächelndes Gesicht. »Was machst du denn hier?«, fragte er und seine Angst verflog schlagartig.

»Ich konnte nicht schlafen. Es ist sehr einsam in diesem großen, dunklen Zimmer.«

»Aber du wirst Ärger bekommen. Nein, was rede ich? *Wir* werden Ärger bekommen, wenn man uns hier so sieht!«, flüsterte er böse.

»Ach, die Alte ist schon im Bett. Hat sich bestimmt schon wieder an ihre Flasche Kopa'che gehängt und schläft seelenruhig«, beschwichtigte Jeremia Kakodaze, der sich wieder auf die Seite drehte.

»Also gut, aber nur diese Nacht und auch nur, weil ich dir glaube, dass du einsam warst.«

Wortlos streichelte die Füchsin wieder die Brust des Rüden, der jetzt grinste und voll Wohlgefühl die Augen schloss. Er seufzte laut, als Jeremia mit der Hand von seiner Brust zu seinem Arm wechselte, diesen sanft tätschelte und langsam massierte. Von seiner Schulter glitt sie zu seinem Becken und der Jüngere stellte ihre tiefer werdende Atmung fest.

Ihre zarten Fingerspitzen fühlten sich so unheimlich gut an. Niemals zuvor, hatte ihn jemand so sanft und liebevoll berührt.

»Bitte dreh dich auf den Rücken, Joliyad«, bat die Füchsin nun.

Joliyad ahnte schon, was sie vorhatte, folgte aber ihrem Wunsch und drehte ihr dann seinen Kopf zu. »Was soll das werden?«, fragte er lächelnd.

»Lass mich deine Schönheit bewundern und genieße es einfach. Du brauchst nichts zu tun, außer es einfach geschehen zu lassen.« Jeremia schien sehr erregt zu sein und begann, die Oberschenkel des Rüden zu kraulen. Dann gab sie ihm einen langen, zarten Kuss auf die Lefzen. Instinktiv erwiderte Joliyad den Kuss und intensivierte ihn, wobei beide dann ihre Zungen einsetzten. Ein leises Stöhnen Jeremias sagte ihm, dass sie es sehr genoss.

Kakodaze konnte die Situation gerade nicht fassen: Er lag im Bett mit einer Füchsin, die erfahren und gut aussehend zugleich war und sich ihn zum Spaßhaben ausgesucht hatte. Das war unglaublich! Doch ein wenig Angst hatte er schon:

Wie würde es sich anfühlen und was musste er tun? Was, wenn alles zu schnell vorbei sein würde? Und was, wenn …

»Lass die Zweifel und die schlechten Gedanken beiseite, Süßer«, sagte Jeremia, als wüsste sie, wie er jetzt empfand.

Der Mond wanderte weiter, während die Bettdecke sich in seinem Licht zuerst hektisch und dann immer gleichmäßiger bewegte, bevor Joliyad seinen Kopf wieder unter ihr hervorholte und nach Luft schnappte.

»Oh, Jeremia«, hechelte er, »das war unglaublich! So schön! I-ich muss erst mal atmen.«

»Ja, schön war es«, grinste sie und lehnte sich zufrieden an seine Brust. »War es dein erstes Mal, Joliyad?«

»Ja. Ich hoffe, es ging nicht zu schnell.«

»Alles ist gut, Süßer. Es ist natürlich, dass das jetzt keine Ewigkeit gedauert hat. Du bist sehr zärtlich, kein Draufgänger, das mag ich.«

Der Rüde verstand sofort und lächelte zufrieden, als er langsam wieder Luft bekam. Jeremia streichelte seine Brust erneut, als er fragte: »Und wie kann ich dich jetzt glücklich machen?«

Das Weibchen grinste und gab ihm einen sanften Kuss: »Es ist in Ordnung, Joliyad. Ich bin zufrieden. Und ich muss dir sagen, dass du ganz ordentlich was zu bieten hast. Du verstehst, oder?«

»Ich glaube schon. Schön, wenn es dir gefallen hat. Ich dachte erst, das wird nichts werden. Meine Leistung war aber bestimmt nicht so toll. Das sagst du jetzt nur, oder?«

»Ich meine nicht deine Leistung, sondern das da unten, Dummchen ...«, sagte sie und fasste unter der Decke zwischen seine Beine. »Jetzt schläft er in einem weichen Mantel aus Fuchsfell.«

»Ja«, grinste Kakodaze.

»Du bist ein toller Rüde. Und für das erste Mal hat dein kleiner Freund sich sehr wacker geschlagen«, lobte die Füchsin. »Wie du beim Höhepunkt gucktest, einfach süß. Herrlich schön!«, seufzte sie erfreut.

Dann entstand eine kurze Pause, in der die beiden kuschelten und sich gegenseitig streichelten.

Als das gerade erreichte Gefühl dieses ultimativen Höhepunkts abgeflaut war, erklärte Jeremia dem Jüngeren: »Joliyad, du bist jetzt ein Mann. Ich meine vollwertig.«

»Wie meinst du das?«

»Du hattest jetzt Sex. Und das heißt, du bist kein kleiner, dummer Junge mehr. Das wird ein großer Umbruch für dich. Ich hatte schon etwas mit einem Rüden, aber ich bin froh, dass ich dich entjungfern durfte«, grinste sie.

Wieder entstand eine Pause, in der sie sich innig küssten. Dieses Mal schmeckte Joliyad der Kuss seiner neuen Freundin noch viel besser als alle vorherigen. Er bemerkte ein Gefühl der Zuneigung und des Glücks, welches davon ausging und teilte es, tief im Innern. Das passierte vollautomatisch, ohne, dass einer der beiden noch etwas dazu sagen musste.

»Was wird jetzt aus uns? Wie stehen wir nun zueinander?«, wollte Kako wissen. »Ich möchte sehr gerne mit dir zusammen sein. Ich bin nicht der Typ, der möglichst viele Frauen flachlegen will. Ich habe sofort gespürt, dass du mich mochtest. Und als du mir im Garten diesen Kuss gabst, war es um mich geschehen.«

Jeremia lächelte zufrieden: »Warten wir ab, wie es weitergeht. Solange du mich an deiner Seite haben möchtest, werde ich da sein.«

»Aber das hängt nicht nur von meinem Willen ab«, gab er zu bedenken.

»Doch, aber so ist es, Joliyad«, begann die Fähe ihn aufzuklären. »Denn wie du weißt, steht es einem Mann zu, sich so viele Frauen zu nehmen, wie er mag. Es wird bestimmt eine Zeit kommen, in der dir nach einer anderen Bekanntschaft der Sinn steht. Das ist eine natürliche Gesetzmäßigkeit, Süßer.«

Kakodaze dachte nach: Eigentlich wollte er keine andere Füchsin – nur Jeremia. Würde sich das ändern und sie recht behalten? Warum sollte er jemals eine andere lieben?

»Wenn man es aus Gesichtspunkten der Fortpflanzung betrachtet, ja. Aber wir sind keine Tiere, sondern zivilisiert. Lass uns einfach zusammen sein und uns lieben, wann immer uns danach ist. Wenn dich also jemand anbaggert, sage ihm, dass du einen netten Rüden hast, mit dem du sehr glücklich bist. Denn ich würde dich gern glücklich machen – nicht nur im Bett«, schwor er.

»Das klingt schön. Ich will noch viel mehr davon und würde dir vieles zeigen können. Du wirst ausdauernder werden, härter, versauter. So wie ich es am liebsten habe.«

Verwundert sagte Kakodaze dann: »Ich hätte nie gedacht, dass du so sprechen kannst.«

»Na ja, Kako, das ist eben die Sprache der Liebe«, meinte seine Freundin. »Es gibt noch andere, weniger sexuelle Arten, in denen Liebe sprechen kann, aber die geile gefällt mir am besten, hihi!«

»Ah, ich verstehe. Das heißt, ich kann noch eine Menge von dir lernen?«

»Ja, das heute war ja nur eine der Lektionen für guten Sex. Es gibt noch viele mehr. In unserer Gesellschaft ist das meiste davon kein Tabu, wie du weißt. Zum Glück, denn das war unter anderen Führern anders. Heute ist es lockerer, weißt du?«

»Verstehe. Aber willst du denn auch irgendwann einmal Welpen haben?«

»Oh ja! Viele, wenn es geht. Aber erst dann, wenn die Ausbildung vorbei ist und ich endlich eine eigene Wohnung habe und nicht mehr bei meinem Vater leben muss. Lass uns sehen, was passiert«, meinte Jeremia und sie küssten sich noch mal intensiv. »Okay, mein süßer Liebhaber. Ich sollte langsam wieder rüber in mein Zimmer gehen. Es dauert nicht mehr lange, bis die Sonne aufgeht«, sagte Kakodazes neue Freundin.

»Ja, und wenn die Sonne aufgeht«, pflichtete er bei, »dann ist unser Rado nicht weit. Vielleicht heißt er deswegen ja auch so.«

Sie standen zusammen vom Bett auf und gingen zur Tür. Dort blieben sie einen Moment lang stehen und schauten einander in die Augen. Der Rüde blickte tief in diese Smaragde, die im Mondlicht funkelten und glücklich und zufrieden leuchteten. Gerne hätte er für den ganzen Rest der Nacht in sie hineingeblickt.

Unvermittelt fasste die Füchsin noch einmal an den Schritt ihres Freundes und flüsterte: »Ich vermute, du wirst noch nicht gleich schlafen können, mein Süßer. Grüß deinen Freund von mir, wenn du ihn noch mal zum Spielen rausholen solltest.«

»Meinst du, dass ich so was machen würde?«, fragte er verschmitzt.

»Ja, kann schon sein, denn du bist schließlich ein Rüde, und die tun so was manchmal«, grinste sie und beide gaben sich noch einen Verabschiedungskuss.

»Gute Nacht, Süße.«

»Gute Nacht, Joliyad. Hab Spaß«, zwinkerte sie ihm zu und ging auf ihr Zimmer, wonach Joliyad die Tür wieder schloss.

Er legte sich wieder ins Bett und brauchte nicht lange, um seinen wohlverdienten Schlaf zu bekommen.

Währenddessen träumte von einer grünen Wiese, deren großen Halme sich im Wind wogen und leise rauschten. Es war ein warmer Tag und die Sonne schien strahlend vom Himmel.

Der Fuchs lag mitten im Gras und blickte in den wolkenlosen Himmel, als er plötzlich eine Stimme hörte: »Hallo Joliyad!«

Kako erschrak und stand schnell auf. »Wer ist da? Wo bin ich?«, fragte er hastig.

»Ich bin Eria«, sagte die Stimme und plötzlich kam eine große, vierbeinige Wölfin zwischen den Halmen hervor.

»Du … bist Mutter Eria!«, bemerkte Joliyad verwirrt.

»Ja, die bin ich. Ich habe dich beobachtet und weiß, dass du nun ein Mann bist. Darum möchte ich dir ein Geschenk machen«, erklärte die Wölfin.

Joliyad überlegte und betrachtete dieses Wesen: Eria hatte sehr schönes, silbrig-glänzendes Fell, welches im Sonnenlicht schimmerte. Sie schien jemand zu sein, der immer lächelte und stets sehr ruhig und gewissenhaft zu verstehen gab, was er wollte.

»Dies ist ein Traum, nicht wahr?«, fragte er ungläubig.

»Nenne es einen Traum oder aber eine Verbindung zum Ursprung, den jeder Aramerianer erleben kann, wenn er es wert ist. Aber zuerst kommen wir zu deinem Geschenk, Joliyad.«

»Was denn für ein Geschenk, Mutter?«

»Als Mann brauchst du eine gewisse Erkenntnis«, sagte sie und hob ihre Pfote, worauf alles um die beiden herum zu weißem Licht wurde und verschwand.

Der Rüde fand sich in einem steinernen Fuchsbau wieder und betrachtete ein an eine Felswand gemaltes, schematisches Bild. ›Was ist das für ein Ort?‹, fragte er sich und glaubte, in dem Bild einen Fuchs und zwei Wölfe zu erkennen: Der Fuchs dort lag offenbar blutend auf der Erde und die beiden Wölfe schienen zu streiten oder einander anzuschreien. Was sollte das sein – und warum war er, Kakodaze, überhaupt hier?

Plötzlich erschien die Mutter der Aramerianer wieder neben ihm und erklärte: »Die Wölfin dort bin ich.«

»Und wer ist der andere Wolf da?«

»Das ist kein einfacher Wolf, Joliyad. Das ist mein erster Sohn, Banato. Er war somit der erste Aramerianer, den es gab«, erklärte Eria.

»Ja, man sagt, er soll wölfischer ausgesehen haben, als die anderen Welpen, hatte also eher Anteile von dir, seiner Mutter, in den Genen«, überlegte Joliyad.

»Ja, das stimmt. Du siehst hier eine Szene aus der Zeit vor über zweitausend Jahren.«

»Warum schreit ihr euch an? Und warum liegt dort ein toter Fuchs? Er ist doch tot, oder?«, fragte der Aramerianer.

»Du verstehst schon, wenn du bereit bist zuzuhören, Joliyad«, mahnte Eria. »Banato und ich stritten uns nicht nur, sondern er hatte Aram getötet.«

»Was?!«, rief Joliyad entsetzt. »Ich dachte, Aram sei an Altersschwäche gestorben.«

»Nein«, erklärte Eria, »Banato hat ihn getötet, um mich zu seiner Fähe zu machen.«

»Aber … das ist ja … Ich dachte, es wäre so, dass er als Erstgeborener ohnehin nach Arams Tod dein Gatte geworden wäre.«

»Das stimmt auch. Banato wollte jedoch nicht warten. Zuerst habe ich lange geweint, sehr lange«, sprach die Mutter der Aramerianer weiter.

»Odgniza Vedo …«, warf Kakodaze ein.

»Ja, so nennt ihr den See heute … Jedenfalls hatte ich irgendwann keine Kraft mehr, mich gegen seine Vergewaltigungen zu wehren«, sagte Eria und hatte Tränen in den Augen.

»Was? Er hat dich …? Aber, er war doch dein Sohn!«, schrie der Fuchs, denn in ihm schäumte es vor Wut, doch er bemühte sich zähneknirschend, Ruhe zu bewahren.

»Ja, aber irgendetwas stimmte nicht mit ihm. Er war gestört und hat mich immer und immer wieder misshandelt … Irgendwann wurde mir klar, dass die neue Zivilisation ohne einen Stammvater nicht existieren können würde. Es hätte keine weiteren Welpen gegeben. Da habe ich es ihm gestattet, mich zu lieben.«

»Lieben? Dass mit dem was nicht stimmte, kannst du laut sagen! Ich fasse es nicht … Moment! Willst du damit sagen, dass seine Geschwister gar nicht seine Geschwister waren?«

»Ja«, nickte die Wölfin, »sie waren alle seine Kinder.«

»Aber das bedeutet«, dachte Kako laut nach, »wir sind allesamt aus Inzucht entstanden? Deswegen sterben wir aus?«

»So ist es.«

»Du darfst mir glauben, Mutter, wenn ich den heute erwischen würde, dann … Ich glaube, mir wird schlecht«, fauchte der Rüde fassungslos und ballte die Fäuste.

»Joliyad, dazu ist es ohnehin über zweitausend Jahre zu spät. Aber lass mich bitte zu Ende erzählen.«

Joliyad nickte und sagte: »Natürlich, Mutter. Tut mir leid, aber das ist gerade etwas schwer für mich. Viele Dinge ergeben erst jetzt Sinn und alles, was ich über unsere Geschichte wusste, scheint gelogen.«

»Nun, ich wollte dir Erkenntnis schenken, und die hast du nun. Banato vergewaltigte mich also immer wieder. Am Anfang konnte mein Körper noch dagegen ankämpfen, aber irgendwann ging das nicht mehr und ich wurde schwanger.

Jedenfalls hatte ich auch emotional damit Frieden gefunden, denn schließlich sollte eure Zivilisation aufgebaut werden. Ich fing an, es aus Liebe zu meinen Kindern, die ich dann bekam, zu ertragen. Das ist das, was ich dir zeigen wollte.«

»Aus Liebe zu deinen Kindern hast du dich … Ich glaube das einfach nicht, Mutter!«, herrschte der Rüde.

»Du wirst schon noch lernen, was Liebe bedeutet, Joliyad. Und dann wirst du verstehen, warum ich so gehandelt habe!«, weinte Eria jetzt.

»Verstehen, verstehen! Ich höre immer nur »verstehen« von dir. Versteh du, dass du damit einen Haufen Krüppel gezüchtet hast! Und wir werden jetzt alle sterben!«, schrie Joliyad sie an, worauf sie Mut sammelte, um ihm die Stirn zu bieten.

»Hör doch auf!«, rief sie zornig. »Ohne meine Entscheidung, wärt ihr doch gar nicht hier und hättet nicht so eine großartige Welt erschaffen können! Ihr habt jetzt bald die Möglichkeit, eine Lösung zu finden, Joliyad. Darum gebe ich dir diese Informationen, damit ich es wiedergutmachen kann!«

Da wurde der Fuchs nachdenklich und wieder ganz ruhig und fragte: »Was ist mit Banato und seinen Kindern geschehen?«

»Meine anderen Kinder trieben ihn an den nordöstlichen Rand der Insel, als sie kräftig genug dazu waren. Er durfte das Jagrenat Banatorija zwar behalten …«, begann sie.

»Warte!«, rief Kako, der jetzt verstand. »Das bedeutet, die Wölfe waren schon immer in Banatorija?«

»Ja, jetzt verstehst du«, lächelte die Wölfin. »Er hat sich später bei den Samojedanern niedergelassen, dort ebenfalls Nachkommen gezeugt und immer wieder Krieg angefangen, um den Kontinent zurückzuerobern.«

»Jetzt ergibt alles einen Sinn, Mutter. Das ist ja furchtbar.«

»So ist es. Der Gen-Pool der Wölfe ist allerdings viel größer und in ihm existiert bestimmt kaum noch Material der Aramerianer. Es war ein Fehler, alle Füchse auf dieser einen Insel anzusammeln.«

»Aber dann verstehe ich jetzt auch, warum Aramerianer und Samojedaner einander so hassen.« Jetzt leuchtete dem Rüden alles auf, was er schon immer wissen wollte: Eigentlich gab es schon immer Wölfe in Arameria und manche von ihnen stammten vom selben Vater ab: Banato. Sie folgten dem Wunsch ihres Urvaters und versuchten, Arameria zu erobern. Dadurch, dass alle Füchse ausschließlich auf einer Insel lebten, sich nicht mischen wollten, sollte ihre Vielfalt immer weniger werden und sie irgendwann aussterben.

»Oh verdammt! Es tut mir so leid«, entschuldigte er sich einsichtig und nahm den Kopf der Wölfin zwischen seine Hände. »Verzeih mir bitte, dass ich so abfällig war.«

Eria grinste und schien die Berührung zu genießen. Kurz schloss sie die Augen und Joliyad fühlte, dass sie sehr viel gelitten haben musste.

»Das macht nichts, Joliyad. Schön, dass du nun sehen kannst. Als wir Ephraim das Sehen wiedergaben, fluchte auch er, bis er bemerkte, dass alles gut war«, sprach sie.

»Danke Mutter, dass du mir die Augen geöffnet hast. Jetzt verstehe ich meine Welt viel besser.«

»Die Augen öffnen kann jeder. Doch auch sehen zu können, ist eine der großen Herausforderungen des Lebens. Dank mir nicht dafür, Joliyad, sondern handele entsprechend«, sagte Eria und nahm den Kopf von seinen Händen. »Ich habe mein Handeln stets als Liebe verstanden, Liebe zu euch allen, wie ihr nun seid. Also handele auch du instinktiv aus Liebe und alles wird gut.«

»Wie meinst du das? Warum ich?«, fragte der Fuchs, als die Wölfin sich schon umgedreht hatte und fortging. »Mutter, geh nicht! Warte!«, rief er noch, als sie sich auflöste und Kakodaze sich in einem luftleeren Raum wiederfand.

Alles um ihn herum war tiefschwarz und er schien zu schweben. »Wo bin ich hier? Eria, wo bist du?«, rief er, doch niemand antwortete. Tiefe, bedrohlich wirkende Stille umgab den jungen Rüden und er verspürte eine innere Furcht, als vor seinen Augen plötzlich das Gesicht eines Hybriden auftauchte, dessen Art ihm unbekannt war. Dieses Wesen sah aus wie ein veränderter Wolf und hatte Augen, die leuchteten wie das Harz von den Laubbäumen Aramerias.

Ein Lächeln, welches eher wie eine Genugtuung als eine freundliche Geste wirkte, überzog das Gesicht der Kreatur und Joliyad starrte fassungslos drein, als sie sprach: »Noch schlägt dein Herz, und nur für mich – doch später wird es halten. Denn bald dein Geist wird nicht mehr sein, dein Körper nur erkalten.«

Sollte dies eine Botschaft oder Drohung sein?

Was meinte dieser Anthro damit?

Warum hatte sich Kakodazes Traum so verändert?

Doch ehe er eine Antwort darauf hätte finden können, wer oder was dieses Wesen war, bemerkte er, dass alles sich in weißes Licht verwandelte und sein Traum endete.

V. MUT ZUR WAHRHEIT

Eine lange, erschöpfende Nacht lag hinter ihm, als es laut an Kakodazes Tür klopfte und jemand rief: »Joliyad, bist du da drin?«

Der Fuchs öffnete die Augen und sprang erschrocken aus dem Bett. »Ja, ich komme!«, rief er, lief zur Tür und öffnete.

Rado stand vor ihm mit verschränkten Armen und fragte: »Weißt du eigentlich, dass die Sonne schon seit einer halben Ewigkeit aufgegangen ist?«

»Ja, ich … Es tut mir leid, Rado. Ich habe schlecht geträumt«, erklärte Joliyad.

Der Lehrer wirkte streng, fragte aber nicht weiter nach den Gründen für das Verschlafen seines Schülers. »Na gut, wir werden das Kriegsgericht für heute mal vergessen – aber auch nur, weil es deine erste Nacht hier war. Dass mir das ja nicht wieder vorkommt, hörst du?«, herrschte er.

»Ja, es kommt nicht wieder vor. Versprochen.«

»Gut, und jetzt los! Ich muss noch mal weg. Informiere dich bei den anderen Schülern, was gerade Phase ist«, befahl der Lehrer und Joliyad nickte knapp.

Dann rannte er zu seiner Klasse und betrat den Raum, in dem seine Kameraden saßen und diskutierten. Sie unterbrachen, als Jeremia aufstand und zu ihrem Freund lief. Sie gab ihm einen Kuss, woraufhin die anderen Schüler sich durch wölfische Heulgeräusche darüber lustig machten.

»Ui! Na, wie war es, ihr Süßen?«, fragte Atemach.

Die Füchsin drehte sich um und rief: »Na, bei uns war gestern mehr los im Bett als bei dir, Atemach!«

Daraufhin machte sich Gelächter breit und Kakodazes Freundin setzte sich wieder, was auch er jetzt lächelnd tat. Zwar war er etwas peinlich berührt, aber was sollte er darauf schon sagen? Woher wussten sie eigentlich davon?

»Wir sprachen gerade über den Aufwand, ein großes Raumschiff zu bauen, wenn du dich schon stark genug fühlst, dich zu beteiligen«, zischte Atemach dann.

»Ja, also«, begann Joliyad, »ich würde das Ding aus einer Legierung bauen: und zwar aus Gold und Eternitium. Es könnte dann Wärme und Strahlung abfangen. Eternitium ist schließlich das Härteste, was wir haben.«

»Ja klar«, lästerte Atemach weiter, »nur, dass das, was du gestern hattest, sicher noch härter war.«

Wieder lachte die Truppe, wonach plötzlich Jeremia aufstand, zu Atemach lief und ihm, ehe er reagieren konnte, eine schallende Ohrfeige gab. »Halt gefälligst dein Maul, du blödes Arschloch!«, schrie sie, als die anderen Füchse verdutzt und wortlos dreinschauten.

Vollkommen fassungslos erblickte der Geschlagene Jeremia und war schon halb aufgestanden, als Kakodaze ruhig sagte: »Wenn du tust, was du jetzt vorhast, mache ich dich zu Aas.«

Atemach ließ sich wieder auf den Stuhl sinken und begann schmollend auf seinem InfoCom herumzutippen. Die Schüler schienen sehr beeindruckt und Jeremia setzte sich wieder.

Nach einer Weile öffnete sich die Tür und Rado kam herein. »Na, alles gut bei euch?«, wollte er wissen.

»Ja, alles bestens«, meinte Kakodaze. »Ist doch so, oder, Atemach?«

Dieser zeigte ihm daraufhin symbolisch, dass er ihm die Kehle durchschneiden wolle – hierzulande eine ernst zu nehmende Drohung! Kako kniff die Augen zusammen und hätte ihm am liebsten eine reingehauen. Die Wut, die er empfand, war ähnlich der in seinem Traum. Gerne hätte er seinen Zorn auf seinen Urahnen Banato an diesem Spinner ausgelassen. Doch da Unterricht war, konnte er sich ohnehin nicht mit seinem merkwürdigen Traum befassen. Das musste warten.

»Dann ist ja alles gut. Also, wir waren bei der Metalllegierung …«, fing der Lehrer an.

»Gold und Eternitium«, wiederholte Joliyad.

»Ja, das klingt gut! Darauf sind wir gar nicht gekommen«, sagte Rado nach kurzem Überlegen. »Und wie viele Aramerianer sollten dort Platz haben?«, fragte er weiter.

Niemand antwortete, denn schließlich war das eine schwere Entscheidung: Man konnte nicht alle mitnehmen, aber wen sollte man zurücklassen?

»Warum orientieren wir uns nicht einfach an der ›Giant-Fox‹?«, hatte Jerome plötzlich die Idee.

»Das ist nur eine Geschichte, du Stoffel! Das ist doch Schwachsinn«, zischte Ezrane.

»Ja, aber er hat recht! Das ist das Schiff aus dem Roman ›TimeFox‹ von diesem … Wie hieß er noch?«, fragte Rado. »Joliyad, du hast doch dieses Buch!«

Kakodaze erschrak, bejahte und holte das Buch aus seiner Tasche.

Er las den Namen ab: »Chenerah Gajaze heißt er.«

»Stimmt«, nickte der Lehrer. »Dieser Typ hat nicht sehr viel veröffentlicht, allerdings ist dieses Buch bei seinem Erscheinen eine Zeit lang in aller Munde gewesen.«

»Diese Schrift, sagen wir mal besser, dieser Science-Fiction-Roman enthält ein Kapitel, in dem recht genau beschrieben wird, wie die ›GiantFox‹ gebaut worden war. Ihre Hülle bestand tatsächlich aus einer Legierung aus Gold und Eternitium, wie Joliyad sagte. Gut, dass wir jemanden hier haben, der noch richtige Bücher liest«, lobte Rado.

»Trotzdem ist das nur eine Geschichte. Boah, ihr glaubt doch nicht ernsthaft, dass diese doofe Pappkiste fliegen würde?«, motzte Ezrane wieder, doch ihr Gemecker wurde von der gesamten Truppe ignoriert.

»Okay, stellen wir mal die Vermutung an, das Schiff *würde* fliegen«, sagte der Lehrer. »Woher bekämen wir das ganze Material? Haben wir denn genug davon?«

Plötzlich ging die Klassentür auf und mehrere bewaffnete Füchse in Uniform betraten den Raum. Sie umrundeten hastig die am Tisch sitzenden Schüler. Ihr Lehrer drehte sich verdutzt um, als einer der Soldaten fragte: »Wer von euch ist Joliyad Kakodaze?«

»Was ist hier los?«, fragte Perteriza verwirrt.

»Das geht Sie nichts an!«, herrschte einer der Uniformierten und richtete seine Waffe auf den Lehrer.

Kakodaze stand auf und gab sich so zu erkennen.

»Du musst mit uns kommen!«

»Warum? Was wollt ihr von ihm?«, fragte Rado.

Doch die Soldaten beachteten ihn nicht weiter, sondern umringten jetzt Kakodaze, als dessen Freundin aufstand und rief: »Lasst ihn in Ruhe! Er hat nichts getan!«

Fassungslos musste Herr Perteriza die Situation mitansehen. Hätte er einen Versuch unternommen einzuschreiten, hätte das böse ausgehen können, denn immerhin handelte es sich um Soldaten des Führers, mit denen nicht zu spaßen war.

Joliyad wusste nicht, was hier passierte, blieb jedoch ganz ruhig und verließ mit den ersten drei Füchsen den Raum. Sie wirkten auf ihn allesamt sehr kühl und angespannt und das Herz des jungen Fuchses schlug ihm bis zur Kehle. Als er umringt von ihnen den Flur entlanglief, blickte er nach links und rechts, konnte aber keines ihrer Gesichter erkennen. Nicht einmal ihre Atmung war zu hören, nur das Geklimper verschiedener Metallteile an ihren Kampfanzügen. Sie trugen dunkle Masken, die gesichtslos keinerlei Emotionen ihrer Träger preisgaben.

Was wollten diese Männer von ihm?

Was hatte er getan?

Was passierte hier?

Rado wollte hinterher, als der offensichtliche Führer der Truppe plötzlich ein Lasergewehr auf seinen Kopf richtete und drohte: »Einen Schritt weiter und ich verwandele deinen Schädel in ein Fischernetz!«

Perteriza nahm die Hände hoch und moserte aggressiv: »Ja, ist ja gut, aber verpisst euch aus meiner Schule! Ihr blöden Pfeifen glaubt auch, ihr könnt hier alles machen!«

Die Soldaten verließen das Gebäude und er rief ihnen nach: »Grüße an seine Heiligkeit. Ihr könnt euch sicher sein, dass ich mich bei eurem Obermacker beschweren werde, blöde Arschlöcher!«

Als Kakodaze und die Gruppe vor dem Schulgebäude waren, drückte einer von ihnen einen Knopf auf einem Gerät, ähnlich einer Fernbedienung, woraufhin sie allesamt in Luft aufgelöst wurden.

›Was passiert hier?‹, fragte er sich.

Der Körper des jungen Anthros kribbelte und plötzlich fand er sich mit den Bewaffneten in einem großen Flur wieder.

»Den Flur entlang bis zum Ende. Dann durch die Tür!«

Joliyad war benommen und erschrocken zugleich.

»Wo bin ich?«, fragte er ängstlich.

»Du darfst dich freuen!«, lachte einer. »Und wehe, du versuchst abzuhauen!«

Die Soldaten lösten sich wieder in Luft auf. Was passiert war, musste eine Art Beamen gewesen sein, eine Teleportierung. Dass so etwas theoretisch möglich sein sollte, wusste Joliyad schon, aber dass man es bereits praktisch umsetzen konnte, war ihm völlig unbekannt. Warum fuhr man dann noch mit der Bahn durch die Gegend, wenn sie sich theoretisch alle beamen könnten?

Der Rüde ging langsam den lichtdurchfluteten Flur entlang, welcher sicher über fünfmal so hoch sein musste, wie er selbst groß war. Es war kühl, die Luft war sehr frisch und die Sonne warf ihr Licht auf den marmornen Boden. Kakodaze vermutete, dass er sich offenbar im Hauptquartier des

Führers von Arameria befinden musste. Er war also mitten in diesem großen, weißen Turm, welchen er sich schon zuvor mit Rado angesehen hatte. Immer wieder fragte er sich, was er hier wohl solle und während er langsam den Flur entlangschritt, quälte ihn Angst, doch er beschloss, einfach alles auf sich zukommen zu lassen.

Der Fuchs bemerkte mehrere riesige Fuchs-Statuen, die links und rechts den Flur auf seiner gesamten Länge säumten. Sie schienen wie Soldaten aufgestellt zu sein und dazustehen, vielleicht eigens kreiert, um des Führers Leibwache zu sein. Sie waren unbekleidet und sahen aus wie die Plastik, die Joliyad hier in Bolemare am Brunnen gesehen hatte. Eine erstaunliche Ähnlichkeit offenbarte sich.

Er blieb einen Moment lang vor einer von ihnen stehen und betrachtete sie genauer: Ihre Erscheinung war sehr athletisch, muskulös und zweifellos handelte es sich hierbei um einen Rüden. Ein stolz gehobener Kopf blickte auf ein identisches, ebenfalls mit einem Schwert bewaffnetes, Gegenüber. Ein imposantes Lächeln, welches aber keinesfalls glücklich wirkte, konnte einen gewissen Stolz nicht verbergen und es war zu erkennen, dass dieser Fuchs, wie auch die anderen Statuen, in seiner Felltasche eine Erektion mit Knoten ausgebildet hatte – eine Tatsache, die Joliyad sehr merkwürdig vorkam: Weshalb gab es hier nur männliche Füchse? Warum waren sie alle erregt, während sie jeweils ihr Gegenüber ansahen? Das war alles schon sehr pornografisch. Wollte der Führer es denn so haben? Das war in Joliyads Augen sehr schöne Kunst, keine Frage, aber wer hiermit auch immer irgendetwas auszudrücken versuchte, er konnte nicht normal sein.

Kako ging langsam weiter durch die Halle, deren Decke mit riesigen Malereien verziert war. Große Fenster zwischen den Statuen waren mit langen, roten Vorhängen gesäumt, die langsam in einem seichten Wind wehten. Am Ende des Flures prangte ein großes Reichsbanner über einer goldenen Tür:

Das Banner des Reiches Arameria.

Die Flagge … Rot, Schwarz und Weiß.

Die diagonale Teilung der Farben.

Was sie bedeutete? Ruhm, Ehre, Macht!

Welcher Bürger dieses Staates es auch immer ansah, fühlte sich so wie der junge Rüde jetzt: Er war stolz, Aramerianer zu sein: euphorisch, selbstbewusst und maskulin. Ja, Arameria war ein Staat der Rüden, Krieger und Helden.

Fast vergaß er dabei, wo er hier war und dass ihm möglicherweise Unheil drohte. So änderten sich seine Gefühle schnell wieder zu Angst und Anspannung.

Der Flur war so groß, dass er eigentlich überflüssig sein musste. Was sollte all der Prunk? Wozu brauchte man den ganzen Platz, wenn hier doch nur der Führer wohnte?

An der großen, goldenen Tür angekommen, wurde es dem Jüngling etwas mulmig, als er die Plastiken auf den Türflügeln sah: Man konnte Wolfs- und Fuchswesen erkennen, die augenscheinlich gegeneinander kämpften. Sie hatten bizarre Gesichtszüge, die fast schon dämonisch aussahen. Einige Wölfe schienen von Schwertern durchbohrt zu werden, während ein paar Köpfe ihrer Artgenossen zu den Füßen ihrer

Widersacher, der Füchse, lagen. Es war eine eher einseitige Darstellung einer Kampfszene, denn während die Wölfe ihre Schnauzen schmerzerfüllt aufrissen und starben, schauten die Füchse allesamt heroisch und energisch drein. Ein paar der Füchse erkannte Joliyad wieder: Im Geschichtsunterricht hatte er von vielen Feldherren, Ehrenmännern und Politikern gehört.

Kakodaze schluckte bei diesem grausamen Anblick und spürte wieder seinen Herzschlag, als er langsam die Tür öffnete.

Er schaute vorsichtig in einen Raum, in dem ein langer, ovaler Tisch stand. Am hinteren Ende saß ein Aramerianer, der nun den Kopf hob und Kako mit sehr tiefer Stimme einlud: »Da bist du ja, Kleiner! Komm und setz dich zu mir!«

Der andere Fuchs musste etwa 50 Jahre alt sein. Er war kräftig, groß und trug die staatstypische Uniform eines Generals. Der Schüler ging auf ihn zu und setzte sich auf den Stuhl an der rechten Flanke des Tisches. Jemand hatte ein großes Menü für den Führer zubereitet und dieser aß davon eine Frucht, die wie ein Pfirsich aussah.

»Wunderbar, diese Dinger!«, schmatzte er. »Willst du auch eine, Joliyad?«

Verlegen senkte der den Blick und schüttelte vorsichtig den Kopf.

»Es ist eine Beleidigung, abzulehnen, wenn der Führer einem etwas anbietet«, sagte der andere streng, zog von irgendwoher ein langes Messer und stach mit unglaublicher Schnelligkeit und Wucht in den Haufen aus Früchten, sodass es laut knallte und einige von ihnen matschend auf der Erde aufschlugen.

Kakodaze, der vor Schreck gezuckt und die Augen zusammengekniffen hatte, öffnete sie wieder und nahm ängstlich die Frucht, die der Ältere aufgespießt hatte und ihm nun hinhielt. »Danke, Sir«, sagte er leise.

Er begann einen kleinen Bissen zu essen und traute sich nicht, ihn herunterzuschlucken, als Kardoran die Hände faltete, ihn ansah und sagte: »So, du bist also Joliyad Kakodaze.«

Der Bissen steckte dem Jüngeren noch halb im Hals und er schluckte ihn krampfhaft herunter. In diesem Moment fühlte es sich so an, als versuchte er, einen großen Stein hinunterzuschlucken. »Ja, Sir«, presste er heraus.

»Ja, der bist du … Zweifelsohne. Und Rado Perteriza ist dein Lehrer, nicht wahr?«

»Ja, Sir.«

»Dann bist du also im selben Unterrichtsraum wie meine beiden Kinder«, meinte Kardoran und lächelte süffisant.

Kakodaze verstand zuerst nicht und schaute den Führer verwirrt an. Seine Kinder? Wer von den Schülern waren sie?

»Atemach und Jeremia meine ich. Da bist du wohl platt, was?«

»Ich … wusste nicht …«, stammelte Joliyad.

»Das dachte ich mir. Aber nun, da du die beiden ja schon etwas kennst: Wie findest du Jeremia denn so?«

»Ich verstehe nicht, Sir.«

»Na, wir sind hier doch unter uns. Kannst es ruhig sagen. Sie ist hübsch, nicht? Gefällt sie dir?«

Joliyad wusste nicht, welche Antwort der Führer wohl erwartete, aber er hielt es für sinnvoller, sich ablehnend zu geben. »Nein«, log er.

»Nein?«, fragte Kardoran und sah ihn streng an.

»Ähm, ich meine: doch!«

»Aha«, lächelte der Führer wieder. »Bei allem, was du tust, mein Junge: Lüg mich nur nicht an. Hast du verstanden? Ich kann Lügen riechen, weißt du?«

»Ja, Sir«, sagte Kakodaze und senkte wieder den Kopf.

»Es ist meine ganz persönliche Fähigkeit, mein Alleinstellungsmerkmal, welches mich zu dem macht, was ich bin. Ich bin schließlich oft von Feinden umgeben, die mich gern stürzen oder töten würden.«

Kakodaze nickte.

»Und lass dieses ›Sir‹ beiseite. Du dienst noch nicht an der Waffe und bist privat hier. Außerdem habe ich dich heute überrumpelt. Du willst vermutlich wissen, was ich von dir will. Also schulde ich dir wohl eine Erklärung, nicht wahr?«

»Ihr seid mir gar nichts schuldig«, sagte Joliyad und merkte, wie seine Nervosität langsam verschwand.

»Doch, das bin ich. Und da ich einem jungen Fuchsrüden nichts abschlagen kann … Ich habe erfahren, dass du letzte Nacht mit meiner Tochter zusammen warst. Stimmt das?«

»Ja … A-aber … I-ich hatte keine Ahnung, dass sie …«, stammelte der Jungfuchs.

»Schweig!«, schrie Kardoran und stand sprunghaft auf, worauf Kako wieder den Kopf senkte, die Zähne knirschend zusammenbiss und die Augenlider aufeinanderpresste.

Er hatte Angst, Kardoran würde ihm eine runterhauen – oder ihn gar schlimmer abstrafen.

Der Führer wurde nun wieder sehr ruhig, beugte sich über den völlig eingeschüchterten Fuchs und flüsterte: »Sie hat einen verdammt schönen Körper, nicht wahr?«

Plötzlich fing er laut an zu lachen und Joliyad verstand nicht, warum, doch offenbar fand Kardoran die eingeschüchterte Erscheinung seines Gegenübers sehr amüsant. »Steh auf!«, herrschte er dann plötzlich.

Joliyad tat, wie ihm befohlen und schaute verängstigt in das Gesicht des Uniformierten, der einen ganzen Kopf größer und insgesamt eine sehr adrette Erscheinung war.

Der Führer lächelte und fragte dann: »Darf ich fragen, ob du meine Prinzessin vielleicht geschwängert hast?«

»Habe ich nicht. Ich habe …«, brach Kako ab und blickte verschüchtert auf.

»Hahaha! Ja, ich verstehe schon!«, lachte Kardoran jetzt. »Vor einiger Zeit habe ich diese Bilder auf ihrem InfoCom bemerkt. Sei ehrlich: Sie hat an dir rumgemacht, oder?«

Verlegen gestand Kako: »Ja, hat sie.«

Plötzlich schien der Herrscher sein Gesicht zu wandeln, denn er wirkte mit einem Mal sehr gut gelaunt und gelöst.

»Nenn mich Radovan, mein Junge! Es gibt keinen Grund für deine Furcht. Komm, ich zeig dir was«, sprach er und ging in Richtung Tür.

Kakodaze war von der plötzlichen Freundlichkeit des Führers sehr überrascht. Er wirkte völlig anders als zu Beginn des Gesprächs. So folgte er ihm und hatte Mühe Schritt zu halten. Ihm fiel auf, wie gerade der Rücken Kardorans war und wie stolz und imposant er lief. Er schien grazil und überhaupt nicht rohbeinig zu sein und trug diese, mit vielen Orden gespickte, dunkelblaue Uniform. Sein Gang war makellos, ja fast schon geschmeidig. Wenn Joliyad es nicht besser gewusst hätte, hätte man meinen können, der Führer glitt oder schwebte nur so dahin – merkwürdig für so einen kräftigen Kerl.

Kako fragte sich, wer Radovan wohl war. Also, was er den Tag über so machte, wie er zu seinen ganzen Orden kam – solche Dinge eben. Aus dem Augenwinkel versuchte er, einen Blick auf ihn zu erhaschen, und Kardoran schien das zu merken, denn er blickte zwar weiter geradeaus, lächelte aber.

Die Füchse gingen den Flur entlang und durchschritten eine Tür, die dem Jüngeren zuvor gar nicht aufgefallen war.

»Wo kommt *die* denn auf einmal her?«, fragte er.

Doch sein Herr antwortete nur sehr knapp: »Warte es ab. Alles zu seiner Zeit.«

Da tat sich vor den Augen der beiden ein endlos wirkender Garten auf: Alles war hell erleuchtet und es duftete überall nach verschiedenen Blumen. Das Gras leuchtete aus irgendeinem Grund in einem stärkeren Grün, als das in Bolemare oder Lado.

»Wo sind wir?«, fragte Kakodaze mit weit aufgerissenen Augen.

»Wir sind in meinem Garten, fernab von Bolemare. Zumindest, seitdem wir durch diese Tür gegangen sind.«

»Ich verstehe nicht«, gab Joliyad zu.

»Das Gebäude, in dem wir uns gerade befanden, ist das Regierungsgebäude inmitten von Bolemare. Die Frucht, die du gerade gegessen hast, war eine Kopa'cheka, sie enthält eine psychoaktive Droge. Eigentlich befinden wir uns immer noch in besagtem Gebäude und sitzen noch immer an meinem Tisch«, erklärte der Führer.

»Was? Soll das heißen, dass Ihr mich unter Drogen gesetzt habt?«, fragte Joliyad fassungslos und erbost. Wie konnte Kardoran so was mit ihm machen? Was sollte das?

»Diese Früchte, die Kopa'chekas, verbinden ferne Erinnerungen und Emotionen unserer Geister miteinander. Das wiederum hilft uns, uns mit Dingen auseinanderzusetzen, die wir sonst nicht einmal erreichen könnten, wenn wir normal träumen. Kopa'chekas sind unsere Verbindung zu unserem Ahnen Aram.«

»Was bedeutet ›wir‹? Essen alle Aramerianer diese Dinger?«, wollte der Jungfuchs wissen.

»Nein, nicht alle, aber die, die nach Antworten auf die Fragen des Lebens suchen. Kopa'chekas führen zu Erkenntnis, Alkohol macht genau das Gegenteil und hebt somit ihre Wirkung auf. Das sind die Früchte, deren Gebräu du bereits getrunken hast. Ich weiß auch das über dich.«

»Aber woher wisst Ihr das?«, wollte Joliyad wissen.

»Das ist nicht schwierig zu erklären. Meine Tochter trinkt dieses Zeug laufend, wenn sie mit Rüden zusammen ist. Der viele Alkohol verhindert die eigentliche Wirkung der Kopa'chekas, allerdings nutzt Jeremia gern die Wirkung des Alkohols, wenn ihr der Sinn nach einem Spiel ist«, erklärte der Führer, setzte sich auf eine Holzbank und wies Kakodaze an, neben ihm Platz zu nehmen.

»Einem Spiel? Was meint Ihr damit?«

»Du glaubst nicht wirklich, dass sie dich liebt, oder? Sie sucht nur Abwechslung. Ein Verhalten, welches mir nicht gefällt, keine Frage. Außerdem bist du zu jung für sie.«

»Ich glaube nicht, dass sie mir das alles nur vormacht. Sie liebt mich und ich liebe sie. So einfach ist das.«

»Mag sein. Solange es eben dauert. Solange bist du auch Teil meiner Familie und genießt als mein persönlicher Gast alle Privilegien und meinen Schutz, Joliyad.«

Dieser blickte sich um und sah eine farbenfrohe Landschaft. Es war ein warmer, sonniger Tag und das Zirpen von Grillen erfüllte die Luft. Ansonsten aber herrschte ein inniger Frieden, der die Seele zu berühren schien.

»Vor ein paar Jahrhunderten fand man heraus, dass es Mittel und Wege gibt, Raum und Zeit zu verändern. Man entdeckte die Kraft der Kopa'chekas und der darin enthaltenen Substanzen. Das Beste ist, dass sie tatsächlich keine Nebenwirkungen zu haben scheinen. So kann man problemlos in viele verschiedene Welten reisen«, erzählte der Herrscher weiter.

Kako dachte nach und sah in die Ferne. Alles wirkte so real. Wie konnte es sein, dass all dies Halluzinationen waren? Er konnte es alles riechen, fühlen und hören: Düfte, Wärme, Geräusche.

»Kann man davon abhängig werden oder gar sterben?«, fragte er besorgt.

Der Gebieter lächelte: »Ich habe schon etliche von denen gegessen und die Wirkung scheint sich nicht zu steigern. Auch habe ich kein Verlangen nach ihnen. Unsere Vorfahren berichten in ihren Aufzeichnungen, dass diese Früchte allenfalls die Blut-Hirn-Schranke durchlässig machen. Und das führt eben dazu, dass schon vorhandene Kapazitäten unserer Gehirne genutzt werden können und den Geist erweitern.«

»Was ist mit dem Zugang hierher? Ich habe vorhin im Flur keine anderen Türen gesehen, als ich ihn betrat«, wunderte Joliyad sich.

»Das macht nichts, Joliyad. Schön, dass du nun sehen kannst«, sagte Kardoran und sein Gesprächspartner erschrak, denn das war genau der Satz, den Eria zu ihm in seinem Traum gesagt hatte.

»Das hat Eria auch gesagt«, sprach er aufgeregt.

»Eria? Du hast sie gesehen?«

»Ja, in meinem Traum, letzte Nacht.«

»Oh, ich gratuliere dir, mein Junge! Wenn du dazu keine Kopa'chekas gebraucht hast, dann bist du wirklich etwas Besonderes. Was hat sie denn gesagt?«, fragte Kardoran, sichtlich beeindruckt.

»Ich weiß von Banato und davon, was er getan hat. Am liebsten würde ich ihn töten, wirklich!«

»Verstehe«, stimmte der Führer zu, »aber behalte es für dich, ja?«

»Aus welchem Grund, wenn ich fragen darf?«

»Wenn sie dir erzählt hat, was ich denke, dann könnten die Informationen, die du jetzt hast, unsere Weltansichten empfindlich verändern, Joliyad«, gab der Ältere zu bedenken.

»Ja, aber wenn alle davon wüssten und wir mit den Samojedanern Frieden schließen würden, könnte das doch unseren Zerfall aufhalten und unser Volk retten.«

»Nein!«, herrschte Kardoran. »Du und dein junger Geist. Was denkst du, würde passieren? Glaubst du, alle würden freudig losspringen und Sex mit den Samojedanern haben, würden alle erkennen, dass die Lehre unserer Entstehung eine Lüge ist? Nein, wenn die Aramerianer wüssten, warum es diese Trennung unserer Rassen gibt, würden sie die Wölfe nur noch mehr hassen! Das wäre eher kontraproduktiv und könnte wieder zu Krieg führen. Glaub mir, jetzt wäre das sehr ungünstig.«

»Aber warum hassen sie denn dann heute so, wenn doch keiner davon weiß, was Banato getan hat?«

»In alter Zeit wussten davon noch alle, Aramerianer und Samojedaner. Die Geschichten im Talmar überliefern schließlich sieben Welpen, jedoch nicht, wer ihr Vater war. Die Abneigung zwischen Wölfen und Füchsen ist eine Sache, die einfach so geblieben ist. Heute kennt die Wahrheit nur noch eine Handvoll – unter anderem auch ich und du natürlich. Es ist nicht wirklich belegt, was zur damaligen Zeit wirklich passiert ist. Und irgendwann vergessen auch Welpen, warum sie streiten, verstehst du? Eine Sache, die gut funktioniert, wird solange weiterverfolgt, bis sie es nicht mehr tut. Und wir Aramerianer sind eben der Auffassung, dass diese Trennung gut ist. Wir sind nämlich Meister der wiederkehrenden Prozesse und der Gesetzmäßigkeiten.«

Eine Pause entstand und Joliyad ließ Kardoran wissen, dass Eria ihm im Traum gesagt hatte, er solle entsprechend diesem Wissen handeln. Er fragte, was sie damit wohl gemeint haben könnte.

»Das ist eine gute Frage, Joliyad«, überlegte Radovan. »Vielleicht besucht dich unsere Mutter irgendwann noch mal. Wenn der Tag kommt, an dem ihre Anweisungen Früchte tragen sollen, wirst du sie schon verstehen. Sie möchte dich langsam reifen lassen; und wenn sie sieht, dass es noch etwas Hilfe bedarf, dann kommt sie sicher noch einmal auf dich zu.«

»Ist sie Euch erschienen?«, fragte Kako dann.

»Oh ja«, lächelte der Führer, »mehrfach. Allerdings kommt sie nur dann, wenn ich Kopa'chekas gegessen habe. Sie hat mich zu dem gemacht, was ich jetzt bin, und warnte mich oft vor der Bedrohung durch die Menschen. Sie hat mir nicht offenbart, was genau passieren würde, aber du kennst sie ja nun: Sie spricht in Rätseln. Sie sagte mir, dass wir genetisch verkümmern und eine Lösung suchen müssten.«

»Daher die Entscheidung, die Schulen an Konzepten zur Flucht arbeiten zu lassen?«, fragte Joliyad interessiert.

»Ja, daher die Idee. Natürlich kann eine Generation nicht so viel bewirken, wie nötig ist. Allerdings muss man irgendwann anfangen, etwas zu verändern. So wollte ich, dass der Startschuss dafür in meine Regierungszeit fällt. Ich habe dich auf diese Schule geschickt, weil ich heute schon weiß, wer du morgen sein könntest, Joliyad Kakodaze.«

Der Jungfuchs blickte ihn erstaunt an und fragte: »Wie meint Ihr das?«

»Das erfährst du noch, mein Junge. Alles zu seiner Zeit«, beruhigte Kardoran ihn.

»Und«, bohrte Kako nach, »hat Eria Euch andere Geschichten erzählt, als mir?«

»Sie hat für jeden von uns Sehenden eben unterschiedliche Pläne, Kleiner. Ich will die Samos in unserem Blut nicht, selbst wenn diese Fähe es begrüßen würde! Was denkst du, würde passieren? Irgendwann würde unser füchsischer Anteil völlig verschwinden«, erklärte der Führer seine Ablehnung. »Es muss einen Mittelweg geben, eine völlig andere Hybriden-Rasse. Die Erweiterung unserer selbst.«

Kakodaze nickte, blickte in die Ferne und betrachtete den gepflegten Garten. Die Sonne ging gerade unter.

»Ein sehr schöner Ort zum Nachdenken, nicht wahr?«, fragte Radovan dann.

»Wenn wir doch ein Raumschiff bauen und wissen, dass die Menschen uns irgendwann unseren Planeten wegzunehmen versuchen, warum nehmen *wir* ihnen denn nicht einfach vorher *ihren* Planeten weg?«

»Das ist ganz einfach«, erklärte Radovan. »Gaja, oder die Erde, wie sie sie nennen, ist zwar bewohnbar, aber es gibt dort keine anderen Anthro-Wesen. Daher wäre es sinnlos, sich dort niederzulassen. Denn dann wären wir doch auch allein.«

Joliyad nickte wieder und verstand. Er meinte, dass es doch schade wäre, wenn diese Welt hier nicht mehr von den Aramerianern bewohnt werden würde.

»Ein Teil unseres Volkes wird sie weiterhin bewohnen, und zwar auch, wenn wir irgendwann eine neue Heimat gefunden haben werden. Ich meine, sofern dieses Gebäude hier dann noch steht und das Reich dann noch existiert«, grübelte der Führer.

»Was meint Ihr damit?«, warf Kakodaze irritiert ein.

Kardoran wollte dem anderen Rüden jedoch nicht zu viele Fragen beantworten und meinte genervt: »Stell nicht so viele Fragen, Kleiner. Nimm, was die Zeit dir gibt. Was denkst du? Glaubst du denn, dass es noch andere Hybriden im Weltraum gibt?«

»Ja, ganz sicher. Unsere Wissenschaftler sagen doch immer, dass die Wahrscheinlichkeit recht hoch ist. Es kann nicht nur Gaja und AlphaVul geben. Wir werden irgendwann verreisen und neues Leben finden.«

Eine nachdenkliche Pause setzte ein.

Kardoran seufzte laut und zufrieden, bevor sein Gesprächspartner ihn fragte: »Warum habt Ihr mich hierherbringen lassen?«

Der Führer grinste: »Ich habe von Atemach erfahren, dass du mit Jeremia die Nacht verbracht hast. Das musste ich als Vater doch mal überprüfen.«

»Aber hättet Ihr mir eine Einladung zukommen lassen, wäre ich gern gefolgt. Warum diese Gewalt?«, wollte der Jungfuchs wissen und war gespannt auf die Antwort.

»Nun«, begann Radovan, »hättest du sie geschwängert, wärst du jetzt tot. Sie soll zuerst erwachsen werden und ihre Ausbildung zu Ende bringen. Ich erwarte von ihr, dass sie den Gedanken mit der Raumfahrt aufgibt und einen medizinischen Beruf erlernt. Atemach soll mein Nachfolger werden und sie soll etwas tun, was dem Volk in schweren Zeiten helfen kann. Zudem kenne ich meine Kinder sehr gut und weiß, dass Atemach gerne mal übertreibt. Verzeih ihm, aber er will seine kleine Schwester schließlich beschützen.«

»Verstehe. Aber die Raumfahrt ist eben Jeremias Ding und es wäre auch nützlich, etwas aus diesem Bereich zu erlernen. Schließlich brauchen wir die Raumfahrt doch.«

»Setze sie in ein Raumschiff und sie verschwindet wohl für immer im Weltall. Ich liebe meine Kinder und möchte sie um mich wissen, zumindest, solange ich atme.«

Joliyad gefiel diese Zuneigung, die Radovan für seine Kinder empfand, obwohl sie letztlich eher kontraproduktiv war. Es war aber so: Würde die Tochter des Führers nicht in der Raumfahrtforschung arbeiten können, würden es genug andere Aramerianer. An Anwärtern sollte es bei so vielen Füchsen, die alle sehr weit entwickelt und intelligent waren, nicht mangeln.

»Ich bewundere diese Einstellung, die Ihr habt, wenn ich das auch etwas anders sehe. Jedenfalls stünde ich ihr bei nichts im Wege, was immer sie auch erreichen möchte. Ich liebe sie und mir geht es nicht nur um die Erfahrungen beim Sex.«

»Wir leben in einer Gesellschaft, in der die Sexualität sehr frei gelebt werden kann. Dass du dir natürlich gleich meine Tochter aussuchst, kann ich dir nicht verübeln, denn sie ist sehr schön. Das hat sie schließlich von mir«, lachte Kardoran und Joliyad grinste.

»Ja, sie ist schön und nett«, sagte er und hatte nun überhaupt keine Scheu vor dem Herrscher mehr in sich. Vielleicht lag das aber auch an der Wirkung der Frucht?

»Wenn sie mit dir das gemacht hat, was ich denke, dann betrachte ich das als nettes Spiel. Da ist nichts dabei. Magst du sie denn?«

»Oh ja!«, sprach Kako fest entschlossen.

»Gute, schnelle Antwort, Respekt!«, meinte der Führer und klopfte Joliyad auf die Schulter.

Dieser spürte väterliche Wärme, die von Radovan ausging. Sicher musste er jemand gewesen sein, mit dem man es gut aushalten konnte.

»Ja, das kann man«, sagte er plötzlich und Kakodaze verstand nicht.

»Was?«

»Es mit mir gut aushalten.«

»Aber, woher wisst Ihr …?«, stammelte Joliyad.

»Woher ich weiß, was du gedacht hast? Sagen wir: Ich kann sehen. Eines meiner weiteren Alleinstellungsmerkmale. Hätte ich nicht einige Vorzüge an mir, wäre ich sicher kein guter Führer für unser Volk, oder?«

»Wow!«, staunte der Jüngere. »Was könnt Ihr noch? Kann ich das auch lernen?«

»Es gibt Dinge, die kann man nicht werden, denn man *ist* so. Komm, wir gehen wieder zurück. Du wirst gleich ein Kribbeln in den Händen und Pfoten bemerken. Das bedeutet, dass die Wirkung der Kopa'chekas in ein paar Momenten nachlässt.«

Immer noch sehr beeindruckt von der Gedankenleserei, wollte Joliyad gerade fragen, ob Kardoran selbst eine Frau habe, doch dieser kam ihm auch hier zuvor: »Nein, ich habe keine Frau. Ich bin nicht so für Weiber.«

»Das mit dem Gedankenlesen ist gruselig«, sagte Joliyad, als tatsächlich ein Kribbeln in seinen Händen und Pfoten einsetzte. Alles vor seinen Augen verschwamm und plötzlich fand er sich sitzend auf dem Stuhl wieder, auf den er sich zuvor neben den Führer gesetzt hatte.

Dieser stand neben ihm und forderte den noch verwirrten Fuchs auf, mit ihm zu gehen.

»Das war ja mal was ganz Neues!«, gestand Kako und schüttelte den Kopf, um wieder klar zu werden.

»Die Verwirrtheit legt sich bald wieder. Wenn du das öfter machst, wirst du damit immer weniger Probleme haben. Komm!«

Als sie wieder in dem großen Flur standen und die Tür sich hinter ihnen schloss, fragte der Herrscher ihn: »Was denkst du eigentlich, wenn du diese Statuen hier siehst?«

»Ich weiß nicht«, überlegte Joliyad und wusste nicht, was Radovan jetzt von ihm hören wollte.

»Na, ist dir nicht aufgefallen, wie der hier zum Beispiel sein Gegenüber ansieht?«, fragte der dann und deutete auf eine Statue.

Kakodaze betrachtete noch einmal ihr Antlitz und stellte fest: »Er schaut sein Gegenüber irgendwie *liebevoll* an. Ich würde sagen, er steht auf ihn.«

»Ja, genau. So ist es«, grinste der Ältere. »Die Erregung, die er dabei empfindet, dürfte dir aufgefallen sein – da zwischen den Beinen. Die Liebe kennt viele Sprachen«, grinste Radovan.

»Ihr meint, die Rüden mögen sich etwas mehr?«, tastete sich Kakodaze vorsichtig an das Thema heran.

»Haha, nein, Sie *lieben* sich, Kleiner! Würde man sie allein lassen, würden sie glatt übereinander herfallen«, lachte Kardoran.

»Hm … Diese Statuen, keine Fähe … Bedeutet das, dass Ihr eher Rüden mögt?«

»Ja«, lächelte der andere und blickte in das Gesicht einer Statue, »so kann man es nennen. Was heißt ›eher‹? Ausschließlich, würde ich sagen.«

Dem jungen Fuchs fiel auf, dass der Führer ihm ganz zu Beginn ihres Gesprächs gesagt hatte, er könne einem jungen Rüden nichts abschlagen. Bei dem Gedanken daran, was er wohl konkret damit gemeint haben könnte, wurde dem Knaben schon etwas anders, als er diese Aussage mit den neuen Informationen verknüpfte. Er verließ sich aber auf sein Gefühl, welches ihm sagte, dass Radovan kein grundböser Fuchs war und ihm wohl nicht zu nahetreten würde. Völlig überrascht von der Ehrlichkeit seines Führers meinte er dann: »Das hätte ich wirklich nicht gedacht. Warum sprecht Ihr so offen mit mir darüber? Eigentlich geht es mich doch nichts an, oder?«

»Warum denn nicht? Du hast gefragt und bist jetzt quasi fast schon mein Schwiegersohn«, sagte sein Gegenüber dann. »Das wichtigste ist der Mut zur Wahrheit, zur Wahrheit darüber, wer man ist und was man möchte.«

»Ja, aber ich dachte …«

»Joliyad, du hast nicht geglaubt, dass der große Führer von Arameria auf Felltaschen steht? Wirke ich dir nicht schwul, nicht feminin genug? Überraschung!«, erklärte der Führer dann. »Da ich selbst also keinen Sex mit einer Füchsin haben wollte, habe ich Atemach und Jeremia durch die künstliche Befruchtung einer Fähe zeugen lassen, die ich nicht mal kenne.«

»Ich verstehe das zwar, aber was ist am Sex mit Rüden denn so toll, wenn ich fragen darf?«

Der Führer drehte sich zu ihm um und sagte ruhig: »Vielleicht hast du ja mal das Glück, es zu probieren, mein Junge. Ich meine nicht irgendwelche Spielchen, bei denen man sich gegenseitig befriedigt oder andere Kindereien macht. Ich glaube jedenfalls, dass nur ein Rüde weiß, was ein Rüde *wirklich* braucht.«

»Ich werde mit Eurer Tochter zusammenbleiben. Jungs interessieren mich nicht«, meinte Kako entschlossen und schüttelte demonstrativ den Kopf.

»Wir werden sehen, wie du dich entwickelst«, mahnte Kardoran, »und sprechen uns demnächst vielleicht mal wieder zu diesem Thema.«

»Wenn Ihr es sagt …«, winkte der Jungfuchs ab.

Nachdem die beiden noch eine Weile gesprochen hatten, öffnete sich der Ausgang am anderen Ende des Flures und ein militärisch gekleideter Aramerianer kam auf sie zu. Er salutierte und sagte stramm: »Moj'abari! Samojedaner sind in unseren Observationsposten bei Salijeko eingefallen!«

»Joliyad, wir müssen uns später weiter unterhalten. Ich habe jetzt viel zu tun«, sagte Radovan nun ernst.

»Wieso, was ist denn los?«, fragte der Jungfuchs verwirrt.

»Später vielleicht mehr dazu. Jetzt bringt dieser Soldat dich erst mal in die Schule zurück.«

Die plötzliche Ernsthaftigkeit, die der Führer ausstrahlte, kam dem jungen Rüden komisch vor. Es schien so, als würde demnächst irgendetwas Schlimmes passieren, oder es wäre bereits passiert.

Dann wandte sich der Ältere direkt an den Offizier: »Gib meinem Fast-Schwiegersohn die Kontaktnummer meines InfoComs und nimm dann nachher gegebenenfalls seine Freundschaftsanfrage an. Du bist persönlich dafür verantwortlich, verstanden?«

»Sehr wohl, Sir!«

»Joliyad, wann immer etwas sein sollte, meldest du dich bitte! Wir treffen uns bald wieder. Sei lieb zu meiner Tochter bis dahin«, befahl er und rannte durch den Flur.

»Aber Radovan … Was ist denn los? Wo wollt Ihr auf einmal hin?«, rief Joliyad fragend und tat einen Schritt nach vorn. Er blieb jedoch stehen und sah seinem Schwiegervater in spe hinterher, der einen schnellen Lauf hinlegte, wobei Kako noch besser seine athletische Erscheinung erkennen konnte.

Da drehte Radovan sich um, sodass er einige Schritte rückwärtslief und rief: »Ach ja, sag ihr, dass ich sie liebe, und achte darauf, dass sie nicht schwanger wird!«

»Ja, das mache ich, Radovan!«, rief Kako ihm nach.

»Kommen Sie bitte mit, Sir!«, meinte der Soldat und Kakodaze fühlte sich in diesem Moment, in dem man Sir zu ihm sagte, gleich um ein ganzes Stück größer.

Die Füchse gingen zu dem Punkt zurück, an den Kako zuvor gebeamt worden war und wieder drückte der Soldat auf einem kleinen Gerät herum. Joliyad wollte wissen, was das sei und wie es funktioniere, doch schon verschwanden die Rüden wie von Geisterhand.

Dann befand sich Joliyad wieder vorm Eingang der Akademie und der Soldat hielt ihm einen Zettel mit einer Nummer hin: »Das ist die Kontaktnummer des Führers. Bitte behalten Sie sie für sich, Sir.«

»Ja, das mache ich, danke. Ich habe aber noch kein eigenes InfoCom«, gab Kako zu bedenken.

»Warten Sie, Sir«, sprach der Uniformierte und tippte flott auf seinem eigenen Gerät herum. »Es ist zurückgesetzt und so gut wie neu, Sir. Neueste Version.«

Der Uniformierte hielt Kakodaze das InfoCom hin und salutierte, woraufhin der Jungfuchs sich bedankte, das Gerät an sich nahm und der Offizier wieder fortgebeamt wurde.

Da es schon dämmerte, lief Joliyad schnell ins Gebäude und suchte Jeremias Zimmer auf. Er klopfte und rief hastig: »Jeremia! Bist du da?«

»Ja, ich komme!«

Die Tür öffnete sich und Kako blickte in die schönen, grünen Augen seiner Freundin, die ganz überrascht war.

»Oh Joliyad!«, rief sie und fiel ihm in die Arme. »Was ist passiert?« Sie küsste ihn hastig und zog ihn in ihr Zimmer. Offenbar hatte sie vom Kopa'che genascht, denn ihr Kuss schmeckte nach diesem Getränk, was für Joliyad unverkennbar war.

»Wir haben uns unterhalten, Radovan und ich. Der ist tatsächlich ganz nett.«

»Wenn du so über ihn sprichst«, meinte sie, »dann musst du ja einen Stein im Brett haben.«

»Warum hast du mir nicht gesagt, dass er dein und Atemachs Vater ist?«, wollte Joliyad wissen.

»Oh, das tut mir leid. Ich hatte keine Ahnung, dass das passieren würde. Wir hätten später noch darüber gesprochen. Aber Atemach, diesen Vollidioten, greife ich mir noch. Er muss daran schuld sein.«

»Lass ihn ruhig. Er will dich nur beschützen. Du könntest ihm aber sagen, dass wir zusammen sind und dass dein Vater das in Ordnung findet. Er hat mich sogar als seinen Fast-Schwiegersohn bezeichnet«, sagte Kako stolz und lächelte.

»Wirklich?«, fragte seine Freundin erstaunt, als sie und Joliyad sich auf ihr Bett gesetzt hatten.

»Oh ja! Ich wurde sogar mit ›Sir‹ angesprochen.«

»Von wem?«

»Na, von einem Soldaten. Es kam einer angelaufen, denn dein Vater musste schnell weg. Irgendwo waren Samojedaner eingefallen … Ich glaube, in Salijeko«, erklärte der Rüde.

»Ach, das ist eigentlich keine große Sache und klingt dramatischer, als es ist«, winkte die Füchsin ab. »Das passiert immer wieder mal.« Sie küsste ihn wieder, diesmal aber etwas länger, und als ihre Lefzen die Joliyads berührten, schmeckten sie ihm süßer als alles, was er je probiert hatte. »Und«, fragte sie dann, »wie findest du meinen Vater so?«

»Ach, der ist cool. Er hat mir auch erzählt, dass du und dein Bruder durch künstliche Befruchtung entstanden seid, da er keine Füchsin an seiner Seite haben wollte.«

»Also hat er dir erzählt, dass er auf Rüden steht?«

»Ja, und er fand, dass da wohl nichts dabei wäre. Warum fragst du? Das ist wirklich nichts Besonderes, oder? Typen, die auf Rüden stehen, gibt es doch viele.«

»Na ja, du solltest es trotzdem nicht gleich jedem sagen. Er steht zwar dazu, aber wer weiß, was ihm da alles auf die Finger fallen kann, wenn es die falschen Leute erfahren«, bat Jeremia.

Ihr Freund dachte kurz nach und sagte dann: »Na, wenn er nun mal auf das gleiche Geschlecht steht, wer soll ihm das denn übel nehmen? Mich stört es nicht.«

»Dich nicht, aber andere würden ihm das sicher als Schwäche anrechnen«, meinte die Füchsin.

»Andere?«

»Na Politiker, Feinde und so weiter.«

»Verstehe. Und wie kommst du damit klar, dass er so ist und es nie eine Mutter für euch gegeben hat?«, bohrte Kako nach.

»Soll er machen. Er sorgt gut für uns und ich denke, wir brauchen keine Mutter. Es ist okay für Atemach und mich. Wir kennen es nicht anders. Wir waren schon sehr verwöhnte Welpen. Außerdem finde ich die Statuen mit den dicken Felltaschen auch sehr schön. Ist eine schöne Kunstrichtung, die er da mag«, merkte sie grinsend an und sah aus, als wäre sie ganz in einem Traum versunken.

»Ja, ich kann mir denken, dass du das magst. Ich hörte, du hast da so Vorlieben«, meinte ihr Freund verschmitzt.

Die Füchsin lehnte sich an Joliyad, der dann fragte: »Hat er denn einen Geliebten? Ich habe dort niemanden außer ihm gesehen.«

Jeremia seufzte: »Nein, hat er nicht. Er sagt immer, er habe keine Zeit dafür. Ich glaube schon, dass er einsam ist, aber deshalb hat er ja auch seine Hunde.«

»Hunde? Was bitte sind *Hunde*?«, fragte Joliyad verwirrt. »Ich kenne das Wort ›Hundesohn‹ nur als Schimpfwort.«

»Ach, du hast keinen von ihnen gesehen?«, fragte seine Freundin und war sichtlich verwundert darüber. »Er hat mehrere Schäferhunde und Huskys. Hunde sind fast wie wir Anthro-Wesen, nur, dass sie noch ganz urtümlich animalisch sind. Sie laufen auf vier Pfoten, können nicht sprechen und benehmen sich halt wie wilde Tiere«, erklärte Jeremia, die ihrem Freund dabei in sein Hemd fasste und ihm das Brustfell kraulte.

»Hunde … Ach so, jetzt dämmert es mir«, sagte dieser und seufzte, weil er diese Streicheleinheit genoss. Er fragte sich, warum aber Eria, die laut der Überlieferung ebenfalls eine Anthro war, ihm als vierbeinige Wölfin erschienen war. Er nahm sich vor, sie das fragen zu wollen, sollten sie sich wiedersehen.

»Schön, dass du wieder da bist«, raunte Jeremia und sie küssten sich.

»Dein Vater wusste übrigens, was wir so gemacht haben – ich meine im Bett«, sagte Kako.

»Oh nein!«, klagte seine Freundin. »Sag nicht, du hast daran gedacht, als er dich ausgequetscht hat.«

»Ich habe erst später bemerkt, dass er Gedanken lesen kann«, verteidigte sich der Rüde. »Wie konnte ich das vorher wissen?«

»Ja, das macht er immer wieder. Man kann ihm aber entkommen, indem man an etwas völlig Unsinniges denkt: zum Beispiel an die Alte, die hier die Nachtwache mimt.«

»Ah ja, verstehe. Das ist aber eine tolle Fähigkeit. Jedenfalls sagte er, ich soll dich daran erinnern, dass du nicht schwanger werden sollst. Nun, ich soll darauf achten.«

»Schwanger? Vom Blowjob?«, fragte sie ungläubig.

»Na, du weißt schon: Wenn wir mal andere Dinge machen, bei denen es passieren könnte.«

»Ach so, ja«, verstand Jeremia und sah ihrem Freund dann tief in die Augen. »Willst du denn heute noch mit mir gewisse Dinge machen, Süßer?«

»Ähm … würdest du das wollen?«

»Oh ja! Jetzt gerade könnte ich mir nichts Schöneres vorstellen. Ich habe dich eben sehr vermisst«, sagte seine Freundin süßlich und griff ihm in die Hose.

Er seufzte und sagte dann: »Ich dich auch, Süße.«

»Licht aus!«, befahl Jeremia und das Licht wurde ausgeschaltet.

Während sie sich auszogen, küssten und ihre Körper streichelten, kamen Joliyad Gedanken in den Kopf, die die Stimmung zu vernichten drohten: Radovan hatte ihm erzählt, dass seine Tochter schon einige Rüden hatte, mit denen sie nur Spiele gespielt hätte. Sollte es ihm, Kakodaze, auch so ergehen? Würde sie seiner überdrüssig werden? Und wenn ja: wann?

Als diese negativen Gedanken übermächtig zu werden schienen, unterbrach der Rüde und schob Jeremia von sich weg. »Licht an!«, rief er und schaute traurig drein.

»Was ist los? Was hast du?«, fragte die Füchsin irritiert.

»Jeremia … ich habe Fragen in meinem Kopf, die mich quälen. Ich weiß nicht, wie ich anfangen soll. Aber ich möchte ehrlich zu dir sein und hoffe, du bist ebenso ehrlich zu mir.«

»Aber natürlich, Joliyad. Frag alles, was du möchtest.«

Joliyad war klar, dass er offen zu ihr sprechen konnte – und es auch musste. Dennoch hatte er einen Kloß im Hals und rang gedanklich mit sich und seinen Worten.

Wie sollte er anfangen?

Was würde Jeremia denken?

Wie würde es weitergehen?

Würde er jetzt nicht sprechen und einfach Sex mit ihr haben, so wusste er, würde er es mit einer Lüge tun. Er würde sie belügen; und das wollte er ihr nicht antun.

»Ich weiß, das kommt jetzt unerwartet, aber ich habe mit deinem Vater auch über dich gesprochen«, begann Joliyad, während seine Freundin neugierig zuhörte, »und er sagte, du hättest schon mehrere Partner gehabt. Er meinte auch, dass es mit dem Trinken von Alkohol zusammenhing und dass die bisherigen Liebschaften nur eine Art Spiel für dich waren. Ist das wirklich so?«

»Na ja«, seufzte sie, »zugegeben, ich bin auf der Suche nach Spaß. Eigentlich will ich keine feste Bindung oder gar eine Familie gründen.«

»Ich verstehe«, unterbrach Joliyad sie dann kurz.

»Joliyad, wir hatten etwas zu viel Alkohol getrunken an dem Abend. Wir waren betrunken und geil und haben die Kontrolle über unsere Emotionen verloren.«

»Hast du mir nicht gesagt, dass wir nun zusammen sind? Warum sagst du denn jetzt etwas völlig anderes? Hat dir das mit mir denn nichts bedeutet?«

»Doch, Joliyad, wirklich. Aber es ist nicht so, dass wir jetzt gleich eine glückliche Ehe führen müssen. Ich möchte eben diese Einschränkung noch nicht. Wir sind jung. Genießen wir die Zeit doch einfach.«

Kakodaze war enttäuscht und wütend zugleich. Es schien also zu stimmen: Jeremia war spaßorientiert und wollte sich mit ihm nur die Zeit versüßen. Natürlich hätte auch er nicht gleich von Familie angefangen, aber dass sie sich alle Türen offenhalten wollte, war für ihn wahrhaft verletzend. »Ach, und was war das gerade? Wolltest du mit mir schlafen, weil du mich magst, oder bist du wieder geil auf mich, weil du etwas getrunken hast und kein anderer Rüde da ist? Vielleicht sollte ich tatsächlich deinem Vater nacheifern und zu meinem Freund nach Salijeko fahren, um mit ihm schwul zu sein.«

Plötzlich erschrak der junge Fuchs vor sich selbst: Hatte er gerade so mit einer Fähe gesprochen? Das konnte er unmöglich gesagt – geschweige denn so gemeint – haben.

»Joliyad, ich bin eben nicht der Typ für etwas Festes. Es war nicht gut, dass mein Vater mit dir darüber gesprochen hat. Vielleicht hast du jetzt das Bild einer Schlampe von mir, die Sex mit allen Rüden der Schule hat. Sicher hatte ich schon einige von ihnen, aber ich habe sie niemals ausgenutzt: Sie wollten es auch und kamen gut damit klar, wenn ich ihnen nach einiger Zeit sagte, dass es nicht weiterging mit uns. Es war ihnen egal, denn schließlich konnten sie ihre Triebe befriedigen. Auch ich habe gewisse Triebe und mir ging es ebenso.«

Es war ersichtlich, dass der Füchsin dieses Gespräch sehr unangenehm war. Sicher wünschte sie sich, Joliyad wäre ebenfalls nur an seiner Befriedigung interessiert, so wie die meisten ihrer früheren Liebhaber.

Kakodaze verstand, dass sie diesbezüglich unterschiedliche Ansichten hatten, und meinte: »Ich verstehe schon, dass du deinen Spaß brauchst. Ich persönlich bin aber treu und würde das auch von meiner Partnerin erwarten. Ich könnte nicht damit leben, würdest du eines Tages heimkommen und mir offenbaren, dass du etwas mit einem anderen hattest. Es ist okay, du willst nur Sex, keine Liebe in dem Sinne, wie ich sie verstehe. Das muss dir nicht peinlich sein. Wenn es dir besser gefällt, dann ist das halt so.«

»Bist du denn jetzt enttäuscht von mir?«, fragte Jeremia kleinlaut.

»Nein«, lächelte der Rüde und gab ihr einen sanften Kuss auf die Lefzen, »nicht mehr. Es sagt etwas über dich aus. Enttäuscht wird nur der mit der übermäßigen Erwartung. Ich war es – aber nur aufgrund meiner Naivität. Ich erwartete, dass es das Richtige wäre. Offenbar ist es das nicht.«

»Und was meintest du damit, als du gerade sagtest, du solltest besser nach Salijeko fahren und schwul mit deinem samojedanischen Freund sein?«

»Kardoran hat mir ja eröffnet, dass er schwul ist, mir sogar nahegelegt, es mal mit einem Mann zu versuchen. Natürlich habe ich abgewunken, da ich mir das überhaupt nicht vorstellen kann. Amarok, mein Freund, und ich waren damals recht jung, als wir uns das letzte Mal sahen, aber ich mag ihn. Er ist ein lieber Freund und ich empfinde schon eine gewisse Zuneigung für ihn. Ich weiß nicht, ob man diese auch als Liebe bezeichnen kann, aber das Gefühl ist schon ähnlich. Vielleicht sind wir eher Brüder als gute Freunde. Ich habe aber keine Vorstellung davon, wie es wäre, mit ihm zu schlafen.«

Die Füchsin umarmte ihren Freund sanft und flüsterte traurig in sein Ohr, dass ihr das alles sehr leidtäte und sie ihn nicht habe verletzen wollen. Joliyad sei ein lieber und gutherziger Fuchs, der Besseres verdiene.

Dieser dachte nach und löste sich aus der Umarmung. Er setzte sich auf den Bettrand, drehte ihr den Rücken zu und senkte den Kopf, als seine Füchsin ihn, auf der Seite liegend und über seinen Rücken kraulend, ansah. Warum war ihm nur der Name Amarok entglitten? Verdammt!

Es verging eine kurze Weile, als seine Freundin sich neben ihn setzte und mit einer Hand seinen Kopf auf ihre Schulter legte. »Es wäre nicht schlimm, wenn es so wäre, dass du tatsächlich Liebe für ihn empfändest, Joliyad. Es hat vielleicht einen unbewussten Grund, dass du ihn erwähnt hast. Du hast an ihn gedacht, als du gerade diese Enttäuschung erfahren hast. Du hast unterbewusst seinen Schutz gesucht. Du kannst dir die Frage zum Gefühl, welches du ihm gegenüber empfindest, nur selbst beantworten. Hab Mut zur Wahrheit und schließe nicht gleich alles aus, nur weil du es für ungewöhnlich oder unfein hältst«, sagte sie ruhig und kraulte sanft den Kopf des Rüden, der jetzt sehr traurig wirkte.

»Wir sind aber nicht schwul«, behauptete er.

»Ihr habt aber schon sexuelle Dinge versucht?«

»Was man so nennen kann. Wir haben an unseren Körpern herumgespielt, sie überall gestreichelt und uns dabei unsere Fantasien erzählt«, gab Joliyad verlegen zu und hatte Tränen in den Augen.

Jeremia wischte sie ihm sanft ab, als sie fragte: »Und? Wie war es für dich?«

»Es war schon sehr schön. Das waren aber alles nur Spiele, einfach zum Erkunden des eigenen Geschlechts.«

»Ach, das tun viele Rüden am Anfang. Habt ihr das denn öfter zusammen gemacht?«, wollte sie wissen.

»Ja, haben wir. Aber ich stehe nicht auf Rüden, falls du das jetzt denkst …«, meinte Kakodaze und neue Tränen schossen ihm in die Augen.

»Da ist nichts dabei, Joliyad. Ich glaube, dass alle Rüden solche Dinge schon mal ausprobiert haben. Wenn du es aber öfter gemacht hast«, begann Jeremia, »solltest du dich dieser Idee nicht verschließen.«

»Welcher Idee denn?«, fragte Joliyad und blickte in ihre wunderschönen Fuchsaugen.

Sie lächelte süßlich, schaute ihn liebevoll an und erklärte: »Wenn du dabei mehr als nur Spaß empfunden hast, wenn du es genossen hast, ihn liebst, dann solltest du mich vergessen und deine Erfahrungen lieber mit ihm machen.«

»Aber …«, stammelte Kako.

Er war schweren Mutes. Wer war diese Frau, dass sie so liebevoll mit ihm umging, so verständnisvoll war? Eigentlich war er wütend auf sie, denn schließlich empfand sie offenbar nicht wirklich etwas für ihn. Dennoch war es nun so, dass *er* weinte und sich mies fühlte, obwohl *sie* diejenige hätte sein müssen, der es schlecht ging.

»Na, was meine Einstellung zur Liebe angeht, bin ich wirklich nicht die Richtige für dich, Joliyad. Es waren wenige, aber sehr schöne Momente, für die ich dir aber sehr dankbar bin. Ich werde deine Erwartungen an mich und das Leben nicht erfüllen können, doch ich möchte dich nicht verletzen. Ich bin nicht reif genug und du wohl schon weiter als ich – und die meisten anderen Rüden, das kann ich dir sagen. Du solltest zu deinem Freund fahren und ihm sagen, dass du ihn magst und mehr mit ihm erleben möchtest.«

»Aber was wird dann jetzt aus uns beiden? Ist es vorbei?«, fragte Kako traurig.

»Ach, Süßer …«, versuchte Jeremia ihn zu beruhigen und gab ihm einen dicken Kuss. »Irgendwann wirst du dich in eine Rolle zwingen, die dir nicht steht. Oder ich müsste mich zwingen. Es wäre für keinen von uns wirklich gut, so verschieden, wie wir ticken. Betrachte uns als sehr gute Freunde. Ich bin froh, dass du mir deine Unschuld gezeigt hast und dass ich deine erste Fähe sein durfte. Und auch, wenn mir das alles durchaus gefallen hat, so sagt mir die Tatsache, dass du den Namen deines Freundes nanntest, dass er dir viel bedeutet und dich mehr verdient hat als ich.«

»Es tut mir leid«, sagte Joliyad beschämt und wandte sich von der Füchsin ab. Tränen rannen über die Flanken seiner Schnauze und ließen sein Fell glitzern.

»Es ist nicht schlimm, Süßer. Ich denke, dass du die richtige Entscheidung treffen musst: Fahr zu ihm, nimm ihn in deine Arme, küss ihn!«, animierte ihn die Füchsin.

»Ich weiß nicht …«, dachte Joliyad nach und befand sich nun in einer Zwickmühle: Am liebsten wäre er im Boden versunken, oder besser gleich gestorben; dann hätte er sich all diese Probleme sparen können, dachte er.

Doch Jeremia malte ihm vor, wie schön doch alles sein könnte, wäre er nur bei Amarok: »Stell dir mal vor, wie auch er dich zart auf deine Lefzen küsst und dabei erregt wird, dich anfleht, es das erste Mal richtig zu machen … Zwei Rüden, das hätte schon was, hihi.«

Joliyad sah sie entgeistert an und fragte: »Ernsthaft?«

»Natürlich. Das wäre bestimmt sehr heiß! Ich hoffe doch, er sieht gut aus.«

»Aber was bleibt dann von unseren schönen Tagen zusammen übrig?«, fragte Kako traurig.

»Dass es mir spätestens morgen sehr leidtun wird, dich an einen fremden Samojedaner verloren zu haben, weil ich einfach jung und dumm bin«, lachte die Fähe.

Jetzt grinste auch der Rüde und spürte, dass sie das, was sie da sagte, wirklich ernst meinte. Von ihrer Leichtigkeit war er sehr beeindruckt, wenn es auch schade war, dass ihre gemeinsame Zeit nur sehr kurz war. Dennoch freute er sich insgeheim schon darauf, seinen langjährigen Freund mal wiedersehen zu können. So nickte er und sagte: »Ja, also gut.

Ich kann nur sagen, dass es eine schöne Zeit mit dir war, und dass ich mir wünsche, dass wir für immer Freunde bleiben.«

»Das verspreche ich dir, Joliyad. Ich weiß nicht, ob du wirklich mit diesem Wolf eine Beziehung beginnen wirst, aber du weißt doch sicher, dass jeder Schwule eine sogenannte ›beste Freundin‹ hat, oder?«

»Ja«, lächelte Kako und nahm die Füchsin erleichtert in den Arm. Der Klang ihrer weiblichen Stimme, welcher so aufrichtig, ehrlich und wohlwollend war, erinnerte den jungen Rüden fast schon ein bisschen an seine Mutter, zu der er immer ein sehr ausgeglichenes Verhältnis hatte.

Er drückte sie ganz fest an sich und konnte dabei nicht sehen, dass sie Tränen in den Augen hatte und lächelte. Als sie ihre Umarmung lösten, waren diese aber schon wieder verschwunden.

»Okay, Joliyad, gib mir bitte noch einen schönen, langen Kuss. Den letzten und schönsten für eine ganze Weile. Dann gehen wir schlafen. Morgen und übermorgen ist schulfrei und ich will mal richtig ausschlafen«, bat Jeremia ihren Freund. Dieser gab ihr einen sehr langen und romantischen Kuss, den sie gerne empfing und dabei zufrieden die Augen schloss. Sie umschlangen einander mit Umarmungen, die sie beide sehr genossen.

Als sie den Kuss beendet hatten, stand Kakodaze auf und blickte seine Jeremia ein weiteres Mal lange an.

»Ich habe noch nie einen Rüden geküsst, der so unschuldig und zärtlich ist«, sagte die Füchsin dann und blickte zu ihrem Freund auf.

»Wirklich?«, fragte dieser.

»Amarok bekommt vielleicht einen wahnsinnig gut aussehenden Fuchs, der sehr gut küssen kann, sehr maskulin ist«, begann sie, blickte zum Schritt des Rüden und lächelte dabei, »und obendrein auch noch viel zu bieten hat.«

»Danke, Jeremia.«

Als er gerade zur Tür raus wollte, sagte seine Freundin noch: »Fahr mal zu ihm. Wenn ihr wirklich so gute Freunde seid, wird er dich bestimmt vermissen. Morgen und übermorgen habt ihr alle Zeit. Vertrau mir, er wird deine Gefühle teilen.«

»Ja, das mache ich«, bestätigte Joliyad. »Jeremia, ich werde dir nie vergessen, dass du mir Mut gemacht hast. Was auch immer daraus werden wird. Schade, dass es so ist, wie es ist. Ich liebe dich trotzdem, vergiss das nie.«

»Ich liebe dich auch, Süßer«, bekam er zur Antwort und ging zurück in sein Zimmer.

Er setzte sich auf sein Bett, dachte nach und stellte sich viele Fragen. Manche von ihnen ließen ihn für einen Moment aufleben, andere eher verzweifeln. Er konnte seine Gefühle nicht eindeutig zuordnen, beschloss aber, das Treffen mit Amarok abzuwarten, um zu sehen, wie der sich wohl verändert haben würde und über all das dachte.

Im Bett liegend, betrachtete er den Sternenhimmel:

Eine schöne, weite Ferne.

Es schien alles unendlich.

Es war still und fernab aller Probleme.

Um sich abzulenken, dachte Kako über das nach, was sie im Unterricht besprochen hatten: Irgendwo da draußen könnte es also anderes Leben geben. Doch würde auch er einer der Glücklichen sein, die die Reise durch den Weltraum antreten dürfen? Würde es ein Raumschiff geben, jetzt, da man der Reife des Antriebs aus freier Energie ganz nah war?

Beim Einnicken erschienen ihm vor seinem geistigen Auge Bilder eines riesigen Fluggeräts, welches den Schriftzug ›Agamemnon‹ trug. Woher dieses merkwürdige Wort kam, konnte Kakodaze sich nicht erklären, doch sah er ganz deutlich die aramerianischen Schriftzeichen vor sich. Die Agamemnon bestand in seinen Fantastereien aus einer Legierung, die glänzte wie Gold und sie begab sich auf eine schier unendliche Reise durch den Weltraum.

Der Rüde zwinkerte und verwarf dieses Bild, ohne weiter darüber nachzudenken. Viel wichtiger war dann doch sein Freund. Wichtiger als das, was vielleicht in ein paar Jahren mal sein könnte. Jetzt gab es nur noch diesen einen Wolf für ihn, dieses eine Wiedersehen.

»Ach Amarok, ich hoffe, du verstehst, wie ich gerade fühle. Gern würde ich dich mitnehmen, wenn ich jemals diese Welt verlassen sollte«, sprach der Rüde leise und schmunzelte bei dem schönen Gedanken daran, dass er und sein samojedanischer Freund vielleicht in diesem Moment gleichermaßen wach im Bett liegen und an den jeweils anderen denken würden, obwohl sie einander schon lang nicht mehr gesehen hatten.

Einige Zeit später schlief er abrupt ein.

VI. SCHMERZEN ERTRAGEN

Recht früh öffnete Joliyad seine Augen, erblickte auf der Nachtkonsole sein InfoCom und fragte verschlafen: »InfoCom, welcher Tag ist heute?«

»Es ist der fünfte Tag im vierten Zyklus 2050«, antwortete das Gerät und Kako seufzte. Er zog sich frische Klamotten an und zog sein Bett ab. Der Rüde nahm die Schmutzwäsche mit aus dem Zimmer, denn an der Wand im Flur befand sich eine Klappe, in die man sie einwerfen konnte. Später würde ein Reinigungstrupp die Zimmer besichtigen kommen und im Bedarfsfall die Bettwäsche ersetzen.

Am Ende des Korridors befand sich das Bad, wo Joliyad sich frisch machen wollte. Er betrat den Raum und dieser wurde automatisch hell erleuchtet. Die Tür viel hinter ihm zu und verschloss sich selbsttätig.

Kakodaze stellte sich vor ein Waschbecken und blickte in den Spiegel: »Verdammt gut aussehend« hatte Jeremia ihn genannt. Das fühlte sich fast an wie ein Orden. Irgendwoher kam aber eine innere Furcht in ihm auf, als er daran dachte, wie es ihr wohl ginge und ob sie den anderen Leuten von ihrem Gespräch gestern erzählt hatte. Konnte sie ihn wirklich einfach so wieder vergessen? Konnte er sie vergessen?

»Kann es sein, dass sie das wirklich so meinte, wie sie es gesagt hatte?«, fragte er sich, als er das Bad wieder verließ, um zum Frühstückssaal zu gehen.

Dort angekommen, nahm er sich ein Tablett von einem Stapel und ging zur Essensausgabe. Chucky, der beim Fest gekellnert hatte, stand hinter der verglasten Theke und begrüßte ihn.

»Zornice Joliyad, wie geht's?«

»Na ja, ich habe schon bessere Tage erlebt. Der Tag war lang und die Nacht kurz. Wie war es bei dir?«

»Kann nicht klagen. Was darf ich dir denn heute antun? Ist alles leckeres Fertigzeug«, scherzte der andere Rüde.

»Ach, mir genügt eine mittlere Salatschale, danke«, meinte Kakodaze und reichte lustlos sein Tablett weiter.

Chucky stellte eine Salatschale darauf, ehe er es Joliyad zurückgab und ihn danach fragte, ob er denn heute seine Eltern besuchen wolle.

Dieser verneinte: »Ich treffe mich mit einem guten Freund. Meine Eltern besuche ich beim nächsten Mal.«

»In welche Richtung fährst du denn dann nachher?«, wollte Chucky wissen.

»Ich fahre nach Salijeko. Warum fragst du?«

»Das trifft sich gut! Ich will nach Gonslar. Wir können ja zusammen mit der ›Braunen‹ fahren«, freute sich Chucky.

»Die ›Braune‹? Was ist das?«, fragte Joliyad irritiert.

Der andere Fuchs lachte und erklärte ihm, dass das eine Bahnlinie sei und dass die Hauptstädter sie so nennen würden.

Daraufhin nickte Kako und meinte: »Ja, dann fahren wir zusammen. Wann?«

»Gleich endet meine Schicht hier. Wir treffen uns dann. Dann musst du nicht allein in der großen, bösen Stadt umherirren«, schlug Chucky vor.

Wieder nickte Kakodaze und setzte sich mit seinem Salat an einen leeren Tisch. Viel war nicht los, denn die meisten Schüler waren schon abgereist.

Wie es Jeremia wohl ging? Würde sie wirklich ihr Versprechen einhalten und mit Joliyad befreundet bleiben?

Das gestern Gesagte hallte ihm im Kopf nach: »Vielleicht sollte ich tatsächlich deinem Vater nacheifern und zu meinem Freund nach Salijeko fahren, um mit ihm schwul zu sein.«

Hatte er, Kakodaze, nicht erst kürzlich zu Radovan gesagt, dass er nichts von Rüden halte? Was dachte der Führer über ihn, wenn seine Tochter ihm davon erzählen würde? Joliyad versuchte, weniger darüber nachzudenken, auch wenn ihm das nicht leichtfiel. Schon bald würde er Amarok in seine Arme schließen. Nach einer gefühlten Ewigkeit würden sie wieder etwas miteinander unternehmen und hätten etwas Zeit, damit Joliyad sich in allem sicher werden konnte.

Der Fuchs versuchte, etwas von dem Salat zu essen, doch selbst das viel ihm vor lauter Nachdenken schwer und er bekam kaum etwas runter. Er rückte das Tablett von sich weg und sah aus dem Fenster. Es war schon etwas merkwürdig, hier in Bolemare: Auf der einen Seite gab es diese riesigen, wolkenschneidenden Hochhäuser und auf der anderen Seite ein großes, idyllisches Areal, welches an die Schule grenzte – welch ein Gegensatz. Wer war der Architekt dieser Stadt?

Derselbe, der diese merkwürdige Statue am Brunnen gestiftet hatte?

Kakodaze war ganz versunken, als plötzlich eine Stimme rief: »So, wir können! Habe Feierabend.«

»Was? Ja … Wir können«, stammelte Joliyad vor Schreck.

Er und Chucky machten sich auf den Weg zur Schnellreisestation. Sie liefen über den leer gefegten Campus und unterhielten sich über die tolle Architektur des Schulgebäudes und Bolemares allgemein.

Noch ehe sie am Bahnsteig waren, sagte Chucky schon: »Ich habe bemerkt, dass du ein paar Probleme mit der Orientierung hast. War für mich auch schwer, das erste Mal allein mit der Bahn zu fahren. Nach dem dritten oder vierten Mal wird es besser. Ich zeige dir den Weg.«

»Danke. Es ist gut, dass ich nicht allein fahren muss.«

»Keine Ursache. Wir werden eine ganze Weile bis nach Gonslar fahren. Ich hoffe, die Bahn ist nicht zu voll.«

»Und dann?«

»Na, dann steige ich aus und du fährst mit demselben Zug weiter nach Nevi. Von da aus kannst du entweder eine Ewigkeit laufen, oder nach Tshutpri umsteigen und von da aus weiter nach Salijeko.«

Ungläubig sah Kakodaze sein Gegenüber an: »Das ist aber kompliziert.«

Doch Chucky grinste nur: »Na klar, dies ist aber auch ein sehr großes Land. Das kriegst du schon hin.«

»Ich hoffe es«, seufzte Kako, als sie in eine Bahn stiegen und sich setzten.

»Wie bist du denn sonst zu deinem Kumpel nach Salijeko gefahren?«

»Ich bin von ihm und seinen Eltern immer abgeholt worden. Meine Eltern wollten irgendwann plötzlich nicht mehr, dass wir Kontakt halten. Seine Familie war da nicht so«, erklärte Joliyad.

»Das verstehe ich gut. Früher waren auch noch ganz andere Zeiten, als Samojedaner und Aramerianer sich einigermaßen verstanden«, sprach Chucky und offerierte seinem Begleiter, er könne ihn auch mit seinem richtigen Namen, Jesaya, anreden. Kakodaze lächelte und Jesaya führte weiter aus: »Diese bekloppten Ideen von der Rassentrennung und Reinheit. Ich glaube, das ist alles Schwachsinn! Wenn wir mit ihnen befreundet sein wollen, dürfen wir das offiziell natürlich. Aber ansonsten rümpfen alle die Nasen und wollen nicht mit den Samojedanern in Verbindung gebracht werden. Scheiße so was, echt!«

»Ich sehe das ähnlich: Ich fahre zu ihm hin und lasse mich auch nicht von irgendeiner eingetrichterten Moralvorstellung davon abbringen«, sagte Kako selbstbewusst, worauf Jesaya nickte und aus dem Fenster sah.

»Alles zieht so schnell vorüber. Tempus fugit, das sagt der Perteriza immer. Er ist dein Lehrer, also hast du das schon oft von ihm gehört. Ich hatte den vertretungsweise in einem Lehrgang. Alles flieht, auch die Zeit. Ich bin jetzt fast 24 und du immerhin schon 16. Wie alt ist denn dieser Kumpel von dir, wenn ich fragen darf?«

»Er ist in meinem Alter.«

»Cool! Und was macht ihr an den freien Tagen? Bestimmt trinkt ihr auch was. Wir müssen uns mal zu dritt auf einen Drink treffen, haha!«, amüsierte sich Chucky.

»Ja, das machen wir mal. Aber zuerst die Zugfahrt überstehen«, seufzte sein Begleiter.

»Also: Das mit den Bahnen hier läuft so …«, begann Jesaya und erklärte Joliyad viele nützliche Sachen zu den Fahrtzeiten, den Zugverbindungen und deren umgangssprachlichen Bezeichnungen. Ab und zu lachten sie laut zusammen, vor allem, wenn sie über Lehrer lästerten.

Kakodaze beschloss, von Nevi aus zu laufen, um sich so ein Umsteigen zu ersparen. Das Wetter war ganz angenehm, warm und sonnig. Den Marsch würde er schon schaffen und notfalls jemanden nach dem Weg fragen. Allzu schüchtern war er ja nun nicht mehr.

»Wie du meinst. Wir sehen uns dann später in der Schule. Ich muss hier raus«, sagte Chucky plötzlich.

»Ja, okay. Also sehen wir uns dann. Danke noch mal für deine Hilfe«, bedankte sich Joliyad.

»N'eje I'sene! Komm gut an und verlauf dich nicht. Lass dir helfen, wenn es nicht weitergeht«, rief Jesaya, als er zur Tür ging, winkte und dann die Bahn verließ.

Jetzt musste Joliyad noch drei Stationen weit fahren, also hatte er noch ein wenig Zeit. Nachdenklich schaute er sich um und bemerkte, dass sehr viele Aramerianer in Breklom ausgestiegen waren.

Jetzt waren es nur noch eine Handvoll Leute, die mitfuhren, während sie schweigsam dasaßen und ins Leere starrten. Er stellte fest, dass er und Jesaya die Einzigen gewesen sein mussten, die sich miteinander unterhalten hatten. Dieses Schweigen war merkwürdig und ungewohnt.

An der vorletzten Station, Dsustari, war er Zug dann wie leer gefegt. Soweit Kakodaze sich jedoch erinnerte, war dies eine hoch frequentierte Strecke, gerade kurz vor den schulfreien Tagen.

»Wegen Störungen im Betriebsablauf endet dieser Zug in Dsustari! Ersatzverkehr kann Ihnen zurzeit leider nicht angeboten werden. Bitte beachten Sie auch die Hinweise auf den Bahnsteigen!«, schrillte es plötzlich aus einem Lautsprecher und der Rüde sprang auf.

»Was?«, rief er entsetzt. »Was soll das denn?«

»Wir danken für Ihr Verständnis und wünschen Ihnen noch einen schönen Tag«, erklang es weiter.

»Na super!«, rief Joliyad erbost. »Schieb dir deinen schönen Tag doch sonst wo hin! Warum gerade heute, gerade jetzt? Blöde Bahn! Nichts funktioniert hier!« Aufgebracht verließ er die Schnellreise-Station und ging treppauf, bis er wieder die Oberfläche erreichte. Da war er so weit gekommen, war froh, es fast geschafft zu haben, und dann das!

Der Fuchs fluchte noch eine Weile, ehe er selbstironisch sagte: »Ach, was soll's, ich habe Zeit. Gehe ich halt drei Tage lang zu Fuß.«

Als er sich umsah, stellte er fest, dass dieser Teil Aramerias sehr ruhig und grün war. Die steinerne Station erhob sich scheinbar aus dem Gras, wie ein willkürlich platzierter Fleck. Wer das eine wollte, musste das andere mögen: Entweder gab es die schöne, unangetastete Landschaft, oder eben Stahl, Glas und Beton, was Zivilisation und Luxus bedeutete.

Es war schon fast Mittag und jetzt knurrte Joliyads Magen. Hätte er doch wenigstens etwas von dem Salat gegessen. Warum musste er auch so nachdenklich sein?

Der Himmel war jetzt wolkenverhangen und man konnte ein leises Donnern hören. Es klang so weit entfernt, dass der Rüde nicht Gefahr laufen würde, nass zu werden. Das wäre auch fatal gewesen, denn der Weg war lang und durchnässt wollte er Amarok und seiner Familie nicht gegenübertreten.

Als der Fuchs schon eine Ewigkeit gelaufen zu sein schien, erreichte er endlich das kleine Haus, in dem Amarok und seine Eltern zusammen mit ihrer Großmutter lebten. Wie auch Joliyad und viele andere Aramerianer, führten sie ein einfaches und bescheidenes Leben: Alles, was sie benötigten, konnten sie sich entweder selbst anbauen oder bei einem Tausch erhalten. Hier lebte man im Grünen, umgeben von Äckern und Wäldern – also ganz anders als in Bolemare.

Das Fachwerkhaus der Wolfsfamilie wirkte bäuerlich und urig, fast schon etwas niedlich, und es entsprach einer Bauart, wie sie manchmal die Menschen auf Gaja in der Vergangenheit angewendet hatten. Amaroks Eltern hatten einen kleinen Vorgarten angelegt, in dem viele schöne Blumen wuchsen. Ihr Duft schien die ganze Luft zu erfüllen und Kakodazes Anspannung wuchs sekündlich: Er hatte seinen Freund schon länger nicht mehr gesehen und hatte ihm viel zu erzählen.

Vorsichtig klopfte er an die große Holztür und es dauerte einen Moment, bis sie einen kleinen Spalt aufging, sodass

Amaroks Mutter hindurchlinsen konnte. »Ah, Joliyad«, rief sie froh, »komm herein!«

»Hallo Ahma!«, freute der sich und wurde herzlich von der Wölfin umarmt und immer wieder auf die pelzigen Wangen geküsst.

Links, rechts, links, rechts.

»Ach, Kleiner! Das freut mich, dass du uns mal wieder besuchst! Wie geht es dir? Was machst du so? Und was machen deine Eltern?«, schoss sie los, als Kako sich im Wohnzimmer auf einen Sessel setzte.

»Ja, bei uns ist alles gut. Ich bin jetzt an der Akademie in Bolemare …«, begann er und konnte gar nicht ausreden.

»Ja, das hat mir deine Mutter erzählt. Ab und zu telefonieren wir, heimlich. Aber auch sie hat sich jetzt länger nicht gemeldet. Ich mache dir schnell ein Glas Milch und bringe dir Kekse, Joliyad!«

»Du bist zu gut zu mir, Ahma«, grinste Kako.

Amaroks Mutter war eine sehr nette Wölfin: Sie hatte ein großes Herz, war nie streng und konnte unwiderstehlich gut kochen und backen. Joliyad genoss die Zeit hier, damals, als er fast noch ein Welpe gewesen war.

Auch, wenn ein Junge nicht an solche Dinge denken sollte, es sich moralisch schon verbot, wünschte Joliyad sich manchmal, Ahma hätte ihn als Kind adoptiert. Es war nicht so, dass es ihm daheim in Lado schlecht gegangen wäre – im Gegenteil. Irgendetwas verband ihn jedoch mit der Wolfsfamilie, ließ ihn sich hier unglaublich geborgen- und wohlfühlen.

Ahma ging in die Küche und kam nach wenigen Augenblicken mit einem Teller Kekse und einem großen Krug dampfender Milch zurück.

»So wie du sie magst, heute Morgen gemolken.«

Joliyad nahm einen großen Schluck und aß darauf eines der Plätzchen. »Lecker wie immer«, grinste er.

»Und«, wollte sie dann wissen, »du warst in Bolemare, der Hauptstadt, nicht?«

»Ja«, schmatzte der Rüde.

»Und, wie ist es da so? Riesig, oder? Die Nachbarin hat dort Bekannte. Hast du Kardoran gesehen?«

»Ja, aber ich wollte euch das allen zusammen erzählen.«

»Oh, bitte verzeih mir, Joliyad«, entschuldigte sich die Wölfin. »Amarok und Jack sind gleich zurück. Es sieht nach Regen aus und da wollten sie das Vieh noch einsperren. Enna macht ein Nickerchen. Ich Dummchen muss dich auch gleich ausquetschen … Tut mir leid.«

Kakodaze lächelte und meinte: »Nicht schlimm, Ahma. Schön, dass ich einen von euch erwischt habe, sonst wäre ich nass geworden, wenn das Gewitter gleich losgeht.« Er sah sich sitzend im Raum um, nachdem er noch einen Schluck genommen hatte, und merkte an: »Hier hat sich nichts verändert. Wie lange war ich denn jetzt nicht mehr bei euch?«

»Das ist fast eine Ewigkeit her, Kleiner. Ich weiß nicht, drei oder vier Jahre. Jedenfalls zu lange. Wir haben oft von dir gesprochen«, mahnte Ahma, »und es ist schon eine lange Zeit, wenn man bedenkt, dass du früher fast jeden Tag hier warst, um mit Amarok zu spielen.«

Joliyad nickte nachdenklich, stand auf und ging zum Kamin, auf dessen Sims ein Foto von ihm und seinem Jugendfreund stand.

Ahma folgte ihm und lächelte, als sie das Bild betrachtete. Doch ihr Lächeln verwandelte sich in Trauer, als sie erklärte: »Ja, da war die Welt noch in Ordnung. Da haben deine Eltern und wir uns noch gut verstanden.«

»Oh ja«, nickte der Rüde.

»In den letzten Jahren hat sich einiges geändert. Vor ein paar Tagen haben mein Jack und irgendwelche seiner Spinner wieder einen Gegenschlag gestartet.«

»Gegenschlag?«, fragte Joliyad und sah die Wolfsmutter verdutzt an.

»Ja, etwas außerhalb von Salijeko. Hast du davon nicht gehört? Da wollte sich unsere selbst ernannte Bürgerwehr mal wieder mit den Aras anlegen. Sag mir, was du willst, aber ich glaube, die haben einen Knall … Ob es die Aras sind, oder unsere Leute … Jack sowieso. Weißt du, keiner weiß so wirklich, was diese ganzen Kämpfe eigentlich sollen«, sprach sie. »Wir sind hier wirklich glücklich. Warum können Rüden dieses martialische Verhalten nicht einfach ablegen und friedlich bleiben?«

Jetzt erinnerte Joliyad sich daran, dass Kardoran bei dem Treffen sehr schnell fortgemusst hatte. Man hatte ihm gesagt, Samojedaner wären in ein Lager bei Salijeko eingefallen.

»Und was ist passiert?«, fragte er, als er sich wieder auf den Sessel setzte und den Rest der Milch austrank.

»Na, was glaubst du, Kleiner? Die Aras haben wieder ein paar von uns mitgenommen«, erzählte Ahma und entschuldigte sich sogleich für die abwertende Kurzform ›Ara‹, denn schließlich war Joliyad ein Aramerianer.

»Mitgenommen?«, bohrte der nach.

»Keine Ahnung, was sie mit unseren Leuten anstellen«, seufzte die Mutterwölfin. »Bisher ist aber noch keiner wieder zurückgekehrt.«

Plötzlich ertönte ein krächzendes Husten, woraufhin Kako erschrak und sich schnell umdrehte. Er erblickte Enna, Amaroks Großmutter, die plötzlich mit einer Flasche Kopa'che in der Tür stand und sich laut räusperte. »Ja, dafür gab es nur wenige Tote diesmal«, sprach sie.

»Ach Enna, erzähl doch nicht immer solche Dinge«, bat Ahma.

»Warum denn nicht?«, herrschte die Alte, ging humpelnd und stark gebückt zu ihrem alten Sessel und setzte sich langsam hinein. »Der Junge muss wissen, wo's langgeht! Er ist kein Welpe mehr«, stellte sie fest und machte eine Handbewegung, die ihrer Schwiegertochter signalisierte, dass sie Gläser bringen sollte. So tat diese es und stellte zwei Gefäße auf den Tisch, dessen Platte eine dicke Baumscheibe war.

»Lass dir die Welt nicht schönreden, junger Mann«, lehrte Enna. »Du bist alt genug und pfotest bestimmt schon.«

»Enna!«, rief Ahma pikiert und sah sie böse an.

Doch diese lachte nur röchelnd, füllte die Gläser und sprach einen Toast aus: »Auf die Jugend – dumm, wie sie gehalten und erzogen wird!« Die Alte setzte das Glas an und trank es in einem Zuge aus.

Kakodaze tat es ihr nach und kniff die Augen zusammen. Mann, war das Zeug stark!

Die alte Wölfin verzog erst keine Mine, lachte dann wieder lauthals röchelnd und meinte: »Geiler Stoff, nicht wahr?«

Mehr, als ein verkrampftes Nicken brachte der Rüde nicht heraus und versuchte, mit aller Kraft den Husten zu unterdrücken. Das Getränk schien sich in seinem Hals festbrennen zu wollen und er hatte den Eindruck, als sei es deutlich stärker, als jene Sorte vom Schulfest. Sicher hatte Enna wieder selbstgebrannt.

Dann ging die Haustür auf und starker Regen war zu hören. Joliyad stand auf und wartete, bis Amarok und sein Vater sich die Regenjacken ausgezogen hatten. Blitze flackerten und zeichneten die Silhouetten der beiden Wölfe nach.

Kako ging zu ihnen und reichte Jack die Hand.

»Ah, mein Junge! Wie geht es dir so?«, freute dieser sich und gab ihm einen festen Händedruck, auf den eine Umarmung folgte.

Dann erblickte der Fuchs Amarok, der große Augen machte, strahlte und die Arme ausbreitete.

»Hey, wie geht's dir Joliyad? Lange nicht gesehen!«

Die beiden Rüden umarmten sich ein paar Sekunden lang und Kakodazes Herz schlug jetzt viel kräftiger.

Welch ein tolles Gefühl das war!

Wie sehr hatte er ihn vermisst …

»Alles bestens soweit«, antwortete er knapp.

»Kommt, setzen wir uns«, meinte Jack und seine Frau lächelte, als sie noch drei zusätzliche Gläser und eine weitere Flasche Kopa'che aus der Küche holte.

»Was macht das Leben, Kleiner? Oder darf ich schon gar nicht mehr Kleiner zu dir sagen?«, fragte Jack.

»Er ist 16 und schon ein erwachsener Mann. Stimmt doch, oder Joliyad?«, fragte Ahma.

»Ja, stimmt. Aber du darfst ruhig ›Kleiner‹ sagen. Mir macht das nichts. Sagen alle zu mir«, meinte der Fuchs dann.

»Dann hau mal raus das Gelump!«, krächzte Enna und schob ihr Glas in die Tischmitte.

Ahma schüttete die Gläser voll und ermahnte die Alte, nicht wieder so viel vom Kopa'che zu trinken.

Zeitgleich fassten sie alle an ihre Gläser und Amarok folgte einer samojedanischen Sitte, die auch Joliyad sehr gefiel, indem er aufstand und einen Trinkspruch zum Besten gab: »Trinken wir auf einen schönen, zwar verregneten aber gemütlichen Nachmittag und einen noch schöneren Abend. Und wünschen wir uns, dass es uns Aramerianer und Samojedaner überall auf dieser Welt gleichtun können, gemeinsam, irgendwann … Wir wissen, dass es funktionieren kann. So hoffen wir, dass es irgendwann auch all die anderen verstehen werden.«

Dann blickte er lächelnd in Joliyads Augen und dieser verspürte plötzlich den unglaublich starken Drang, seinen Freund umarmen zu wollen, was jetzt aber komisch ausgesehen hätte. Verdammt! Wie sollte er diese Gefühle nur einordnen? Seit wann war Amarok so sprachgewandt?

»Hört, hört!«, lobte Jack und Ahma grinste zufrieden, als sie alle ihre Gläser erhoben und austranken.

Schnell stellten sie ihre Gläser rumpelnd auf dem Tisch ab und Kako begann zu husten. Darauf folgte herzliches Gelächter allerseits und Ahma holte dem Fuchs schnell ein Glas Wasser, welches er sofort hastig schluckend hinterherspülte und seufzte.

»Schatz, hol uns doch etwas Brot, dann rutscht es besser«, bat Jack.

Als sie so gemütlich beisammensaßen, wurde es schnell Nacht, denn man erzählte sich viele Geschichten aus vergangenen Zeiten. Joliyad berichtete auch von der Schule, Rado Perteriza, seinen Mitschülern und was sie dort so lernen sollten.

»Ein Raumschiff?«, fragte Enna. »Bauen ihr Altmetall zusammen. Was wollen die damit denn? Sich verpissen, wie? Das sieht denen ähnlich.«

»Nimm ihr das nicht übel, Joliyad«, beschwichtigte Ahma, »die hat schon einen in der Kanne.«

»Ich denke mal, dass das der einzige Weg ist, den sie noch gehen können: weg von hier«, überlegte Jack. »Sie haben lange genug in Wohlstand gelebt und bringen einen Teil ihres Volkes irgendwann weg, um da dieselben Fehler wie hier zu begehen. Angeblich soll es bereits einen Prototyp ihres Fluchtfahrzeuges geben.«

»Hört auf mit solchen Themen!«, mahnte die Mutterwölfin böse und genervt. »Vergesst ihr, dass Joliyad auch ein Aramerianer ist?«

»Ist schon gut, Ahma«, meinte der Fuchs, stand auf und sprach selbstbewusst: »Was auch passieren möge … Ich hoffe, dass wenigstens wir, die hier zusammen sind, immer

Freunde bleiben werden, egal, wie sich das alles zwischen unseren Völkern entwickeln wird.«

»Du bist einfach zu lieb, Joliyad«, freute Ahma sich.

»Jo, finde ich auch. Hast was auf dem Kasten, Kleiner!«, lobte Enna und allesamt erhoben sie ihre Gläser erneut, während Amarok breit grinste und sehr beeindruckt zu sein schien.

Einige ruhige Gespräche später sagte Amaroks Mutter: »Joliyad, ich gehe dir dein Gästezimmer vorbereiten. Weißt ja, das Zimmer neben dem von Amarok.«

»Ja. Danke, Ahma«, lächelte der Fuchs.

»Nun, Leute, ich werde dann auch mal ins Bett gehen«, sagte Jack und blickte zu Enna herüber, die schon im Sessel eingenickt war und schnarchte.

»Und die Alte packe ich auch auf ihre Matratze. Die ist voll wie ein Eimer. Gute Nacht, Jungs.«

»Gute Nacht, Jack«, sagte Kako.

»Gute Nacht, Vater. Ich mache auch nicht mehr so lange«, versprach sein Wolfsfreund.

»Ach, macht ihr ruhig«, entgegnete dessen Vater jedoch. »Nimm dir morgen mal einen Tag frei. Joliyad ist nicht so oft hier. Bleibt auf, solange ihr wollt. Mal sehen, ob ich morgen überhaupt was draußen machen kann. Also dann, schlaft gut.«

»Du auch«, sagten die beiden Rüden nacheinander.

Ahma kam zurück ins Wohnzimmer und setzte sich wieder an den Tisch. Die zweite Flasche Kopa'che war schon leer, deshalb hatte sie eine neue mitgebracht. Joliyad war sich aber nicht sicher, ob sie diese zu dritt auch noch austrinken könnten. Langsam klebten seine Lefzen aneinander und er spürte, dass eine leichte Drehung in seinem Kopf eingesetzt hatte. Wahrscheinlich ging es seinem Freund Amarok nicht anders und er hoffte, dass er bald einen Moment mit ihm allein hätte.

Ahma füllte drei Gläser und erhob das ihre. »So, ihr beiden. Viel geredet, doch jetzt bin ich dran. Ich würde sagen: Auf die Liebe«, sprach sie ruhig und blickte den beiden Rüden abwechselnd in ihre Augen.

Diese verstanden beide nicht recht, wie die Wolfsmutter darauf kam, und blickten sich nun fragend gegenseitig an.

»Na kommt! Was ist?«, lachte Ahma.

»Ja … also … auf die Liebe«, stammelte Joliyad und Amarok nickte nur schnell.

Sofort nachdem die drei ausgetrunken hatten, kippte Ahma nach und fragte grinsend: »Denkt ihr etwa, ich bin dumm?«

»Was? Nein, warum?«, fragte Amarok erschrocken und man konnte seinen Respekt ihr gegenüber deutlich spüren.

»Glaubt ihr, ich wüsste nicht, was los ist?«

»Was meinst du?«, fragte Kakodaze verwirrt.

Da schüttelte die Wölfin den Kopf, trank einen Schluck und sagte: »Ich weiß doch, was mit euch ist.«

Wieder sahen Wolf und Fuchs einander an. Joliyad zuckte mit den Schultern und sein Freund bekam die Schnauze nicht mehr zu. Sicher hatte keiner von ihnen etwas angestellt, oder?

»Also dann«, fing Ahma an, »reden wir Klartext: Joliyad, ich konnte dein Herz bis ins Wohnzimmer schlagen hören, als du Amarok in den Arm genommen hast und zuvor, als du das Bild auf dem Kamin betrachtetest. Und deine Blicke in Joliyads Richtung, Amarok … Wer da nichts draus lesen konnte, wäre sehr unaufmerksam und dumm gewesen.«

Sofort senkten beide die Köpfe und schauten traurig, doch die Wölfin beruhigte sie: »Na los, trinkt einen Schluck und wir reden darüber.«

Amarok und Joliyad nahmen jeweils einen zaghaften Schluck, was Ahma amüsierte. Sie lachte laut und ihre Augen tränten: »Hahaha, ihr solltet euch jetzt mal sehen! Wie zwei verregnete Pejakas! Könnt ja dann bei denen im Stall schlafen, denn ihr passt da gerade sehr gut rein.«

Die Situation war den jungen Anthros sichtlich peinlich und so konnten sie auch nichts zu ihrer Verteidigung vortragen. Was war denn so schlimm an ihrem Verhalten?

»Ich habe extra gewartet, bis wir drei allein sein würden, obwohl es deinen Vater sicher auch nicht gestört hätte, dass ihr …«, begann die Wölfin.

Eine ungemütliche Pause entstand, in der Joliyad zitterte. Warum konnte er jetzt nicht einfach abhauen? So hatte er sich das alles nicht vorgestellt. Er konnte nicht weg, wollte auch keinen Streit. Ihm war klar, was jetzt kommen würde: Ahma hatte sein Outing angestoßen, obwohl er eigentlich nicht dazu bereit war.

»Dass wir was?«, fragte Amarok ängstlich und durchbrach die Stille.

»Ja, meine Güte, dass ihr schwul seid!«

»Aber das sind wir doch gar nicht!«, rief Amarok aus und Joliyad hatte inzwischen wieder verlegen den Kopf gesenkt.

Ahma seufzte laut und schüttelte ihr Haupt: »Ist ja schon klar. Aber ihr solltet wissen, dass das Lieben des gleichen Geschlechts weder bei den Aras noch bei uns geächtet ist. Glaubt ihr, ich hätte eure Fummel-Spielchen damals nicht ab und zu mitbekommen? Und Amarok, ich möchte gar nicht erst von den Bildern mit der Rüden-Unterwäsche oder anderen Merkwürdigkeiten anfangen.«

Bei den Göttern! Wie peinlich! Für Joliyad war diese Aussage ein schwerer Schock und er spürte, wie ihm Tränen in die Augen schossen.

Was für eine miese Situation. Wie musste Amarok sich jetzt fühlen? Er war ihr Sohn und sie hatte intime Dinge über seine Selbstbefriedigungspraktiken preisgegeben. Woher wusste sie überhaupt davon?

Wieder nahm die Wölfin ihr Glas und sagte mit fester Stimme: »Hebt eure Häupter!«

Doch die beiden Rüden verstanden nicht und bewegten sich kein Stück. Joliyad fühlte diesen inneren Schmerz. Irgendwie tat ihm gerade alles weh und er wollte nur noch versinken. Wäre er lieber in der Schule geblieben.

»Na los!«, forderte sie ruhig, aber bestimmt, und beide erhoben wieder die Köpfe. »Seht ihr?«, begann sie. »Es geht doch! Jetzt fasst euch an den Händen.«

»Was?«, fragte Amarok, dem Heulen sehr nahe.

»Legt eure Hände zusammen auf den Tisch und haltet einander fest, sodass jeder es sehen kann.«

Wäre Ahma nicht so ruhig gewesen, hätte Joliyad geglaubt, sie wolle die beiden nur lächerlich machen. Doch in ihrer Stimme war nicht der Hauch einer Boshaftigkeit. Ihre freundliche, fordernde Dominanz war sehr beeindruckend und typisch für eine Samojedaner-Mutter. Auch, wenn Kako noch nicht wusste, was sie bezweckte, fühlte er, dass sie das, was sie verlangte, nicht böse meinte – im Gegenteil.

Plötzlich griff Amarok vorsichtig die Hand seines Kumpels, zitterte und hielt sie ganz fest, während er sie zusammen über den Tisch führte und auf der Baumscheibe ablegte. Joliyad war zuerst geschockt, wusste aber nicht, was er jetzt tun oder sagen sollte. Sicher erging es dem jungen Wolf nicht anders, doch folgte der dem merkwürdigen Wunsch seiner Mutter, wie es sich für einen Samojedaner-Sohn eben gehörte.

Was war das nur für eine komische Situation?

Lag es am Alkohol?

Was passierte hier eigentlich?

Was auch immer es gewesen sein musste, es bedeutete eine große, fühlbare Veränderung, das wurde Joliyad immer klarer, je länger ihre Hände so dalagen.

Ahma lächelte sanft und legte ihre Hand auf die der beiden Rüden, als sie sagte: »Amarok, mein Sohn, ich möchte, dass du *so* durchs Leben gehst: aufrecht, stolz und selbstbestimmt, ohne Angst und Reue. Und Joliyad: Ich möchte, dass du zu meinem Sohn und deiner Liebe zu ihm stehst. Wenn du ihn liebst, und das tust du, das kann ich fühlen, dann hilf ihm, aufrecht zu sein, so wie er auch dir helfen soll, stolz auf eure Liebe zu sein. Seid ein Beispiel für andere, die nicht daran glauben, dass Füchse und Wölfe miteinander leben und einander lieben können.«

Wieder sahen sich die Rüden an. Aber diesmal fingen sie an zu lächeln und Freudentränen liefen an ihren Gesichtern herunter. Dann blickten sie beide die Mutterwölfin an und erhielten von ihr jeder einen sanften Kuss auf die Stirn. Joliyad verstand nun gar nichts mehr, aber Ahma war so lieb und fürsorglich, dass Amarok stolz sein musste, eine solch tolle Mutter zu haben.

»Ich liebe euch. Und ich will stolz auf euch sein«, sagte sie dann. »Also vergesst nie, was ich euch gesagt habe. Lasst euch nicht unterkriegen und geht euren Weg. Das ist das einzig Wichtige. Joliyad. Du, Jack und ich wollen alle dasselbe: nämlich, dass Amarok glücklich ist. Nur darum geht es.« Dann trank sie den Rest aus ihrem Glas und sagte leise: »Ach ja, das Zimmer neben Amaroks ist leider schon mit Plunder belegt. Wenn du also nichts dagegen hast, kannst du ja bei ihm schlafen, Joliyad.«

»Wirklich?«, fragte der Fuchs erstaunt.

Die Geschichte mit dem Zimmer hatte Ahma sich nur ausgedacht und das Zusammensein der beiden Rüden den ganzen Abend über geplant.

»Hey, ihr seht euch nicht alle Tage. Ihr seid keine Welpen mehr und alt genug. Ihr seid schließlich erwachsen. Macht eure Spielchen, oder was auch immer zwei verliebte Rüden so machen. Das wird schon, lasst es ruhig angehen«, sagte sie. Dann stand sie auf und fügte lächelnd an: »Ach ja, aber bitte nicht so laut. Haltet euch die Schnauzen zu, wenn es euch überkommt. Ihr wisst, was ich meine …« Sie zwinkerte ihnen zu und ging die hölzerne Treppe nach oben ins Schlafzimmer.

So saßen Joliyad und Amarok nun da: sich an den Händen haltend und mit einer halb vollen Flasche Kopa'che.

»Deine Mutter ist wirklich unglaublich! Ich hatte es mir anders vorgestellt, dir meine Zuneigung zu offenbaren«, bemerkte Kako überrascht.

»Oh ja«, bestätigte der Wolf, griff nach der Flasche und kippte die Gläser wieder voll. »Und ich wollte eigentlich nicht, dass jemand von meinen Unterwäschemagazinen erfährt. Aber es ist so. Ich habe kein Interesse an Fähen.«

Dann sahen sie sich glücklich in die Augen und Amarok sagte knapp: »Auf uns.«

Kakodaze konnte diese Situation und sein Glück kaum fassen: Er hatte vorgehabt, sich als schwul zu outen, und war sich der Reaktion Amaroks nicht im Ansatz sicher gewesen. Jetzt stellte sich heraus, dass dieser Rüden ebenfalls anziehend fand. Das war unglaublich!

»Ich hatte keine Ahnung, dass du auf Rüden stehst, Amarok«, meinte Joliyad, doch sein Freund zuckte nur mit den Achseln.

»Ich zuerst auch nicht«, meinte er, »aber ich merkte irgendwann, dass ich mich für Dinge interessierte, die eben nichts mit Weiblichkeit zu tun hatten. Ich erinnerte mich an unsere Spielchen, die wir früher gemacht haben. Was soll ich sagen? Ich bin froh, dass es jetzt gesagt ist und auch, dass du offenbar auch so denkst. Ich finde das schön.«

»Und ich finde es schön, wieder hier bei dir zu sein«, fügte der Fuchs an und trank parallel zu seinem Freund das Glas leer. Danach schüttelte er sich und meinte, er könne heute nichts mehr von dem Gebräu trinken.

»Ich bin auch müde«, pflichtete ihm sein Freund bei. »Lass uns nach oben gehen.« Er stand als erster auf und hielt dabei immer noch die Hand von Joliyad, der ihm bereitwillig die Treppe hinauf bis in sein Zimmer folgte.

Des Fuchses Herz klopfte wieder sehr laut und aufgeregt und er war schon leicht benommen vom Alkohol, doch wusste er, dass Kopa'che nicht der einzige Grund dafür sein konnte, wie er jetzt fühlte.

Die Rüden setzten sich aufs Bett, sahen einander an und lächelten.

»Ich habe dich echt vermisst, Joliyad«, meinte Amarok.

»Ich dich auch. Was für ein merkwürdiger Abend. Ich bin froh, dass sie jetzt davon wissen, wie wir fühlen. Nein, ich bin froh, dass *wir* endlich wissen, wie wir fühlen. Es ist schade, dass ich jetzt immer in diese Akademie muss. Gerne wäre ich länger geblieben, nach all dem heute. Das Ganze dort geht noch fast ein Jahr lang so weiter«, erklärte Kakodaze traurig.

Der Wolf nahm die Hand seines Freundes und legte sie sich auf den Oberschenkel, während er sie streichelte und betrachtete.

»Ich bin auch froh, dass es gesagt ist, wenn es auch peinlich für mich war. Hast du in der Akademie in der kurzen Zeit schon Freunde gefunden?«

»Ja, habe ich: eine Füchsin zum Beispiel. Sie heißt Jeremia und ist sehr nett. Sie ist sogar die Tochter Kardorans, was ich zuerst gar nicht wusste«, erklärte Kakodaze. Jetzt erzählte er seinem Freund auch davon, dass sie zusammen gewesen waren und dies ursprünglich auch hatten bleiben wollen. »Ich habe mit ihr geschlafen«, gestand er.

»Oh«, brachte der Wolfsrüde heraus und wurde nachdenklich.

Dann entstand eine kurze Pause, in der Joliyad überlegte, warum er seinem Freund das erzählte. Doch beschloss er, von Anfang an ehrlich zu sein und keine Geheimnisse vor Amarok zu haben.

Dieser fragte ihn dann: »Hat es dir denn gefallen?«

»Irgendwie schon. Na ja, es war halt neu …«, suchte Joliyad nach den passenden Worten.

»Warum seid ihr dann nicht zusammengeblieben?«

Wieder grübelten beide und Amarok hielt die Hand seines Freundes sehr fest, während der laut seufzte und sich ein Herz fasste: »Ich will aber lieber mit dir zusammen sein! Amarok, ich weiß nicht, was mit mir ist, aber ich musste die ganze Zugfahrt über an dich denken. Ich erinnerte mich an unsere Zeit und begriff, dass ich nichts lieber wollte, als dich wiederzusehen. Ich hätte zu meinen Eltern auf den Hof fahren können, aber ich musste zu dir, um dir zu sagen, was ich empfinde. Ich habe keine Ahnung, woher diese Gefühle auf einmal kommen, aber sie sind da, fühlen sich richtig an.«

Jetzt blickte der Wolf sein Gegenüber an und lächelte zaghaft, ohne aber etwas dazu zu sagen. Doch fühlte er eine Wärme tief in seinem Inneren, welche unsagbar schön war. Selbst seine Aufgeregtheit konnte dieses Gefühl nicht im Ansatz relativieren.

»Ich habe unsere gemeinsame Kindheit nicht vergessen. Ich …«, begann Kako erneut, als Amarok ihm mit der freien Hand sanft hinten am Kopf fasste und diesen streichelte.

»Du musst jetzt nichts mehr sagen«, flüsterte er, denn er hatte verstanden und Joliyad hatte endlich damit begonnen, das auszusprechen, was er die ganze Zeit über fühlte.

»Doch, ich muss. Ich muss endlich Mut zu meiner Wahrheit haben. Ich … ich liebe dich, Amarok!«

Und mit einem Mal spürte der Fuchs, wie ihm eine sehr schwere Last von den Schultern fiel. Ein Knoten platzte und sein Herz drohte zu zerspringen. Er zitterte, rang mit den Tränen, doch nahm er diese große Hürde und überwand sie.

»Du bist so süß, Füchschen. Ich liebe dich auch«, sagte Amarok leise und führte den Kopf des Fuchses zu seinem, bis sich ihre Lefzen trafen und sie damit begannen, sich einen sehr romantischen Kuss zu geben.

Dieser dauerte eine gefühlte Ewigkeit und versetzte sie beide gleichermaßen in einen Zustand, der nur als Trance zu bezeichnen war.

Die Augen geschlossen.

Die jungen Herzen klopfend.

Die Befreiung unterdrückter Gefühle.

Dieses weiche, warme und nasse Gefühl auf den Lefzen, welches vom Atem des anderen untermalt wurde, schien die Ewigkeit in einem kurzen Moment verstreichen zu lassen.

Als der Kuss endete, bemerkte der Wolf: »Welch merkwürdiges Gefühl.«

»Was meinst du?«, fragte Kakodaze.

»Na, einen Rüden zu küssen. Ich meine, ein Mädel aus der Nachbarschaft hatte mir früher mal einen Schmatzer aufgedrückt. Aber das fühlte sich anders an«, erklärte Amarok.

Kakodaze grinste und meinte, er habe das gerade auch als merkwürdig, aber sehr schön empfunden. »Es fühlt sich irgendwie besonders, anders und richtig an. Es ist eine Befreiung, die ich schon immer erleben wollte. Und was sagt dein Körper dir? Ist es gut oder schlecht, einen Rüden zu küssen?«, grinste er dann.

Da sah der Wolf ihn schelmisch lächelnd an und meinte nur: »Frag ihn doch selbst.« Er führte die Hand des Fuchses langsam zu seinem Schritt und legte sie dort flach auf.

Joliyad fühlte, dass Amarok erregt war, und griff sofort zaghaft zu, während er seinem Freund einen weiteren Kuss gab. Dieser seufzte dabei erleichtert. Dann ließen sie sich seitwärts aufs Bett fallen, küssten und streichelten einander sehr aufgeregt.

Es war wie früher, als sie beide den Körper des jeweils anderen erkundeten. Nur waren sie nun reifer, erwachsener, erfahrener und verliebt.

Joliyad kniete sich zitternd über Amarok und zog ihm das Hemd aus. Dann fiel ihm ein, wie eine Mitschülerin im Unterricht über die Muskeln der Samojedaner sinniert hatte. Er streichelte aufgeregt seinen Freund am ganzen Oberkörper und betrachtete dessen weiches, silbergraues Fell. Er sagte leise: »Du bist sehr schön, Amarok.«

»Man soll den Tag nicht vor dem Abend loben«, meinte der verschmitzt, »aber warte, bis du den Rest gesehen hast.«

Kakodaze zog sein Hemd ebenfalls aus, öffnete dann die Hose des Wolfes und zog sie von dessen Beinen. Einen kurzen Moment schaute er den muskulösen Körper seines Freundes in seiner Gesamtheit an, der jetzt nur mit einer Unterhose bekleidet dalag. Der Fuchs legte sich auf den Wolf, um ihn wieder küssen zu können.

Als Amarok dabei Joliyads Hose öffnete und dieser sie sich mitsamt Unterhose herunterstreifte, konnte Kako das Herz seines Freundes laut und schnell schlagen hören. Sie beide waren sehr aufgeregt und wild aufeinander. Ihr Atem zitterte und die Luft schien aufgeheizt.

»Ein bisschen Angst habe ich, denn ich glaube, das wird nicht einfach gegenseitiges Pfoten werden«, bemerkte der Fuchs und Amarok meinte darauf leise: »Ich habe auch Angst, Joliyad.«

Da beruhigte dieser den Wolfsrüden und nahm sanft dessen Kopf zwischen seine Hände. Er lag auf ihm und blickte in ein schönes, ängstlich schauendes Wolfsgesicht. Amarok sah in die dunkelblauen Augen seines Freundes und verliebte sich sofort unsterblich in sie. Sie leuchteten wie tiefblaues Meer, in dem sich der Schein der Kerzen spiegelte, die Ahma aufgestellt hatte.

»Du musst dich nicht fürchten«, raunte der Fuchs liebevoll. »Ich werde nichts tun, was du nicht willst. Ich verspreche es. Für mich ist das auch neu. Lass mich dir helfen.«

Sie tasteten sich zuerst zaghaft, dann immer selbstbewusster aneinander heran und für die beiden Freunde begannen sehr innige, zärtliche Momente, die sie aufgeregt und erleichtert zugleich genossen. Jetzt war alles gesagt, jede Belastung verschwunden. Joliyad war sehr glücklich darüber, dass Amarok tatsächlich genau wie er empfand, und spürte, dass sich auch in dessen Geist Emotionen angestaut hatten, die es zu befreien galt. Immer wieder unterbrachen sie ihr Liebesspiel, atmeten schwer und sahen einander liebevoll an.

»Ich halte es nicht länger aus, Joliyad. Lass es uns beenden, sonst sterbe ich«, erklang die Stimme des Wolfes leise und atemlos. Mit heraushängender Zunge stimmte Joliyad zu und nickte schnell.

»Ja, bitte! Ich möchte das Finale!«, flehte er.

Sie hatten jetzt zwar alle Zeit, aber die Aufregung führte dazu, dass sie nun nicht mehr lange brauchen würden, um endlich ihren Befreiungsschlag zu erleben. Lautes Klappern des Bettes durchdrang die Stille und mischte sich mit dem Stöhnen der Rüden, welches am Ende unisono wurde und das gemeinsame Erreichen des Höhepunktes signalisierte.

Amarok kniete hinter dem jetzt auf allen vieren positionierten Joliyad und hielt seine Hüfte umfasst. Sein Herz klopfte laut und er schnappte nach Luft. Er realisierte langsam, dass er gerade richtigen Sex mit seinem Freund vollzogen hatte. Es war ein großartiges Gefühl der Einheit und Zuneigung.

Sie waren verschmolzen.

Ihre Körper verbunden.

Zwei Seelen vereint.

Als sie wieder zu Atem gekommen waren, scherzte Amarok: »Das Bettlaken muss wohl in die Wäsche.«

Er und Joliyad legten sich erleichtert nebeneinander und kuschelten. Der Fuchs grinste zufrieden und flüsterte: »Ja, aber es war das Schönste, was mir je passiert ist.«

»Hat es denn wehgetan, als ich vorhin von hinten …?«, wollte der Wolf dann wissen.

»Ja, ziemlich.«

»Warum hast du denn nichts gesagt? Dann hätte ich aufgehört«, sprach der Wolfsrüde erschrocken und hatte nun ein schlechtes Gewissen.

Doch Kako lächelte nur sanft und beruhigte ihn: »Das hätte auch mir den Spaß verdorben. Ich mag die Geste, um die es dabei geht. Außerdem würde ich für dich jeden noch so großen Schmerz dieser Welt ertragen, Liebling.«

»Das musst du aber nicht, Süßer.«

»Aber ich würde es, wann immer es nötig wäre. Nur, um mit dir zusammen sein zu können«, erwiderte Joliyad.

Dann drehte er sich auf die Seite und küsste seinen Wolf, nachdem dieser seinen Körper wendete und seinen Hintern gegen den Schritt des anderen Rüden drückte. So konnte er die füchsische Männlichkeit an seinem Po spüren.

»Ich liebe dich, Amarok«, flüsterte Kakodaze, küsste den Nacken seines Freundes und betrachtete versunken dessen plüschiges Fell.

»Ich liebe dich auch, Joliyad«, raunte der Wolf.

»Obwohl wir sehr unterschiedlichen Völkern angehören, glaube ich, dass wir ein tolles Paar abgeben. Das könnten uns die anderen ja mal nachmachen«, sagte Kako, woraufhin beide leise lachten und er seinem Geliebten einen weiteren Kuss auf die Schulter gab.

»Danke, dass du für mich diesen Schmerz des ersten Males ertragen hast, Joliyad«, flüsterte Amarok.

»Nun, dafür übernehme ich beim nächsten Mal aber den aktiven Part. Das muss ja gleichberechtigt sein, oder?«

»Ja, es wird schon etwas Überwindung kosten«, gab der Wolf zu und strich mit der Hand über die Flanken seines Partners. »Aber ich möchte dich natürlich auch gerne spüren.«

»Ja, das machen wir«, bestätigte sein Fuchs, als ihre Streichelbewegungen immer langsamer wurden und sie beide zufrieden lächelnd einschliefen.

Als Kakodaze die Augen öffnete, war es schon längst hell geworden. Er hatte seinen Arm um Amarok gelegt und dieser schnarchte leise. Joliyad hatte leichtes Kopfweh, denn es musste wohl etwas zu viel Kopa'che gewesen sein. Vorsichtig nahm er seinen Arm beiseite und drehte sich auf den Rücken. Amarok drehte sich schlafend auf die andere Seite und sein Geliebter blickte in das unschuldige Wolfsgesicht.

»Wie lieb du bist, wenn du schläfst«, flüsterte er und gab Amarok einen zarten Kuss auf die Lefzen, woraufhin der langsam die Augen öffnete und lächelte.

»Hi, Kako«, säuselte er.

»Guten Morgen, Schatz. Wie geht es dir so?«

Der Wolf blinzelte langsam. »Ich habe leichtes Kopfweh«, raunte er heiser.

»Ich auch. Wie spät ist es denn?«, fragte Kako.

»Weiß nicht. Ich will auch noch gar nicht aufstehen. Ich will lieber mit dir den ganzen Tag im Bett verschlafen.«

Wie auf ein Zeichen linsten beide Rüden unter die Bettdecke.

»Gut, dass das nur die morgendliche Ausbeulung ist«, grinste Amarok, fasste sich an den Schritt und streckte sich.

»Ja, das stimmt. Ich muss mal für kleine Füchse«, meinte Joliyad und sie gingen zusammen ins Bad.

Dort wuschen sie sich und rückten ein paar Fellsträhnen zurecht, wonach sie zurück ins Zimmer gingen und sich gegenseitig ganz sanft die Hosen und Hemden wieder anzogen. Dabei streichelten und betrachteten sie einander aufmerksam.

»Jetzt bei Tageslicht bist du noch schöner, Joliyad. Dieses weiche, glänzende Fell …«, lobte der Wolf, was sein Freund sehr gerne zurückgab.

Sie küssten einander innig und umarmten sich fest, als Joliyad traurig flüsterte: »Leider muss ich heute wieder nach Bolemare. Morgen ist schon wieder Schule.«

Sie setzten sich an den Wohnzimmertisch, auf dem für sie beide jeweils eine kleine Schale voll Obst, ein paar kleine Brote und ein Krug Milch bereitstanden.

»Deine Mutter ist so lieb. Habe ich das denn verdient?«, fragte Joliyad verlegen und erblickte einen gefalteten Zettel in der Mitte des Tischs.

Amarok nahm ihn auf und las daraus vor: »*Guten Morgen, ihr Süßen! Ich hoffe, ihr hattet eine angenehme Nacht zusammen. Also ich hatte das Gefühl, es erging euch nicht schlecht.*«

Jetzt sahen sie sich peinlich berührt in die Augen und der Wolf las weiter: »*Amarok: Das Frühstück habt ihr ja schon gefunden. Ich und Jack lassen das Vieh auf die Weide und wir schauen nach Sturmschäden. Enna ist beim Alten-Klub. Ich hole sie nachher ab. Joliyad soll nicht vergessen, dass er heute schon wieder heimfahren muss! Wenn wir ihn nicht mehr sehen, Grüße ihn von uns.*

Ich habe mich mit deinem Vater über dich und Joliyad unterhalten. Er hat sich sehr gefreut, als er erfahren hat, dass ihr zusammen sein wollt – wirklich! Wir haben dich lieb und werden immer zu dir stehen! Und wir lieben auch dich, Joliyad! Schließlich bist du jetzt unser Schwiegersohn.

Komm gut heim und lerne fleißig. Wenn du Hilfe brauchst, dann melde dich. Wir sind alle für dich da. Immer.«

»Tja«, sagte Amarok dann, »so sind sie eben.«

»Es ist schön, dass sie unsere Gefühle füreinander akzeptieren. Sie sind toll. Und du ebenso«, meinte sein Freund. Kakodaze war gerührt von der Zustimmung, die er und Amarok seitens dessen Eltern erfuhren. Gerne hätte auch er eine so tolle Familie gehabt.

»Ja, das stimmt. Ich hätte gedacht, mein Vater sähe das anders, wegen der Fortpflanzung, des Familienstammbaumes und so.«

Beide setzten sich und aßen.

Nach einer Pause meinte Joliyad traurig: »Ich will gar nicht mehr in die Schule.«

»Aber du musst, Süßer. Es lässt sich nicht ändern. Ich meine, ich kenne euer Bildungssystem nicht, aber es wird schon seinen Grund haben, warum man dort übernachten muss. Außerdem ist die Reise für die tägliche Fahrt zu weit. Mit den Bahnen ist ja auch immer etwas.«

»Ja, das stimmt. Du hast es da besser: Du brauchst nicht zur Schule«, gab Kako zu bedenken.

»Das stimmt schon«, stimmte Amarok zu, »aber dafür bist du auch weit klüger als ich. Bist ja ein Fuchs.«

Da sah Joliyad seinen Freund verständnislos an und fragte ihn, wie er so etwas sagen könne: »Klüger, dümmer. Das sind doch nur Nebensächlichkeiten. Ich liebe dich, mein Schatz, und zwar so, wie du bist. Ich finde nicht, dass du dumm bist. Außerdem gibt es niemanden, der so schnell den Zugang zum InfoCom knacken kann, wie du.«

»Das hast du lieb gesagt«, sprach der Wolf und gab seinem Partner einen sanften Kuss. Das fühlte sich so normal, so natürlich an, wie es auch normal und natürlich schien, dass die Sonne jeden Tag aufs Neue aufging. Es war wunderbar und Amarok wünschte sich, es könnte jeden Tag so sein. Doch er wusste, dass es noch Pflichten gab. Um sich davon abzulenken, scherzte er: »Tja, niemand knackt so schnell ein InfoCom! Und warum? Na, weil ich der Beste auf meinem Gebiet bin. Und es wäre gar selbstzerstörerisch, wenn ich mit Leuten zusammenarbeiten müsste, die unter meinem Niveau sind! Daher habe ich heute meinen hochgeschätzten Mitarbeiter Joliyad eingeladen ...« Dabei hampelte er herum, hob übertrieben seinen Kopf und machte snobistische Handbewegungen, was Kako zum Lachen brachte.

»Ja, so ist es schon besser!«, pflichtete er bei und gab diesmal selbst seinem Freund einen Kuss, als völlig unerwartet eine laute Glocke zu hören war und die beiden unterbrach.

»Verdammt! Es ist schon spät und du musst zur Bahn! Schließlich musst du bis Dsustari zu Fuß gehen«, erschrak Amarok.

»Fährt denn immer noch kein Zug?«, wollte sein Freund wissen und Amarok schüttelte den Kopf.

»Na toll! Ja, dann lass uns mal losgehen, damit ich heute Abend den letzten Zug noch erwische«, empfahl Joliyad.

So tranken sie hastig ihre Milch aus und Amarok schrieb auf den Zettel noch eine kurze Nachricht. »Na gut, gehen wir, Süßer«, sagte er.

Als sie auf dem Weg zur Schnellreise-Station von Dsustari waren, unterhielten die beiden sich über die mögliche Zukunft.

»Wann hast du denn das nächste Mal frei?«, fragte Amarok, während er die Hand seines Freundes hielt und mit ihm schlenderte.

»Ich weiß es gar nicht. Wir werden nicht sehr oft entspannen können, denke ich mal. Außerdem muss ich zwischendurch nach meinen Eltern sehen. Da wird sich einiges an Arbeit angesammelt haben.«

»Lass uns doch mal zusammen zu ihnen fahren«, schlug der Wolf vor, doch Kakodaze wusste nicht, ob das eine gute Idee wäre, da sie es ja schließlich waren, die nicht wollten, dass er Kontakt zu Amarok hielt. Und dann kam noch dazu, dass er schwul war, mit einem Samojedaner …

»Vielleicht ändern sie ja ihre Meinung noch. Sie lieben dich doch. Und ich bin ein Teil von dir. Sehen wir, was kommt.«

Als sie kurz vor Dsustari waren, sagte Amarok plötzlich: »So, bis hier her darf ich dich begleiten, weiter nicht.«

»Was? Warum nicht?«, fragte Kakodaze unverständig.

»Na, das ist das Jukonat Handrili«, bekam er knapp zur Antwort und bohrte nach: »Ja, und?«

»Samojedaner dürfen seit ein paar Tagen kein anderes Jukonat als Tshutpri mehr betreten. Wusstest du das nicht? Seitdem unsere tolle Bürgerwehr in der Nähe von Salijeko die Aras aufgemischt hat. Weißt doch, mein Vater und die anderen lassen sich nicht alles bieten. Vielleicht wollen die Aramerianer jetzt eine Mauer ziehen. Sind halt alles Vollidioten.«

»Was? Ich wusste das gar nicht. Habe auch im Netzwerk des InfoCom nichts weiter dazu lesen können. Wie kann es sein, dass das an mir vorbeigegangen ist?«, fragte Joliyad.

»Nun«, begann sein Freund, »es heißt zwar, dass das Netzwerk präzise, freie und unzensierte Informationen enthält, aber glaubst du ernsthaft daran, dass dem auch so ist?«

»Warum sollte es anders sein? Vielleicht gibt es auch Probleme beim Aktualisieren von Nachrichten.«

Amarok war kein dummer Wolf und bekam genau mit, was um ihn herum vorging. Er wusste, dass etwas nicht stimmte und dass die Aramerianer im Zuge einiger Konfrontationen mit den Wölfen schon einige von ihnen entführt hatten. Der Rüde traute der Regierung Aramerias nicht – besser gesagt, traute er ihr alles zu. »Joliyad, da läuft irgendetwas, was wir beide nicht wissen. Die Luft schmeckt komisch, alle verhalten sich merkwürdig. Ich glaube, mein Vater und seine Truppe haben den Bogen überspannt«, erklärte Amarok seine Sorge.

»Das macht mir Angst, Süßer«, sprach der Fuchs. »Stell dir vor, es würde tatsächlich eine Mauer gebaut. Würden wir uns wiedersehen?«

»Natürlich werden wir das, mein Füchschen«, beschwichtigte sein Freund, »wir müssen halt abwarten und beobachten. Mein Vater teilt mir die Neuigkeiten schon mit. Schließlich haben sie ja auch Abhörmöglichkeiten.«

»Sprich bitte mit ihm, Amarok. Das muss ein Ende haben. Sie sollen Frieden machen, ehe jemand etwas Dummes macht. Beeinflusse ihn.«

»Ich weiß nicht, ob er sich da was sagen lassen wird. Er kann sehr stur sein. Aber ich versuche es, versprochen. Jetzt musst du aber erst mal weiter, sonst schaffst du es heute nicht mehr.«

»Also müssen wir hier schon Lebewohl sagen?«

»Ja, leider ist das so. Ich hoffe, die Situation ändert sich irgendwann wieder. Da müsste mal jemand dem Ara-Boss den Kopf waschen«, meckerte sein Freund.

»Aber wir können doch per InfoCom …«, begann Kakodaze dann und wurde von Amarok unterbrochen: »Nein, wir Samojedaner in Arameria dürfen keine InfoComs haben. Das ist auch wieder so ein Gesetz gegen unsere Freiheit.«

»Das ist ungerecht!«, rief der Fuchs böse.

»Aber es ist so. Wölfe sind die ungewollte, zweite Klasse. Eigentlich sind alle Anthros gleich, aber manche sind eben *gleicher*. Wir können nur hoffen, dass alles einmal anders wird. Aber das haben wir beide nicht zu entscheiden«, erwiderte der Wolf. Schließlich fügte er traurig an: »Dann heißt es jetzt also: Auf Wiedersehen, mein Füchschen.«

Da schossen dem Fuchs Tränen in die Augen und er meinte verzweifelt: »Ich will nicht mehr von dir getrennt sein!«

Jetzt war auch der Wolf dem Weinen nah und nahm seinen Liebhaber mit bebenden Lefzen fest in die Arme, als er sagte: »Alles wird gut, mein Liebling. Wir sehen uns bald wieder. Ich liebe dich! Und jetzt weine bloß nicht, sonst muss ich auch heulen.«

Kakodaze steckte wieder so ein furchtbar großer Kloß im Hals, als er die Umarmung löste, Amarok einen langen Zungenkuss gab und dabei dessen Kopf hielt. »Ich liebe dich auch, Amarok. Bitte warte auf mich, bis ich wiederkomme. Ich tue, was ich kann.«

»Das mache ich auch. Vergiss mich nicht, Joliyad. Wenn wir uns lieben, müssen wir diesen Schmerz ertragen, so sehr er uns auch quält. Und nun geh, es wird Zeit«, sprach der Wolf dann.

Kakodaze nickte und lief noch einige Meter rückwärts, winkte ihm zu und sah dabei sehr traurig aus.

Der Abschied tat beiden Rüden sehr weh: Diesen unglaublichen Schmerz, den der Fuchs nun empfand, hatte er nie zuvor verspürt, auch nicht, als er Jeremia ziehen ließ oder als er von zu Hause fortmusste, um zur Akademie zu gehen. Er dachte nach: Was war der Unterschied zwischen Jeremia und Amarok? Ja, er war ein Rüde. Sein langjähriger Freund. Jeremia war eine Fähe, die keinen Hehl daraus machte, dass es ihr nur um Spaß und Sex ging. Kako wollte Amarok nicht allein lassen, doch er wusste, es gab Dinge, die man heute nicht ändern konnte. Was blieb, war eine Hoffnung: die

Hoffnung, dass sich die Umstände bessern würden und sie beide wieder zusammen sein könnten.

Seinem Freund ging es ebenso: Endlich musste er nichts mehr vor seinen Eltern verstecken, denn sie verstanden nun, warum er sich manchmal anders benahm. Tatsächlich freuten sie sich, ermutigten ihn. Es war schade, dass sie ihre neue Liebe erst so kurz hatten erleben können und schon wieder getrennt wurden. Als dem Wolf Tränen an den Lefzen entlang rannen, winkte er Joliyad nach und musste sich schließlich doch noch zum Fortgehen umdrehen und allein heimgehen.

Eines Tages gingen Amarok und sein Vater auf den Basar der Stadt Gereor, um Saat und Zubehör für ihre Pejakas zu kaufen. Dort herrschte stets reger Betrieb und die Luft war erfüllt von zahlreichen Gesprächen, Feilschereien und Rufen der Marktschreier.

Wölfe waren hier zu finden und Alsatiaten, welche in Harmonie nebeneinander ihre Waren anboten. Die Schäferhunde verkauften ihre selbsthergestellten Produkte, Leder- und Metallwaren, welche weithin über die Grenzen Samojadjas hinaus für ihre Qualität und ihre Einzigartigkeit bekannt waren.

»Ich gehe zum Saatgut-Händler dort hinten. Du kannst dich etwas umsehen, nur geh bitte nicht zu weit weg, falls ich dich bei den Verhandlungen brauche, Amarok«, meinte Jack und sein Sohn nickte.

Als sie sich trennten, lief Amarok an ein paar Ständen vorbei, an denen viele Lederbänder, Halfter und Handwaffen zu verkaufen waren. Stets war man potenziellen Kunden gegenüber höflich, verneigte sich und pries die vermeintlich schönsten Stücke an.

Der Wolf hatte zwar Geld dabei, jedoch kein Interesse an einem Kauf, was er immerzu mit einem zurückhaltenden Kopfschütteln kundtat.

Am letzten Stand einer Reihe lagen metallene Krüge, Ketten und Messer aus und der Rüde blieb stehen, um die Artikel des Verkäufers zu loben. »Sehr gute Arbeiten, die Ihr da anbietet«, sagte er und der Verkäufer, ein Alsatiat mittleren Alters, verneigte sich dankbar.

»Es freut mich«, sagte er, »dass Euch meine Arbeiten gefallen, junger Herr. Seht Euch diese Ketten an. Perfekt zum Halten widerspenstiger Pejakas. Ich garantiere Euch: Noch nie hat ein Vieh sich von Ihnen befreien können. Es hat noch nie Klagen gegeben.«

»Danke«, schüttelte Amarok nur den Kopf, »aber ich möchte nichts kaufen.«

Sein Gegenüber bemerkte, dass der Wolf die ausliegenden Jagdmesser eingehender begutachtete, und versuchte gekonnt, dennoch ein Geschäft aufkommen zu lassen. »Euch gefallen diese Messer wohl«, meinte er und machte eine präsentierende Handbewegung über der Ware. »Nehmt eines in Eure Hand, fühlt seine Wertigkeit.«

Amarok blickte ihn kurz an und tat wie angeboten. Er nahm ein Messer von der Auslage und balancierte es auf einem seiner Finger. »Es hat eine bemerkenswerte Balance. Sehr gute Arbeit. Ihr versteht Euer Handwerk offensichtlich.«

»Danke, junger Herr«, meinte der Hund knicksend.

»Nennt mich Amarok«, bot der Wolf an, was dem Verkäufer die Gesichtszüge entgleiten ließ.

»Oh«, staunte er, »wenn das so ist … Vergesst diesen Schund, Amarok.« Schnell kramte er unter dem Tisch herum, als der Wolfsrüde fragend dreinschaute. »Nehmt dieses Stück hier. Es ist um Weiten besser als alles, was ich sonst verkaufe.«

»Ähm … gut«, meinte Amarok und nahm ihm das Jagdmesser aus der Hand. Er betrachtete es balancierend und war von seiner Güte noch mehr beeindruckt als von der des anderen.

Die Waffe hatte einen braunen Griff aus Holz, welcher mit Klarlack überzogen war und das Sonnenlicht spiegelte. Goldene Nieten hielten eine breite, matte Klinge, in die die Silhouette eines heulenden Wolfskopfes eingeätzt war. Darunter fanden sich die Initialen C. G. in lateinischen Buchstaben.

»C. G.?«, fragte der Wolf.

»Chenerah Gajaze, der Name des Schmiedes, junger Herr. Es ist bei Alsatiaten üblich, dass der Macher seine besten Werke signiert.«

»Und Ihr seid dieser Chenerah Gajaze?«, wollte der Wolf wissen, immer noch versunken das Messer betrachtend.

»So ist es, junger Herr«, sprach der Hund und verbeugte sich erneut.

»Es ist wunderschön und sehr detailreich«, lobte sein Gegenüber und fragte dann nach dem Preis dafür.

Der Schäferhund überlegte nicht lang und meinte, Amarok dürfe es behalten.

»Ihr schenkt mir dieses gute Stück? Das kann ich unmöglich annehmen.«

»Bitte, Amarok, nehmt es. Ich habe genügend andere Messer. Seht es als Geschenk für einen zukünftigen Kunden meines Hauses«, bat der Hund und Amarok nickte irritiert, bedankte sich dann mit einer Verbeugung und wurde von seinem Gegenüber verabschiedet: »Auf ein Wiedersehen, junger Herr. Mögen die Götter Euch segnen.«

Noch immer verblüfft, ging der Wolf zu seinem Vater am Ende des Basars, welcher gerade dabei war, die Lieferung von Saatgut auszuhandeln.

»Da bist du ja!«, freute der sich. »Hast du etwas Brauchbares gefunden, mein Sohn?«

»Nein, Vater. Es war leider nichts dabei«, sprach dieser und verheimlichte die Schenkung, welche sein Vater ohnehin nicht akzeptiert hätte.

Was solche Dinge anging, war Jack sehr eigen: Er meinte immer, dass man sich alles selbst erarbeiten, sich verdienen müsse und nicht von der Laune anderer abhängig sein sollte. Da aber auch Alsatiaten es als Beleidigung ansahen, lehnte man ein Geschenk ab, hätte eine Offenbarung Amaroks nur zu unnötigen Diskussionen und vielleicht zu Streit geführt, weshalb er es dabei bewenden ließ und schwieg.

Er überlegte zuerst, es seinem Freund zu schenken, jedoch stellte er schnell für sich fest, dass eine Waffe sicher nichts für einen zärtlichen Fuchs wie Joliyad wäre, weshalb er dann beschloss, es einfach für Dekorationszwecke einzusetzen.

VII. Chaos im Geiste der Ordnung

In dem Moment, als Joliyad wieder in der Schule ankam, wollte er sich am liebsten in seinem Zimmer einschließen und allein gelassen werden. Die ganze Bahnfahrt über hatte er geweint und wäre liebend gerne während der Reise aus dem Zug gesprungen, um zu Amarok zurückzulaufen. Aber es stimmte schon: Diesen Schmerz mussten die Freunde für eine Weile ertragen. Es lag noch eine ganze Weile Schule vor dem jungen Fuchs und irgendwie musste er es schaffen, geduldig zu sein. Irgendwann gab es zwischendurch die Möglichkeit, den Wolf wiederzusehen.

Während er sich in seinem Zimmer wieder seinem Buch ›TimeFox‹ zuwandte, hörte er im Flur, dass einige andere Schüler wieder zurückkamen. Er konnte viel Gelächter wahrnehmen und war sich sicher, dass sie alle ein schönes Wochenende verbracht hatten. Dann fiel ihm ein: War der vergangene Abend denn nicht auch schön für ihn gewesen? Eigentlich konnte er sich gar nicht beschweren. Das machte ihm neuen Mut. Er seufzte und verließ das Zimmer, um auf dem Gelände der Schule spazieren zu gehen.

Draußen angekommen, kam ihm Jeremia entgegen und rief: »Joliyad! Hey, wie geht's dir?«

»Ach, es geht so«, seufzte er.

»Was ist denn los? War dein Wochenende denn nicht schön? Du warst doch bei Amarok, oder nicht?«

»Ja, aber nun bin ich ja leider wieder hier, verstehst du?«

Jeremia grinste: »Ah, jetzt weiß ich, was los ist.«

»Ach, und was?«, fragte Joliyad.

»Na, du wärst am liebsten noch viel länger bei ihm geblieben, weil dieses Wochenende mehr als nur schön war, richtig?«

»Ja, so ist es«, bestätigte der Rüde traurig und seine Kameradin nahm ihn zärtlich in den Arm.

»Du siehst ihn bestimmt bald wieder«, flüsterte sie und Kako nickte.

»Jeremia! Schatz!«, rief jemand und Kakodaze sah, dass Chucky auf die beiden zukam, während die Füchsin die Umarmung beendete. Jesaya grüßte Joliyad und fragte, ob Jeremia nicht heute mit ihm, Jesaya, essen gehen wolle.

»Schatz?«, fragte Joliyad verwundert und sah seine beiden Schulkameraden an.

Da legte der andere Rüde den Arm um die Füchsin und sagte freudig: »Ja, sie kam am Wochenende zu mir und wir sind jetzt zusammen!«

»Ich hoffe, du bist nicht traurig darüber, Joliyad«, meinte Jeremia fragend und Kako schüttelte den Kopf: »Nein, das ist doch toll. Das freut mich für euch. Aber ich lasse euch jetzt lieber allein. Ich muss viel nachdenken. Wir sehen uns nachher vielleicht noch mal. Bis dann.«

Das frisch verliebte Paar küsste sich, Kakodaze drehte sich um und ging.

Jeremia rief ihm nach: »Danke, Joliyad!«

Er hob nur eine Hand und winkte leicht, ohne sich noch mal umzusehen.

»Er ist wirklich nett. Aber eben noch sehr jung«, sagte die Füchsin zu ihrem Freund und dieser nickte nachdenklich.

Joliyad stellte für sich fest, dass Jeremia wohl wieder jemanden zum Spielen gefunden hatte. Kardoran hatte recht mit allem, was er darüber gesagt hatte: Jeremia liebte es, Rüden zu benutzen und Joliyad stand nun *doch* auf das gleiche Geschlecht, verliebte sich in Amarok. Das war alles sehr verwirrend und der Fuchs wollte sich zum Grübeln in den Gemeinschaftsraum setzen.

Er stellte fest, dass man dort einen Bildschirm aufgestellt hatte. Die Möbel waren alle beiseite gerückt worden und zahlreiche Stühle standen in Reih und Glied vor dem Gerät. Ein paar Füchse schlossen Kabel an den Bildschirm an und brachten große Lautsprecher in Position.

Da entdeckte Kakodaze seinen Lehrer, der sich mit einem anderen Aramerianer unterhielt, ging zu ihm und fragte: »Rado! Was machst du denn hier? Es ist doch erst morgen wieder Unterricht.«

»Hallo Joliyad. Ja, es gibt eine wichtige Mitteilung vom Führer-Quartier. Wir wurden angehalten, es unseren Schülern zu ermöglichen, die Liveübertragung sehen zu können. Nicht alle werden schon zurück sein, aber die, die hier sind, sollen zusehen. Der große, tolle Führer möchte, dass das alle mitbekommen«, erklärte Rado schnell und lief wieder fort.

»Das Kabel gehört da nicht rein! Die Stühle müssen da noch weg!«, rief er, und schien sehr gestresst zu sein.

Einige Füchse rannten umher, als wären sie entweder auf der Flucht, oder eben sehr aufgeregt. Schließlich wollte der

Führer offenbar eine Liveschalte, also sollte er sie bekommen.

Da Joliyad vermutete, dass der Gemeinschaftsraum sicher bald sehr voll werden würde, setzte er sich auf einen günstig platzierten Stuhl, sah den Füchsen bei ihrem Stress zu und wie sie die letzten Vorbereitungen abschlossen.

Dann erfolgte eine Durchsage über Lautsprecher, die überall im Gebäude und auf dem Schulgelände verteilt waren: »An alle Schülerinnen und Schüler unserer Einrichtung! An alle Dozentinnen und Dozenten und das gesamte Schulpersonal! Wir empfangen gleich eine Liveübertragung unseres Führers! Alle werden angehalten, im Gemeinschaftsraum Platz zu nehmen! Wer zu spät kommt, wird nicht mehr in den Raum eingelassen! Beeilung bitte!«

»Oh, das wird eine große Sache«, sagte Joliyad laut zu sich selbst und blickte sich sitzend um.

Der Raum füllte sich stetig: Mehr und mehr Schüler setzten sich auf die Stühle und redeten wild durcheinander.

Als alle saßen und immer noch viel Gerede herrschte, stellte sich ein älterer Fuchs vor den Bildschirm und rief immer wieder: »Ruhe bitte! Ich bitte um Ruhe!« Doch niemand schien wirklich auf den Alten, der der Schuldirektor sein musste, zu hören.

Rado ging nach vorne und nahm dessen Platz ein. Er schrie laut auf: »Ruhe, ihr Mistschweine!«

Plötzliche Stille setzte ein und offenbar traute sich niemand mehr, auch nur einen Laut von sich zu geben.

Rado seufzte und sagte dann: »So Leute … Ich hoffe, es sind alle da. Aus dem Kollegium fehlt niemand. Alle anderen dürfen die Ansage dann von zu Hause aus sehen. Dann schalte ich jetzt mal das Gerät ein. Licht aus, bitte!«

Sofort wurde das Licht gelöscht und als Joliyad sich umsah, bemerkte er Jeremia und Jesaya, die ein paar Reihen hinter ihm saßen. Die Füchsin sah herüber und winkte lächelnd. Kakodaze nickte knapp und drehte sich wieder um.

Auf dem Bildschirm war zuerst nur ein Rednerpult zu erkennen, welches vor mehreren großen Arameria-Flaggen stand. Der Führer selbst war noch nicht zu sehen, woraufhin einige Schüler ungeduldig wurden und wieder anfingen, zu quatschen, was Rado natürlich gar nicht gefiel.

»Ruuuheee! Sonst gibt's gleich was aufs Maul!«, schrie er wieder von irgendwo her und es wurde erneut still.

Prompt tauchte der Führer im Bild auf, als er sich hinter das Pult stellte und mehrere Sekunden lang ernst in die Kamera schaute. Er sagte rein gar nichts und es wirkte, als durchbohrte sein Blick die Menge. Voller Erwartung öffneten viele Füchse im Schulpublikum ihre Schnauzen und waren jetzt ganz still.

»Guten Abend, meine Kinder!«, ertönte es aus den Lautsprechern und Radovan wirkte nachdenklich. Er war angespannt, jedoch nicht nervös oder aufgeregt. Seine tiefe, eindringende Stimme begann eine Erklärung, welche das Leben aller Aramerianer für immer verändern sollte, auch wenn sie sich dessen nicht bewusst sein konnten:

»Wie ihr alle wisst, leben Samojedaner an unserer Ostgrenze im Großraum Tshutpri. Seinerzeit hat mein Vorgänger und Vater das Volk von Samojadja dazu eingeladen, hier gemeinsam mit uns zu leben und von unserer Großherzigkeit zu profitieren.«

›Das ist eine Lüge!‹, dachte Joliyad bei sich, ›Wieso erzählst du denn so einen Mist? Sie sind nicht eingeladen, sondern wohl eher eingesperrt.‹

»Doch leider wurde dort vor einigen Jahren ein Aramerianer von einem Wolf ermordet. Ihr kennt die Geschichte.«

Einige Füchse nickten stumm und Kako konnte es nicht fassen: Er hatte noch nie davon gehört, dass es in der jüngeren Vergangenheit je einen Toten zu beklagen gab. Wer hatte den Füchsen denn diese Geschichte eingetrichtert? Stimmte sie überhaupt? Das durfte alles nicht wahr sein! Er hätte von Kardoran nicht erwartet, dass er so ohne Weiteres log. Der Rüde hatte ernsthafte Zweifel.

»Daraufhin ordnete mein Vater an, dass alle Samojedaner Arameria wieder verlassen sollten. Als Zeichen des guten Willens habe ich in seiner Nachfolge jedoch beschlossen, den Samojedanern Raum zu geben, denn ein paar Tausend von ihnen weigerten sich schlicht und einfach, dieses Land zu verlassen. Ich habe es ihnen also erlaubt, in Tshutpri zu bleiben – und nur dort!

Das funktionierte auch ganz gut, bis sie vor etwa fünf Tagen ein illegales Referendum abhielten, welches die Übernahme des gesamten Jukonats zum Ziel hatte. Sie wollen es also für sich in Anspruch zu nehmen. Da ich diese Vorgehensweise aber nie genehmigt habe, habe ich sogleich die Errichtung einer Sperrzone rund um Tshutpri befohlen.«

Radovan hielt inne und Joliyad ballte die Fäuste. Was war er nur für ein Arsch, der solche Lügen erzählte?

»Dann überlegte ich«, fuhr der Führer fort, »wer wohl alles an dieser illegalen Abstimmung beteiligt gewesen sein konnte. Es konnten nicht nur Wölfe gewesen sein, denn dazu war der Aufruhr zu groß. Lasst euch sagen, dass ich all diejenigen finden werde, die es versucht haben, unseren Staat und unser Volk zu schwächen. Ich werde ein Abweichen zulasten Aramerias niemals dulden! Es ergeht mit dem heutigen Tage der Erlass, alle Widerständler aus unseren und den wölfischen Reihen nach Glodago zu verbringen und sie in Arbeitslager zu internieren. Vorkehrungen hierzu sind bereits getroffen. Wir müssen bereit sein, die Starken und Guten vor Feinden zu schützen und dürfen nicht mehr hinnehmen, dass Staatsfeinde auf Kosten der Gesellschaft leben.«

Die Stille, die nun herrschte, wirkte bedrohlich. Hatte der Herrscher gerade mit der Verfolgung, selbst von Aramerianern, gedroht? Das konnte er nicht ernst meinen.

Er sprach weiter: »Alle Aramerianer haben das Jukonat nach dem Referendum und der Einrichtung der Sperrzone bereits verlassen. Dies war ebenfalls eine sicherheitsorientierte Anordnung von mir persönlich.«

›Sicherheitsorientiert? Wer ist denn dort nicht in Sicherheit? Willst du uns für dumm verkaufen?‹, fragte sich Joliyad.

»Jeder Angehörige unseres Volkes behält jedoch vorerst das Recht, eventuelle Freunde und Bekannte dort zu besuchen. Auf eigene Gefahr. Es *ist* und *bleibt* schließlich unser Boden, unser Land. Wir lassen uns natürlich von niemandem sagen, wo wir hinzugehen haben und welche Plätze wir meiden sollten.«

Die Aussage mit dem Recht auf Besuch … War sie an Kakodaze gerichtet? Er war sich nicht sicher. Da Kardoran aber
auch sehr starrte, fühlte er, dass diese Information speziell
ihm galt.

»Nun hat vor ein paar Tagen ein folgenschweres Ereignis
stattgefunden: Samojedanische Terroristen sind in den
Grenzposten nahe der Stadt Salijeko eingefallen. Etwa 200
unserer Grenzsoldaten wurden getötet, ebenso viele verletzt.
Die Terrorgruppe war mit schweren Waffen ausgestattet,
welche sie nur durch Verbindungen zum eigenen Volk jenseits des Meeres erlangen konnten.«

Während der Führer diesen Satz sagte, vermutete Joliyad
wieder sehr stark, dass er log. Der junge Rüde erschrak: Wie
konnten die Samojedaner denn an schwere Waffen kommen? Sie lebten sehr ländlich, fast ärmlich und hätten eher
Mistgabeln und Hämmer zur Hand gehabt. Schwere Waffen
– das war doch lächerlich!

›Zweihundert Tote? Was für ein Schwachsinn!‹, dachte er
und wusste, dass er sich zurückhalten musste, auch wenn es
schwerfiel. Zu schnell würde man ihn als Staatsfeind oder
Verschwörungstheoretiker betrachten. Vielleicht sogar als
Kollaborateur, da er offen zugab, dort einen guten Freund
zu haben und die Samojedaner zu schätzen. Hätte er das,
was er jetzt dachte, laut ausgesprochen, hätte das ein böses
Ende genommen.

»Ich gehe also davon aus, dass die Samojedaner damit unserem Reich den Krieg erklärt haben«, sprach Kardoran weiter. »Deshalb habe ich beschlossen, das Kriegsrecht über das
gesamte Jukonat Tshutpri zu verhängen.«

Jetzt erschrak das ganze Publikum. Kakodaze sah sich um und konnte sehen, wie mehrere von ihnen sich aneinander festhielten und wieder andere sogar Tränen in den Augen hatten. Eine solche Anordnung, das Kriegsrecht, hatte es schon sehr lange nicht mehr gegeben. Es bedeutete komplette Abschottung eines Teils des Reiches, worauf sich in der dunklen Vergangenheit stets Versuche angeschlossen hatten, ethnische Säuberungen durchzuführen.

Joliyad war fassungslos darüber, dass Kardoran viele offensichtliche Lügen verbreitete und so drakonisch handelte.

»Das Kriegsrecht gilt vorerst nur für Tshutpri. Das bedeutet, dass ich militärische Kräfte einsetzen werde, um im Namen unseres Volkes für Ordnung zu sorgen. Die Offensive startet in Kürze. Meine Kinder, sorgt euch nicht! So die Götter wollen, werden wir den Tod unserer tapferen Mitfüchse rächen und bald wieder in Frieden und ohne die terroristische Bedrohung durch die Samojedaner leben können. Gehen sie nicht freiwillig nach Hause, treten wir ihnen in den Arsch! Mehr gibt es dazu nicht zu sagen. Danke für eure Aufmerksamkeit! Für Arameria!«

Dann trat der Führer vom Pult zurück und das Bild wurde wieder schwarz.

»Licht an!«, befahl Rado und das Licht blendete die Schüler. »So«, sagte der Lehrer laut, »jetzt kennen wir also die Lage. Ich möchte, ebenso wie der Big Boss, dass ihr keine Angst habt. Legt euch schlafen und kommt zur Ruhe. Wir ziehen uns zur Beratung zurück. Morgen ist wieder Unterricht. Wir reden dann in den jeweiligen Klassen darüber. Au-

ßerdem möchte ich im Namen der Schulleitung darauf hin-
weisen, dass sich heute Abend niemand mehr außerhalb des
Schulgebäudes aufhalten darf. Das komplette Lehrerkolle-
gium wird hier vor Ort sein. Es besteht also kein Grund zur
Sorge. Gute Nacht!«

Dann verließ Perteriza mit den anderen Lehrkräften den
Raum und sofort begannen die Schüler, vollkommen schockiert und fassungslos miteinander zu diskutieren, als sie
nach und nach ebenfalls fortgingen. Kakodaze blieb noch auf
seinem Stuhl sitzen und dachte erschüttert nach: Was hatte
Kardoran gerade gesagt? Kriegsrecht? In ganz Tshutpri? Warum tat er das und was würde das für Auswirkungen auf
Aramerianer und Samojedaner haben?

»Oh nein!«, rief der Rüde laut und musste sofort an Amarok und seine Familie denken: Wussten sie davon? Würde
man ihnen denn überhaupt etwas sagen?

Schnell rannte er zum Lehrerzimmer im Flur, klopfte hastig an die Tür und betrat den Raum, ohne erst auf Antwort
zu warten. »Rado! Ich muss weg! Amarok … äh, mein
Freund … Ich muss ihm helfen!«, stotterte er, völlig außer
Atem.

»Beruhige dich, Joliyad!«, sagte Rado, als die anderen Lehrer nur überrascht dreinschauten. »Die Tür ist schon abge-
schlossen. Es ist spät. Geh auf dein Zimmer«, sagte er weiter,
»und wir reden morgen über alles.«

»Nein! Ihr versteht nicht. Ich muss jetzt zu ihm, bitte!«, rief
Kako verzweifelt.

»Mach dir bitte keine Sorgen. Wir werden …«, begann sein
Lehrer.

Doch der junge Fuchs verstand, dass man ihn nicht gehen lassen wollte und schrie: »Ich muss! Bitte! Lasst mich gehen! Macht die verdammte Eingangstür auf!«

Da blickte Perteriza zur Lehrergruppe und nickte zweien von ihnen zu. Sie kamen dann auf den jungen Rüden zu und versuchten ihn festzuhalten, worauf er sich heftig mit Händen und Pfoten wehrte. Immer wieder schrie er: »Nein, lasst mich gehen! Lasst mich in Ruhe! Ich muss weg von hier!« Er war völlig außer Kontrolle und schrie, so laut er konnte.

Rado holte eilig aus einem großen Metallschrank eine Spritze mit einer klaren Flüssigkeit darin und sagte zu den anderen: »Zieht ihm den Ärmel hoch! Schneller!«

Die Lehrer folgten, während dieser immer wieder trat, schlug und schrie. »Was ist denn mit dem los?«, fragte einer von ihnen.

»Er hat einen Freund in Salijeko«, eröffnete Rado und ein betroffenes »Ach du Schande« entfloh einem Kollegen.

»Wir dürfen nicht zulassen, dass er hier eine Panik auslöst. Schließt die Tür. Wir stellen ihn ruhig.«

Eine Dozentin lief zur Tür und schloss ab, als Rado sich über seinen Schüler beugte, die Spritze an dessen Unterarm ansetzte und ihm deren Inhalt verabreichte.

»Rado! Warum?«, rief Kakodaze verzweifelt.

»Alles ist gut! Beruhige dich, Joliyad«, sagte er, als die Gegenwehr des Schülers immer schwächer wurde.

Alles verschwamm vor Kakos Augen und er fühlte sich plötzlich unendlich müde und schlaff. Überall hatte er ein

Taubheitsgefühl und die Stimmen der anderen Füchse klangen verzerrt, waren nur bruchstückhaft zu verstehen: »Haben Sie denn die richtige Dosis?«

»Egal ... Dreht einer durch, machen alle anderen das bald auch! Wollen Sie eine Panik? Nein? Ich auch nicht!«

»Was machen wir jetzt mit ihm?«

»Legt ihn hier auf eine Liege. Rado, du bleibst über Nacht bei ihm! Wenn er draufgeht, lass dir irgendwas einfallen.«

Joliyads Muskeln erschlafften nun vollständig und er wurde von zwei Lehrern getragen, da er nicht mehr stehen konnte. Sein Kopf hing nach unten und Speichel tropfte aus seiner geöffneten Schnauze. Er konnte nicht mehr, schloss die Augen und alles um ihn herum verschwand.

Der letzte Gedanke, der ihm durch den Kopf ging, war die Stimme der Mutterwölfin Eria, die sagte: »Die einzige Wahrheit dieser Welt liegt in ihrer Stille.«

»Hallo Joliyad!«

Kakodaze öffnete die Augen und war von tiefschwarzer Dunkelheit umgeben. Er schien in einem luftleeren Raum zu stehen, spürte aber keinen Boden unter den Pfoten. Es fühlte sich an wie in dem Traum, den er vor einiger Zeit hatte.

»Wo bin ich?«, fragte er.

Es erschien ein Anthro-Wesen vor ihm, welches allem Anschein nach kein Fuchs, sondern irgendeine Art Hund sein musste. Der Schüler erinnerte sich, dass er diesen bereits in seinem damaligen Traum gesehen hatte.

»Wer oder was bist du?«, fragte er verstört.

»Ich bin Chenerah Gajaze. Und wie du unschwer erkennen kannst, bin ich ein Schäferhund, ein Canide«, lächelte Joliyads Gegenüber und verneigte sich kurz.

»Ein Schäferhund?«, fragte der Fuchs unverständig.

»Oh«, begann dieser, »damit kannst du natürlich wenig anfangen. Verzeih mir. Ich bin ein Alsatiat, ein Schäferhund. Canis Alsatiani, wie man auf diesem Planeten so sagt.«

Kakodaze musterte sein Gegenüber: Gajaze war ein Anthro, der etwa so groß wie er war und kurzes, mittelbraunes Fell hatte. Er war mit einer schwarzen Hose bekleidet, die an ihren Beinen zahlreiche breite Lederriemen aufwies, welche jeweils eine Art Messer festhielten. Er trug einen Dolchgürtel, aus dem unterschiedlich lange Klingen ragten. Der Hund war sehr stattlich und sein Körper war proportional und schlank. Sein Oberkörper trug eine schwarze Panzerung, die mit zahlreichen metallenen Wolfsköpfen verziert war, bei denen dem Fuchs jedoch nicht so recht klar war, wozu er diese denn eigentlich brauchte.

»Jetzt verstehe ich. Und du bist wirklich Chenerah Gajaze, der Autor von ›TimeFox‹? Der, der die Fuchsstatue für Bolemare gestiftet hat?«, fragte Joliyad.

»Genau der bin ich. Weißt du denn auch, was dir passiert ist?«

»Nein«, grübelte der Fuchs, »ich kann mich nur noch daran erinnern, wie ich ins Lehrerzimmer ging. Ich wollte zurück zu Amarok, meinem Freund, um ihn zu retten. Mehr weiß ich leider nicht. Wo bin ich hier?«

»Rado und die anderen Lehrer haben dir eine Droge injiziert, um dich ruhig zu stellen. Sie haben es leider etwas übertrieben, worüber ich allerdings durchaus glücklich bin, denn immerhin können wir uns so etwas unterhalten.«, meinte der Hund, dessen tiefe, männliche Stimme noch eindringlicher klang als die von Kardoran.

»Demnach bist du also nur ein Produkt meiner Fantasie?«, fragte der Jüngling und dachte nun daran, dass auch diese Begegnung mit dem Hund nur ein Traum sein musste.

»Na ja, ich bin ein Teil deines Unterbewusstseins. Sagen wir, es ist andersherum: *Du* bist ein Teil *meiner* Fantasie. Und jetzt, da du tief schläfst, dachte ich mir, ich besuche dich mal. Wo du hier bist, ist das Überall und Nirgendwo, eine Zwischenwelt«, lächelte Chenerah.

»Ich habe erst kürzlich von dir geträumt. War das also auch nur ein ›Besuch‹?«

»Nein, da musst du tatsächlich einen einfachen Traum gehabt haben. Ich hoffe, es war was Nettes und ich habe währenddessen nichts Dummes angestellt.«

»Das nicht«, erklärte der Jüngere, »aber du hast wirres Zeug geredet. Es ist aber nicht der Rede wert. Und wann wache ich diesmal wieder auf? Es ist doch auch diesmal wieder ein Traum, oder?«

»Aber, aber … Möchtest du mich denn schon wieder loswerden, Fuchs?«

»Nein, so war das nicht gemeint. Natürlich möchte ich dich nicht loswerden. Ich fühle mich verwirrt und weiß nicht so recht, was jetzt real ist«, entschuldigte Joliyad sich.

»Das hier ist nicht wirklich ein Traum. Allerdings ist es schwierig zu erklären, wie das Ganze hier funktioniert. Du würdest mir nicht glauben. Lassen wir das also«, erklärte der

Hund. »Ich bin der Ispocetka, der Anfang von allem – und natürlich irgendwann auch das Ende. Der Ispocetka ist dir sicher bekannt als der Ursprungspunkt, an dem Aram und Eria lebten. Und ich bin eben der Ursprung von allem, was ist, was war, was sein wird.«

»Was bedeutet das? Und was heißt hier, ich bin Teil deiner Fantasie?«, fragte Joliyad. »Hör mal, ich habe für Rätsel nicht die Zeit. Ich muss Amarok helfen!«

»Bleib ruhig, Kleiner«, beruhigte Gajaze ihn, »alles zu seiner Zeit. Du, Kardoran, Rado und die anderen Aramerianer seid alle Teil meiner Fantasie. Ich selbst liege, wie auch du gerade, im Koma. Wir werden zwar beide aufwachen, aber im Gegensatz zu dir werde ich danach wohl nicht einfach rumlaufen und alles wird gut.«

»Bedeutet das, dass du sterben wirst und jetzt noch schnell versuchst, dich mitzuteilen?«, wollte der Fuchs wissen.

»So ist es«, bestätigte Gajaze. »Und gerade jetzt ist einer der sehr seltenen Momente, in denen ich zu dir sprechen kann. Sonst ist es leider immer zu laut in unseren beiden Welten. Ihr seid mir so unheimlich wichtig, weißt du?«

»Was sollen diese rätselhaften Aussagen? Was heißt wichtig? Warum hat Eria mir von dir in unserem Gespräch nichts erzählt?«, fragte Kakodaze böse. »Sie weiß doch eigentlich alles.«

»Weil Eria, genau wie Aram, auch nur ein Teil meiner Fantasie ist. Sie kann mich gar nicht kennen, weil ich ihr sage, was sie wissen darf, wer sie sein soll und was sie zu tun hat. Ich lenke sie. Verstehst du?«

»So ein Blödsinn! Lass mich in Ruhe damit! Du scheinst ein armer Irrer zu sein. Muss an den Drogen liegen, dass ich mir das einbilde. Mein Geist spielt mir einen Streich. Hau ab und lass mich aufwachen, damit ich zu Amarok fahren kann!«, herrschte Kakodaze.

»Nun«, meinte der Hund, »du wirst nach dem Aufwachen feststellen, dass du fast einen ganzen Monat lang geschlafen hast. Die Dosis, die Rado dir gegeben hat, war viel zu hoch. Er wollte das zwar nicht, aber er hätte dich damit fast umgebracht. Du wirst sehr lange brauchen, um wieder aufzuwachen. Es tut mir leid.«

»Was? Ich werde also zu spät kommen, um Amarok zu helfen? Nein, ich glaube dir nicht!«, rief Joliyad verzweifelt. Das durfte nicht passieren, denn immerhin stand ein Krieg der beiden Nationen unmittelbar bevor! Wie konnte ihm das Leben nur so übel mitspielen? Das war ungerecht und hart. Was sollte nun passieren?

»Deinem Freund wird nichts geschehen. Das verspreche ich dir. Zugegeben, er wird vielleicht etwas bestürzt sein, dass du nicht sofort kommen konntest, aber er wird dich verstehen. Er wird viel eher froh darüber sein, dass du ihn gefunden haben wirst. Und dann wird er nicht mehr nur ein Liebhaber oder Freund für dich sein, sondern gar ein Gefährte«, prophezeite Chenerah und wirkte dabei sehr selbstbewusst.

Plötzlich durchzuckte ein starker Schmerz Joliyads Körper. Er krümmte sich und fasste sich an die Brust. »Aua! Verdammt, was ist das denn?«, fragte er verkrampft und biss die Zähne aufeinander. Wieder schockte ihn ein Schmerz. Alles bebte und sein Blick trübte sich. Er fiel auf die Knie und presste für einen Moment die Augenlider zusammen. Es fühlte sich an, als durchbohrte jemand seinen Brustkorb.

»Sie haben dich gerade wiederbelebt … Ist nichts Besonderes«, beschwichtigte der Hund.

»Nichts Besonderes? Weißt du, wie weh das tut?«

»Ich kann es mir nur entfernt vorstellen. Aber Glückwunsch, du lebst noch«, sprach der Hund unbeeindruckt.

Kako richtete sich langsam wieder auf und nutzte die Gelegenheit, sein Gegenüber von den Schuhen an zu mustern und bemerkte jetzt, dass das, was der da anhatte, eine Art schwarze Rüstung sein musste. Dazu hatte er ein breites, schwarzes Halsband um, auf dem silberne Hundeköpfe glänzten.

»Was trägst du da um deinen Hals?«, fragte der Fuchs.

»Du meinst das Halsband? Nun, das ist das Symbol für Freiheit und Einzigartigkeit. Die Menschen nutzen diese Dinger, um ihre Haushunde zu unterjochen, doch ich verbinde damit *exakt* gegenteilige Dinge. Es steht auch für das Chaos, welches im Geiste der Ordnung besteht. Es zeigt mein Ansinnen, meine Ideen und Träume«, erklärte Gajaze.

»Bist du ein Soldat oder so was? Du siehst aus, als kämpftest du viel«, löcherte Kakodaze weiter.

Der Hund grinste nur und meinte: »Du kannst es natürlich auch so nennen. Während meines Komas habe ich alle Freiheit, so auszusehen, wie es meinem gefühlten Ideal entspricht. Ich kann sein, wer immer ich sein möchte. Und so, wie ich nun vor dir stehe, empfinde ich mich gerade als ideal.«

»Soll das heißen, du siehst eigentlich ganz anders aus?«

»Oh ja! Genau genommen bin ich eigentlich nicht mal ein Schäferhund, weißt du?«

»Was soll dieses dumme Rätsel denn nun schon wieder?«, fragte der Fuchs genervt.

Er bekam nur ein Angebot zur Antwort: »Wenn du magst, können wir mal zu mir an mein Krankenbett auf Gaja gehen. Wir haben schließlich noch etwas Zeit.«

»Na gut. Ich meine, schaden kann es nicht. Vielleicht kommt dann etwas Licht ins Dunkel«, stimmte Kako zu, obwohl er insgeheim noch immer glaubte, dieser komische Hund könne nicht ganz bei Verstand sein.

»Sehr gute Entscheidung und eine passende Metapher«, lobte Gajaze. »Könnte von mir sein – aber ist sie ja ohnehin.«

Joliyad blinzelte und fand sich plötzlich in einem Krankenzimmer wieder: Herzrhythmus-Töne waren zu hören und eine Beatmungsmaschine blies fortwährend ihren Ballon auf. Alles war sehr hell, weiß und steril – ein sehr kalter, unnatürlicher Ort, der eher Unbehagen auslöste. Mit großen Augen erblickte der Fuchsrüde ein Bett, auf dem ein menschliches Wesen lag, welches an zahlreichen Schläuchen hing. Was war ihm passiert? Wer war er?

Der geheimnisvolle Schäferhund stand neben dem Rüden und blickte traurig in Richtung Bett, als er sagte: »Geh zu ihm, Joliyad.«

Kakodaze nickte, ging mit ernstem Gesichtsausdruck langsam zum Bett und betrachtete den Menschen, der so aussah, als würde er seelenruhig schlafen.

»Ich habe noch nie einen Menschen gesehen. Ich meine, nicht in echt. Es gibt nur Geschichten über sie«, sagte er leise und tippte zaghaft mit seinem Zeigefinger an die Wange des Schlafenden, der sich jedoch nicht rührte.

»Menschen sind nicht besonders schön, wie ich finde. Nicht so wie Anthros. Leider ist das, was du da siehst, meine menschliche Gestalt«, erklärte der Hund.

»Leider?«

»Ich mochte sie nie. Wenn du mich fragst, könnte ich auf ewig im Koma liegen. Dann würde ich immer dieser sexy Hund sein«, sprach Chenerah und lachte.

Kakodaze dachte kurz nach und strich vorsichtig durch das blonde Haar des jungen Mannes.

»Das bist also du? Kein Hund, sondern ein Mensch?«

»Ja.«

»Und du liegst im Koma und wirst bald sterben? Warum? Was ist dir denn passiert?«, fragte Joliyad traurig.

»Sag mir, ob du gerade irgendeinen Hass auf Menschen empfindest, Joliyad«, befahl der Schäferhund.

»Nein. Merkwürdigerweise empfinde ich gerade nur Mitleid und eine Art Schmerz. Man hat es mich in der Kindheit gelehrt, den Menschen zu fürchten und zu verachten, aber ich sehe keinen Anlass, so zu denken, wie man es mir vorschreibt«, gestand der Fuchs, was Chenerah sichtlich freute.

»Das ist schön«, sagte er. »Meine menschliche Hülle stirbt, weil ich darauf hingearbeitet habe. Ich wollte es so. Immer habe ich meinen Körper benutzt, ihn ausgebeutet. Zugegeben, ich hätte mir einen schnelleren Tod gewünscht.«

»Aber warum? Kann man denn sterben *wollen*? Und warum schwirrst du jetzt hier in meinen Gedanken als ein Schäferhund-Soldat herum?«, unterbrach Kako.

»Warum ich sterbe, kann ich dir jetzt noch nicht sagen. Dazu musst du erst *mehr* sehen lernen.«

Da schoss dem Fuchs ein Gedanke durch den Kopf: Eria und auch Kardoran hatten zu ihm gesagt: ›Schön, dass du jetzt sehen kannst‹. Aber was bedeutete das eigentlich?

»Warum ich als Hybridwesen erscheine? Das ist wiederum ganz einfach: Ich habe mir eine Gestalt ausgesucht, die mir besser gefällt, als meine angeborene. Außerdem ist diese Erscheinung bestimmt angenehmer für dich«, erzählte Gajaze weiter, »denn du kannst sie besser verarbeiten und nachempfinden. Die beste Lösung für uns beide.«

Nach einer kurzen, nachdenklichen Pause sagte er dann: »Komm mit, Joliyad. Ich zeige dir noch etwas.«

Kakodaze drehte sich um und fand sich plötzlich, zusammen mit Chenerah, in einem kleinen Zimmer wieder. Ein junger Mann mit Brille und blondem, kurzem Haar saß an einem Schreibtisch, auf dem ein Bildschirm stand. Der Mensch tippte auf einer Tastatur herum und pausierte immer wieder, um das, was er tippte, noch einmal nachzulesen. In einem Aschenbecher qualmte eine Zigarette und eine halb volle Tasse Kaffee stand auf dem Schreibtisch.

»Er kann uns weder sehen noch hören«, meinte der ältere Rüde.

»Ist das nicht der Typ aus dem Krankenhaus? Ich meine, bist du das in menschlicher Gestalt?«, wollte Kako wissen und Gajaze nickte still.

»Zu diesem Zeitpunkt, an dem wir uns jetzt befinden, bin ich 32 Jahre alt und, wie man sehen kann, völlig versunken in dem, was ich da tue.«

»Und *was* tust du da?«

»Ich schreibe ein Buch, eine Geschichte, deine Geschichte, eure Geschichte, Joliyad.«

Kakodaze war irritiert und blickte ernst und interessiert, als er fragte: »Und wo sind wir?«

»Bei mir zu Hause. Auf Gaja, der Erde der Menschen. Der Text auf dem Bildschirm ist auf Deutsch geschrieben. Diese Sprache leitet sich übrigens vom Lateinischen ab. Und Latein hast du in deiner Grundausbildung lernen dürfen. Du warst ziemlich gut darin.«

»Das war ich, doch ob es mir in meinem Leben nützt, werden wir wohl später noch sehen«, sprach Kako und beugte sich über die Schulter des Menschen, der tatsächlich Chenerah Gajaze sein musste, da er das gleiche Halsband wie sein Begleiter trug. Der Fuchs stellte erschrocken fest, dass der letzte Absatz beinhaltete, was gerade eben passiert war:

Kakodaze drehte sich um und fand sich plötzlich, zusammen mit Chenerah, in einem kleinen Zimmer wieder. Ein junger Mann mit Brille und blondem, kurzem Haar saß an einem Schreibtisch, auf dem ein Bildschirm stand. Der Mensch tippte auf einer Tastatur herum und pausierte immer wieder, um das, was er tippte, noch einmal nachzulesen. In einem Aschenbecher qualmte eine Zigarette und eine halb volle Tasse Kaffee stand auf dem Schreibtisch.

»Er kann uns weder sehen noch hören«, meinte der ältere Rüde.

»Ist das nicht der Typ aus dem Krankenhaus? Ich meine, bist du das in menschlicher Gestalt?«, wollte Kako wissen und Gajaze nickte still.

»Zu diesem Zeitpunkt, an dem wir uns jetzt befinden, bin ich 32 Jahre alt und, wie man sehen kann, völlig versunken in dem, was ich da tue.«

»Und was tust du da?«

Schnell schreckte der Fuchs zurück und rief: »Was ist das denn wieder für ein Zauber? Willst du mich etwa verarschen, Chenerah? Das kann es gar nicht geben!« Er konnte es gerade nicht fassen: Alles, was gerade passiert war, stand dort, so als wäre es eine Prophezeiung, welche sich automatisch erfüllte. Alles, was war, hatte sich dieser Mensch bereits ausgedacht und abgetippt.

»Ich sage doch: Er ist, beziehungsweise ich bin, der Schöpfer deiner Geschichte. Und zufällig beobachten wir gerade, wie diese Zeilen entstehen, die uns in diesem Moment widerfahren.«

Joliyad stellte sich neben den sitzenden Mann und las erneut mit: Alles, was er und Chenerah gerade gesagt hatten, stand plötzlich auf seinem Bildschirm.

»Das kann es nicht geben!«, stockte dem Fuchs der Atem, als er schockiert seinen hündischen Begleiter ansah.

Dieser aber grinste nur und meinte: »Aber so ist es.«

Der Fuchsrüde sah sich in dem kleinen Raum um: Ein Bett und eine Schrankwand standen da und ein paar ausgedruckte Bilder hingen über der Schlafstätte des Mannes, der unbeirrt tippte und immer mal wieder zum Bildschirm aufsah oder an seiner Zigarette zog. Der Fuchs betrachtete die Zeichnungen, welche alle hundeartige Anthros zeigten, welche sehr intime Dinge miteinander taten und merkwürdige Spielarten auslebten.

»Der ist ja komisch drauf«, flachste Kako.

»Was meinst du denn, wie ich drauf bin, wenn ich haarklein beschreiben kann, wie du mit Jeremia und Amarok Sex hast?«, stichelte der Schäferhund und grinste süffisant.

»Ach du Schande!«, entfloh es dem Fuchs. »Du meinst also … Du weißt davon?«, fragte er und sperrte die Schnauze auf.

»Oh ja, und all diese Dinge zu schreiben war sehr erregend für mich, musst du wissen«, lächelte sein Begleiter. »Allerdings habe ich mich später dazu entschlossen, die Passagen wieder zu entfernen, damit das Buch nicht zu sexorientiert rüberkommt. Dies hier ist die Vergangenheit, nicht die Gegenwart. Zusätzlich befinden wir uns auf Gaja. Du siehst also, dass verschiedene Zeiten an verschiedenen Orten gleichzeitig ablaufen können. Da staunst du, was?«

»Oh Mann! Du schreibst über gleichgeschlechtlichen Sex zwischen andersartigen Wesen. Rüden. Du bist krank! Irgendwie verstehe ich gar nichts mehr«, seufzte Kako und blickte durch die verglaste Tür der Schrankwand. Er entdeckte einen geschliffenen, braun gemusterten Speckstein, auf dem ein aramerianisches Symbol zu sehen war. Drumherum konnte er aramerianische Letter erkennen, die die Worte ›Ispocetka Arameria‹ bildeten.

»Der Ursprungspunkt von Arameria?«, wunderte sich Joliyad und sah seinen Begleiter fragend an.

Er erblickte dann ein Jagdmesser, in welches ein Wolfskopf geätzt war.

»Sieh mal, was auf der Schrankwand-Mitte steht, Joliyad«, sagte Chenerah mit verschränkten Armen und deutete mit seinem Blick auf zwei Figuren: einen sitzenden Fuchs, der goldfarben war und eine silberne, auf vier Pfoten stehende Wölfin.

»Aram und Eria«, sagten beide Rüden gleichzeitig.

Als Kakodaze zu einem kleinen Regal ging, welches fast unmittelbar neben dem Menschen an der Wand hing, berührte er den jungen Mann mit seinem Schenkel. Dieser schien jedoch nichts davon zu merken und tippte weiter.

»Irgendwie unheimlich«, meinte Joliyad und las laut die Titel einiger Bücher vor, die im Regal standen: »Der Deutsche Schäferhund, Der unverstandene Hund, Naturführer Hunde … Was ist das alles für Zeug?«

»Das war meine Hobbylektüre zu dieser Zeit. Ich hatte schließlich einen eigenen Hund. Ich meine, einen Erden-Hund«, antwortete Gajaze.

»Lass mich raten: einen Schäferhund?«

»Kluger Fuchs, du hast recht«, lobte Chenerah und wieder fiel es Joliyad wie Schuppen von den Augen, als er sich daran erinnerte, dass Jeremia ihm neulich gesagt hatte, Kardoran besäße Schäferhunde und Huskys. Was bedeutete diese seltsame Gleichheit?

»Hast du das Bild neben dem Regal gesehen?«, fragte Gajaze und der Schüler entdeckte ein gerahmtes Bildnis, welches einen Fuchs-Anthro zeigte.

»Wer ist denn das? Ich dachte, es gäbe auf Gaja keine Anthros!?«, wollte er wissen.

»Das ist Fox McCloud. Er war damals mein absoluter Lieblingsfuchs, mein Idol«, erklärte der Hund.

»Das ist doch die Figur vom Brunnen im Park in Bolemare!«, staunte Kako.

»Ja.«

»Und wer ist er? Ich kenne ihn nicht.«

»Er ist eine Videospiel-Figur und eben auch der Grund, weshalb ich die Geschichte ›Vulpes Lupus Canis‹ überhaupt geschrieben habe. Ich tat es aus Liebe zu ihm.«

»Was ist ein Videospiel?«, fragte Joliyad.

»Es würde zu lange dauern, dir jetzt alles haarklein zu erklären«, meinte Gajaze. »Wissen musst du nur, dass das, was ich dir gesagt habe, wahr ist. Was du hier siehst, ist fast drei Jahre her. Mit 32 habe ich also das Buch geschrieben, um mit 35 dann zu sterben und meine menschliche Hülle abzulegen.«

Es schossen dem Fuchs Bilder durch den Kopf, welche ihm die vielen Verbindungen zwischen Chenerah Gajaze, ihm und seiner Welt zeigten: Aram und Eria, der Ursprung Aramerias, Fox McCloud als Statue, gestiftet von Chenerah, gleichzeitig sein Lieblingsfuchs …

»Aber«, grübelte der Jüngere, »das soll heißen, ich und alle anderen Aramerianer, Amarok und seine Familie … Wir alle sind nur ein Produkt deiner Fantasie und nicht echt? Wir existieren gar nicht?«

»Doch, das tut ihr. Obwohl die Existenz von Leben sich grundsätzlich schließlich nicht wirklich beweisen lässt«, beruhigte Chenerah ihn und tippte mit einem Finger an den Kopf des Schreibers.

»Ihr seid alle da, hier in seinem Kopf.«

Plötzlich erschrak der Menschenmann, unterbrach das Tippen und blickte Chenerah genau in seine bernsteinfarbenen, schreckhaft aufgerissenen Augen. Einige Sekunden lang erstarrte dieser dann und auch Joliyad war fassungslos. Schnell wandte der Schreiber seinen Blick wieder ab und lächelte leicht, während er wieder drauflos tippte.

»Du hast doch gesagt, er kann uns nicht sehen!«, schimpfte Kako.

»Das kann er auch nicht. Wir … Wir müssen jetzt gehen. Es ist besser so«, stotterte sein Begleiter und alles um die beiden herum wurde wieder tiefschwarz.

»Was war das eben, Chenerah? Hat der Mensch dich nun gesehen, oder nicht?«, wollte Kako wissen.

»Das ist wirklich eine gute Frage. Im Prinzip hätte ich mir dann selbst in die Augen gesehen. Hör mal, du wirst gleich aufwachen. Deshalb verlasse ich dich erst mal wieder.«

»Aber ich dachte, ich läge einen Monat lang im Koma? Wir waren doch nur kurz mal weg.«

»Zeit ist doch kein messbarer Gegenstand, Fuchs. Sie fließt stetig. Was glaubst du, wie schnell sie vergehen kann, Kleiner? Ihr Fortgang ist subjektiv«, erläuterte der Schäferhund.

»Meine Gedanken sind jetzt das reinste Chaos«, gab Joliyad zu. »Warum hast du mir all das gezeigt? Was mache ich mit diesen Informationen denn nun? Verdammt!«

»Betrachte das, was du gesehen hast, als Parallelwelt zu eurer. Beide sind gleichzeitig wahr und auch falsch. Sie existieren, aber für keine gibt es einen Beweis. Das Chaos, welches du jetzt empfindest, ist dasselbe wie in meinem Geist damals, als ich mein Buch schrieb. Deshalb habe ich damit angefangen: um meinen Geist zu ordnen. Es ist außerdem dieselbe Unordnung und Verwirrtheit, die du in deinem Land vorfinden wirst, wenn du gleich wieder aufwachst. Aber keine Sorge: Ordnung kann wiederhergestellt werden.«

»Und kannst du mir nun helfen, Amarok wiederzusehen? Ich meine, du hast mir jetzt alle möglichen Dinge gezeigt, an verschiedenen Orten und offenbar auch zu unterschiedlichen Zeiten. Das sollte dann doch nicht allzu schwierig für dich sein, oder?«

»Leider kann ich das nicht. Da ich als Mensch nun im Koma liege, kann ich mein Buch nicht mehr verändern«, meinte der Hund.

»Gut, wenn also alles schon feststeht, wie du sagst: Was passiert denn dann in der Zukunft?«, fragte Kakodaze neugierig.

»Das werde ich dir nicht sagen können, da ich meine Geschichte damit ja beeinflussen würde. Das wäre paradox. Tut mir leid, aber dann ginge hier alles drunter und drüber, weil mein Werk ja einen eigenen, von mir ungewollten Weg gehen würde. Deine Aufgabe wird es sein, einen Beitrag dazu zu leisten, diese Welt wieder zur Ordnung zu führen. Heraus aus dem Chaos und den Wirren dieser Zeit«, mahnte Gajaze.

»Tja, wie auch immer ich allein das machen soll«, seufzte Joliyad missmutig. »Sehen wir uns denn wieder?«, fragte er dann, als die Erscheinung des Schäferhundes langsam immer blasser zu werden schien.

»Ich denke schon. Wenn die Zeit es hergibt, werden wir es wissen. Die Welt ist schließlich nicht unbegrenzt. Keine Sorge, wir finden einander schon.«

»Und was, wenn …«, fragte Joliyad noch, doch endete dann sein komatöser Zustand.

Er öffnete langsam die Augen, blickte an eine weiße Decke und erkannte schnell, dass er in einem Krankenhaus lag.

Schnell beugte sich ein Fuchskopf über ihn und lächelte froh: »Er ist wach!«

»Chenea?«, fragte Joliyad mit leiser Stimme.

»Ja, mein Junge! Vater und ich sind da. Alles wird wieder gut«, freute sich seine Mutter und fasste ihm lächelnd am Arm.

»Was ist denn passiert?«, fragte Kako heiser.

»Als die Ankündigung kam, dass es vielleicht Krieg mit den Samos geben würde, bist du zusammengebrochen. Man gab dir ein Beruhigungsmittel, welches du nicht vertragen hast.«

Joliyad riss die Augen auf, sammelte seinen Mut und schrie prompt seine Mutter an: »Das ist nicht wahr! Rado hat mir ein Mittel gegeben, um mich ruhig zu stellen, aber die Dosis war viel zu hoch. Doch das war ihm in dem Moment egal!«

»N-nein, mein Junge! So war das nicht«, stotterte sie.

»Belüg mich nicht, Mutter! Sie hätten mich fast umgebracht! Es wäre ihnen egal gewesen und sie hätten mich sicher einfach verschwinden lassen, wenn ich gestorben wäre«, herrschte der Rüde, während die Füchsin zusammen-zuckte und sein Vater von einem Stuhl aufstand und zu ihm ging.

»Joliyad, was auch immer passiert ist, es ist vorbei. Du brauchst nicht mehr in die Schule dort«, versuchte er zu be-schwichtigen.

»Du kommst wieder zu uns nach Hause. Das ist doch gut, oder? Alles wird wieder wie früher.«, ergänzte seine Mutter.

Die Füchsin und ihr Mann schauten verdutzt drein, als Joliyad meinte, er wolle gar nicht mehr nach Hause, sondern zu seinem Freund Amarok. »Ja, da staunt ihr, was? Er und ich gehören zusammen.«

Das Paar blickte sich an und sein Vater erklärte: »Seit fast einem Monat kann man nicht mehr nach Salijeko fahren. Es ist Sperrgebiet. Du warst sehr lange im Koma. Außerdem ha-ben wir es dir verboten, ihn zu treffen.«

»Es ist mir aber egal. Ich will mit ihm zusammen sein und werde ihn finden.«

»Mein Sohn, du bist nicht schwul«, meinte seine Mutter dann, »du versuchst nur, dich selbst zu entdecken. Das ist normal und geht vorüber.«

»Nein!«, schrie Joliyad. »Haut ab! Ihr habt zugelassen, dass sie mich fast getötet hätten!«

»Nicht in diesem Ton, mein Junge!«, herrschte sein Vater nun. »Du kommst nachher wieder mit. Fertig!«

»Ihr habt mir immer verboten, zu Amarok zu fahren. Aber ich lasse mir nichts mehr verbieten. Und ich sage euch noch etwas: Ich liebe ihn wirklich und scheiße darauf, was alle an-deren von mir erwarten! Ich scheiße auch darauf, was ihr darüber denkt und ob es unfein ist, schwul zu sein – und dann noch mit einem Wolf. Ich hole ihn zu mir, nach Arameria! Auch dann, wenn ich dem Führer höchstpersönlich in den Arsch treten muss!«

Jetzt hatten Kakos Eltern genug von seinem sinnlosen Geschrei. Er war sehr vorlaut und sollte endlich eine Lektion in Sachen Respekt erhalten.

»Jetzt reicht es aber! Du bist keine Schwuchtel! Reiß dich zusammen, sonst ...«, brüllte der ältere Rüde und erhob seine Hand zu einem Schlag, als plötzlich die Tür aufging.

»Halt!«, rief jemand.

»Oh, mein Gebieter! Ihr seid hier. Verzeiht bitte ... Wir wussten nicht ...«, stammelte Kakos Vater und ließ sich gleichzeitig mit seiner Frau auf die Knie fallen.

Joliyads Eltern senkten ehrfürchtig die Köpfe, als Kardoran das Zimmer betreten hatte und einen großen Strauß Blumen hielt.

»Verpisst euch und lasst ihn in Ruhe! Ich habe mit eurem Sohn zu reden«, befahl Radovan.

Ehrfürchtig und untergeben standen Kakodazes Eltern auf und verließen schnell in gebückter Haltung das Zimmer. Sie sahen aus wie zwei getretene Pejakas, was Joliyad ein süffisantes Grinsen entlockte.

»Hallo Joliyad«, grüßte der Führer freundlich und der Schüler drehte nur böse den Kopf weg.

»Was ist denn los?«, wollte Radovan wissen und stellte die Blumen in eine auf der Nachtkonsole stehende Vase.

»Was los ist?«, murrte Kako. »Das könnte ich Euch fragen, Radovan!«

»Du meinst das Kriegsrecht, nicht wahr?«

»Ja. Genau das«, sprach Joliyad und drehte seinem Besuch wieder den Kopf zu.

»Joliyad, versteh bitte, dass es sein muss. Unsere Ordnung ist in Gefahr, wenn ich zulasse, dass die Samojedaner ganz Tshutpri oder gar ganz Banatorija für sich beanspruchen. Sie müssen gehen, ganz einfach«, versuchte Radovan zu erklären.

Kakodaze seufzte, setzte sich auf und sah jetzt sein Gegenüber an. »Ihr habt sicher gehört, dass ich und Jeremia …«

»Ja, eine recht kurze Beziehung. Aber ich war ehrlich gesagt nicht verwundert darüber«, lächelte Kardoran.

»Warum seid Ihr dann hier? Ich bin nicht mehr Teil Eurer Familie«, wollte Joliyad wissen.

»Oh doch«, entgegnete Radovan entschieden, »das bist du. Nur, weil du nicht mehr mit Jeremia zusammen bist, heißt das nicht, dass ich dich weniger schätze. Ich weiß auch, warum ihr euch wieder getrennt habt. Schließlich kann ich in dich hineinsehen. Ich halte mich aber zurück, keine Sorge. Ich sagte dir ja, wie sie ist.«

Verlegen senkte der Sechzehnjährige den Kopf.

»Ich vermute mal, du und dieser Samojedaner seid jetzt zusammen.«

»Dann könnt Ihr Euch sicher auch denken, dass ich ihm eigentlich helfen wollte, aus Salijeko zu entkommen.«

»Ja, ich kann es mir vorstellen«, bestätigte der Führer und fasste Joliyad an dessen Hand, woraufhin dieser ihn traurig anblickte. Diese väterliche Geste sorgte dafür, dass der junge Fuchs nur schwer Schlucken konnte und mit den Tränen rang. Eigentlich hätte er ihn anschreien können, tat es aber nicht. Es hätte ohnehin nichts genützt, denn die Entscheidungen des Führers standen ohnehin fest.

Joliyad hatte keine Angst.

Er war wütend.

Er war verzweifelt.

Aber er kannte auch Respekt.

»Warum habt Ihr wegen der Bewaffnung der Samojedaner und bei vielen anderen Dingen in Eurer Rede gelogen?«, wollte er mit kratziger Stimme wissen.

»Die Samojedaner haben tatsächlich schwere Waffen. Wir waren selbst nicht darauf vorbereitet und wurden davon überrascht. Wir wissen noch nicht, woher die stammen. Jedenfalls sind die Gerätschaften nicht typisch für sie. Es ist schon jetzt das reinste Chaos da draußen«, erklärte Kardoran und erzählte ihm dann etwas von Politik und der Verpflichtung, die ein Gebieter seinem Volk gegenüber habe.

»Und wegen dieser *tollen* Politik und irgendwelcher Erfüllungen von Verpflichtungen und Erwartungen ist mein Freund nun ein Aussätziger?«, fragte Joliyad und war gespannt auf die Antwort.

Er dachte bei sich, dass Radovan jetzt sicher böse werden würde. Aber was gesagt werden musste, musste eben gesagt werden. Immer hatte man den Aramerianern etwas von Souveränität erzählt und dass man zu seinen Werten und Wünschen stehen sollte.

Joliyad tat jetzt genau das: Er hatte keine Lust mehr, sich laufend irgendwelche Verpflichtungen und Bestimmungen einreden zu lassen. Immer gab es Rätsel, Schicksale und Zuweisungen.

Der Führer schaute beeindruckt und lächelte dann. »Ich mache dir einen Vorschlag, Joliyad: Da du ja wieder gesund bist, gebe ich dir eine Karte, mit der du hier rauskommst und in das Sperrgebiet gehen kannst. Außerdem habe ich einen Ausweis fertigen lassen, womit dein Amarok offiziell eingebürgerter Aramerianer ist. Da ich nicht weiß, wo dein Schatz gerade ist, musst du dich aber selbst darum kümmern, ihn zu finden.«

»Das ist fantastisch!«, freute sich Kako und sein Gesicht hellte sich wieder auf. Tränen der Freude waren in seinen Augen zu erkennen und sein Herz schlug unaufhaltsam und stark wie eine Pumpe.

»Aber«, schränkte Radovan ein, »du holst nur ihn! Er ist eine absolute Ausnahme. Nicht, dass du seine ganze Familie einlädst. Meine Meinung zu ihnen hat sich nicht geändert, dennoch möchte ich dir helfen. Wenn jemand fragt, ob du eine Passierkarte hast, schiebe sie in das Lesegerät und alles ist gut. Ich möchte aber nicht damit in Verbindung gebracht werden, dass ich einem Samojedaner die Zuwanderung ermöglicht habe. Also solltest du auch keinem davon erzählen.«

»Ich verstehe«, grinste Kako, doch sein Gegenüber sah ihn nur ernst an.

»Das ist wichtig!«, sagte er streng. »Wenn jemand davon erfährt, solltest du dich lieber sehr gut vor meinem Zorn verstecken. Dann ist auch der Ausweis für die Einbürgerung wertlos. Wenn du dich an diese Absprache hältst und ihr es wirklich wieder hierherschaffen solltet, dann soll dein Liebhaber auch frei sein. Aber bedenke, dass es sehr gefährlich wird. Niemand wird dir helfen. Ich gebe dir den Tipp, dich zum Militärdienst zu melden. So erhältst du wenigstens Schutzkleidung. Du musst dich ja nicht an Kampfhandlungen beteiligen.«

»Warum tut Ihr das für mich und Amarok, Radovan?«, wollte der junge Fuchs wissen.

»Wie schon gesagt«, erklärte der Führer, »ich weiß, wer du vielleicht mal sein wirst. Und ich weiß außerdem, wie es ist, wenn man jemanden verliert, den man liebt.«

Jetzt schaute Radovan sehr nachdenklich, fast schon traurig, in die Augen Joliyads, der nur verwundert zurückblickte und fragte, ob Radovan mal einen Freund gehabt habe.

»Ja, aber das ist schon lange her. Meine Geburtspflicht ließ keine Beziehung zu einem Rüden zu.«

»Wer war er, wenn ich fragen darf?«

»Dein Lehrer Rado Perteriza«, eröffnete Kardoran.

»Was?«, rief Kako geschockt. »Ihr wart mit ihm zusammen? Ich hätte nie gedacht, dass er …«

Joliyad konnte das, was er gerade gehört hatte, nicht fassen: sein Lehrer und Radovan! Herr Perteriza hatte aber eine Frau und Welpen, wie er selbst sagte.

»Ja, wir haben es heimlich probiert, aber ich stand nie dazu. Ich liebte ihn sehr, aber mir war es damals wichtiger, dass ich meinen Weg als Führer gehen konnte. Ich hatte Angst und konnte mich darauf nicht einlassen. Das bereue ich manchmal, aber unter meinem Vorgänger, meinem Vater, war diese Sexualität noch strafbar«, erklärte Radovan.

»Es waren sehr harte Zeiten also. Was wäre gewesen, wenn man Euch mit ihm erwischt hätte?«

»Kastration«, seufzte der Ältere.

»Oh Mann! Dann hätte Euer eigener Vater Euch die Eier abschneiden lassen?«, schüttelte Kako den Kopf.

»Ja, und erst seit meiner Funktion als sein Nachfolger ist diese Liebe frei empfindbar. Ich habe so verfügt, damit nie wieder jemand eine Kastration aufgrund seiner Vorlieben erleiden müsste. Seine Sexualität sucht man sich schließlich nicht aus. Natürlich hasst Rado mich heute noch dafür, dass ich nicht zu ihm stand. Er hat sich später dann aber doch für das andere Geschlecht entschieden«, bekam Joliyad erklärt.

»Jetzt verstehe ich auch, warum er recht abfällig über Euch spricht. Ich wunderte mich schon die ganze Zeit, doch jetzt klingelt es.«

»Nun ja«, seufzte der Führer, »ich habe mich halt dazu entschlossen, einsam aber mächtig zu leben. Ein Fehler, das weiß ich heute. Aber ich habe immer noch meine treuen Hunde. Die lieben mich und ich kann sie nicht enttäuschen oder verletzen. Außerdem werten und urteilen sie nicht, haben keine Erwartungen.«

Eine Pause entstand, nach der Joliyad anmerkte: »Ja, aber dadurch, dass Ihr auf die Liebe zu Rado verzichtet habt, habt Ihr es anderen ermöglicht, zu lieben, wen sie wollen. Und das schließt mich und Amarok ein. Ich finde, Rado könnte zumindest dankbarer für die gemeinsame Zeit sein. Ihr hattet gute Gründe für die Ablehnung. Immerhin wolltet Ihr eure Männlichkeit behalten. Ohne Eier lebt es sich schlecht.«

»Das ist wohl wahr, Joliyad«, grinste Radovan. »Aber Rado werde ich mir noch zur Brust nehmen. Schließlich hat er meinen jungen Freund fast umgebracht.«

Freund?

Hatte er das wirklich gesagt?

Joliyad spürte ein warmes Gefühl des Respekts und der Wertschätzung seitens seines Herrn und lächelte.

»Danke, dass ich Euer Freund sein darf, Radovan. Es ist mir eine Ehre«, sagte er.

Dieser schmunzelte sanft: »Ich habe zu danken, Joliyad Kakodaze. Und lass das mit dem ›Sie‹, ›Euch‹ und ›Ihr‹. So sprechen nur Untergebene mit mir.«

»Na gut, dann danke. Danke auch dafür, dass *du* mir hilfst«, sprach Kako dann.

Der Führer nickte freundlich: »Halte dich an unsere Abmachung und niemand wird deiner Liebe im Wege stehen. Pass gut auf dich auf, wenn du da draußen bist.«

Dann stand er auf, als sein junger Freund freudig zustimmte.

Radovan sagte: »Ich schicke deine Eltern wieder nach Hause und sage ihnen, dass sie dich in Frieden lassen sollen. Sie werden dort warten, bis du zu ihnen zurückwillst. Wenn du das gar nicht mehr möchtest, müssen sie halt damit leben.«

»Womit habe ich deine Freundschaft nur verdient?«, wollte Joliyad wissen, als Radovan ihm den Ausweis und die Passierkarte übergab. Seine Lefzen zitterten und ein paar

Freudentränen flossen an seiner Fuchsschnauze entlang. Innerlich freute er sich schon jetzt darauf, seinen geliebten Amarok bald wiedersehen zu können.

»Joliyad, es wird nicht einfach sein in Salijeko«, mahnte Radovan, »denn es herrscht Chaos zurzeit. Unser Volk und eine kleine, erstaunlich widerstandsfähige Gruppe Samojedaner kämpfen verbittert um Tshutpri. Die Wölfe bekommen allem Anschein nach Nachschub über das Meer. Ich hoffe, dass dein Amarok nicht am Krieg teilnehmen musste, dass er noch lebt und dass du ihn rechtzeitig findest.«

»Dann beende den Krieg doch einfach«, schlug Kako vor, »indem du ihnen sagst, dass sie das Jukonat behalten können. Das wäre doch nicht weiter schlimm.«

Radovan schüttelte den Kopf: »Joliyad, du bist noch zu jung, um das zu verstehen. Irgendwann wirst du erkennen, was Souveränität bedeutet. Bis dahin: Ruh dich aus. Ich spreche mit dem Arzt und lasse den Ausgang des Krankenhauses für deine Karte freischalten, damit du dich hier verkrümeln kannst. Um die Mittagszeit solltest du dich dann auf die Suche machen können. Ich hoffe, du findest deinen schwulen Wolf.«

»Das hoffe ich auch. Amarok ist nämlich nicht nur schwul, sondern auch süß«, grinste Joliyad.

»Na, ob er süß ist, kann ich nicht beurteilen. Ich hoffe, er ist süß genug und es lohnt sich, für ihn die Gefahren eines Krieges aufzunehmen, mein Freund.«

»Oh ja!«, antwortete der Jüngere selbstbewusst.

»Dann denke ich mal, dass du ihn auch finden wirst«, war sich Kardoran sicher, »und auch heile wieder zurückkommst. Ich traue dir das zu, allerdings solltest du es mir auch versprechen.«

»Ja, das verspreche ich. Ich komme wieder, und zwar zusammen mit ihm. Wir melden uns dann bei dir. Das ist doch Ehrensache.«

»Von mir aus auch dein Amarok. Ich bin gespannt darauf, ihn mal kennenzulernen. Wenn er dir gefällt, werde ich schon mit ihm zurechtkommen.«

»Danke Radovan«, sagte Kakodaze glücklich.

Der Führer nickte und sagte: »Keine Ursache. Wir sehen uns. Pass auf dich auf.«

Er wollte gerade den Raum verlassen, als Kako ihn noch fragte: »Was bedeutet dein Name eigentlich? Ich meine: Rado bedeutet ja Sonne, aber Radovan?«

»Das bedeutet Sonnenstrahl. Passt auch zu mir, weil ich so ein sonniges Gemüt habe und immer strahle … Nun denn, auf bald«, antwortete der Ältere und verließ das Zimmer.

Dem jungen Rüden fiel es sehr schwer, noch mal einzuschlafen. Immerhin war eine Menge passiert und die letzten Tage waren sehr verwirrend gewesen. Vor allem interessierte ihn die Antwort auf die Frage, wer dieser mysteriöse Schäferhund mit den bernsteinfarbenen Augen war.

Woher kam er so plötzlich?

Was wollte er hier?

Stimmte das überhaupt, was er von sich gab?

War er nun ein Mensch oder nicht?

VIII. Wirren des Krieges

Am nächsten Morgen klopfte es an der Tür von Joliyads Krankenzimmer und schnell öffnete er die Augen. Er wusste nicht mehr genau wann, aber mitten in Gedanken musste er eingeschlafen sein.

»Herein!«, rief er, worauf ein Soldat mit steifem Gang den Raum betrat und sich neben das Krankenbett stellte.

Hastig verbeugte er sich und hielt dabei einen Beutel, als er sagte: »Ihre Kleidung, Sir! Schöne Grüße vom Führer!«

»Danke«, freute Kako sich und öffnete zügig den Sack, während der Soldat das Zimmer wieder schnellen Schrittes verließ. Seine ursprüngliche Kleidung befand sich darin und war offenbar gewaschen und sorgsam gefaltet worden.

Schnell hüpfte der Fuchs vom Bett und zog sich an, bevor er voller Ungeduld zur Rezeption des Krankenhauses lief und der dort sitzenden Jaguar-Dame sagte: »Hallo, ich möchte das Krankenhaus verlassen. Es dürfte alles geklärt sein.«

»Momentchen, langsam! Wer sind Sie denn, junger Mann?«, wollte sie wissen.

»Mein Name ist Joliyad Kakodaze. Hier, meine Passierkarte«, antwortete der Fuchs und überreichte sie ihr.

Sie zog die Karte durch ein Lesegerät und die Eingangstür öffnete sich. »Ich wünsche Ihnen noch einen schönen Tag«, sagte die Feline und lächelte.

Joliyad hätte zuvor nie gedacht, dass ein einfaches Stück Plastik, sinnbildlich für Bürokratie und Borniertheit, ihm tatsächlich einige Türen und Tore öffnen würde. Er grinste froh und verabschiedete sich knapp, während er schon auf halbem Wege nach draußen war.

Über dem Eingang des Krankenhauses konnte er einen Schriftzug erkennen, der auf den aktuellen Standort schließen ließ: ›Provaliom‹ … Kakodaze befand sich in einem der nördlichen Stadtteile von Bolemare; und da Jesaya ihm während ihrer gemeinsamen Zugfahrt einige Dinge über das Reisesystem erklärt hatte, wusste der Fuchs sofort, wo er in welche Bahn einsteigen musste.

Die Anspannung wuchs in ihm mit jedem Stück des Weges, den die Bahn zurücklegte. Eine Weile würde es noch dauern, aber schon bald würde er Amarok umarmen können.

Wie es in Salijeko jetzt wohl aussah?

Hatte sich in letzter Zeit viel verändert?

Hatte Amarok sich verändert?

Die Bahn fuhr nun oberirdisch und in einer U-Röhre, welche magnetisch war und den Zug zur Hälfte umgab. Der Blick auf die Landschaft war idyllisch: Mit all ihren Wäldern und Wiesen, kleinen Bächen und einem wolkenlosen Himmel wirkte sie ruhig und friedlich. Hier gab es keine großen Häuser mehr und lediglich einige kleine Hütten säumten die Wege, welche geschwungen die Landschaft etwas auflockerten. Nichts deutete auf Krieg hin, dem der Fuchs nun näher und näher kam.

Als er ein paar Mal umgestiegen war und Bolemare bereits weit hinter sich gelassen hatte, kam Joliyad in Dsustari an und dachte bei sich: ›So, und jetzt bin ich gespannt, ob für mich dieser Zug hier endet.‹

Ein paar Augenblicke lang stand die Bahn still und keine anderen Aramerianer waren zu sehen. Joliyad nahm sich vor, besser einfach sitzen zu bleiben und abzuwarten. Dabei versank er in Gedanken und überlegte, wie es seinem Wolf wohl ginge, was er so durchgemacht haben musste. Wartete er denn auf ihn? War er überhaupt noch zu Hause anzutreffen? Ein großes Angstgefühl beschlich den Fuchs, welches seine Freude auf ein Wiedersehen mit seinem Wolf zu überwiegen drohte: Vielleicht lebte Amarok gar nicht mehr! Oh nein!

»Zornice, junger Mann! Das hier ist Sperrgebiet. Hier geht es nur für Militärs und Führungspersonen weiter. Du musst hier aussteigen«, ertönte eine Stimme und riss Joliyad aus seinen Gedanken.

Er sah auf und blickte in das Gesicht eines Uniformierten mit einer Laserwaffe in den Armen, der ihn streng ansah und rhythmisch mit einer Hinterpfote auf den Boden tippte. »Was, ich? Äh … nein, ich habe eine Karte zur Weiterfahrt«, meinte Kako und hielt dem Soldaten diese vor.

»Einen Moment, Sir, ich muss das erst prüfen«, meinte sein Gegenüber und ging ein paar Schritte fort.

Er steckte die Karte in ein Lesegerät und sprach in eine Art Funkgerät. Was er sagte, konnte Joliyad nicht verstehen, obwohl er versuchte, aufmerksam zu lauschen.

Da kam der Soldat wieder zurück, reichte ihm die Karte und erklärte: »Alles klar, Sir! Dieser Zug wird, wie Sie sicher wissen, umgeleitet und fährt direkt nach Salijeko. Zu Ihrer Information: Im Lager sieben erhalten Sie die benötigte Schutzkleidung und alles, was Sie brauchen. Melden Sie sich bitte bei Herrn Arodina, Sir.«

Joliyad nickte.

»Für Volk und Führer!«, rief der Uniformierte aus, stand stramm und salutierte, indem er sich mit einer Faust auf die linke Brust schlug.

»Äh … ja. Für Volk und Führer«, wiederholte der junge Fuchs und verstand nicht, warum man hier salutierte. Generell hatte er selbst diesen Ausspruch ›Für Volk und Führer‹ noch nie gesagt und fand ihn albern.

Er hatte keine Ahnung davon, wie es sein musste, an der Waffe zu dienen: Aramerianer wurden im Alter von 20 eingezogen, um eine Art Grundwehrdienst zu leisten. Das galt für Rüden und Fähen gleichermaßen, wobei Fähen eher Versorgertätigkeiten übernahmen. In der schulischen Grundausbildung in Lado hatte man Kako zwar darüber aufgeklärt, was die Reichswehr war und wozu es sie eigentlich gab, aber sein Einzug sollte erst in ein paar Jahren geschehen. Das Aramerianische Volk hatte schon einige kleine und größere Kriege erlebt, doch das war lange vor Joliyads Geburt gewesen.

Der Zug schwebte weiter und der Fuchs versprach sich, die negativen Gedanken von nun an beiseitezulassen: Sicher ging es Amarok und seiner Familie gut. Sie hatten sich bestimmt in Sicherheit gebracht. Schon bald könnte er seinen

Schatz mit nach Hause nehmen und wenigstens ihn vor diesem Krieg bewahren.

In Salijeko angekommen, stieg Kakodaze aus der Bahn und befand sich inmitten einer Militärbasis. Überall um ihn herum liefen Aramerianer kreuz und quer und für den unerfahrenen Fuchs sah das alles sehr wirr, unverständlich und durcheinander aus. Immer wieder waren laute Befehle zu hören. Ab und zu war der Schuss eines Lasergewehrs zu vernehmen.

So hatte es hier noch nie ausgesehen: Diese Basis hatte man direkt auf eine Wiese gesetzt und sie bestand aus simplen Plattenbauten.

»Ach du Schande, was ist denn hier los?«, fragte sich Joliyad laut und stellte fest, dass jedermann hier uniformiert und bewaffnet war. Das war dem jungen Fuchs sehr unheimlich, denn zwar konnte er sich vage vorstellen, was Krieg bedeutete, aber jetzt war dieser ihm schon so nahegekommen, wie er es nie für möglich gehalten hätte.

Ein paar Mal gingen mehrere Aramerianer in Formation an ihm vorbei. Sie liefen im strammen Gleichschritt und sahen plötzlich alle identisch aus.

Sie waren alle gleichförmig, ihre Individualität verschwunden und ihre Gedanken und Bewegungen gleichgeschaltet. Die Kommandos verschiedener Militärs überlagerten Gespräche der anderen Füchse und alles war in verwirrenden Sprachsalat gehüllt. Von weiter her rief der Führer einer Gruppe Kommandos und zwischendurch zählten die Soldaten fortwährend und schrittgleich: »U, ro, do, wa…!«

Zuerst lief Joliyad völlig orientierungslos umher, als ihm plötzlich ein Gebäude auffiel, auf dem in großen aramerianischen Lettern ›Lager sieben – Uniformation und Information‹ stand. Schnell begab er sich dorthin, denn länger hätte er diesen tosenden Lärm nicht ertragen.

Als er das Lager betrat, sah er sich um: Es war voll mit Füchsen, die wie Hühner in einem Käfig herumliefen, durcheinanderriefen und mit allerlei Dingen durch das Gebäude stapften. Hier war es auch nicht viel besser als draußen. Schnell bemerkte Kako aneinandergereihte Holztische, um die sich offenbar jeder bemühte. Eine dicke Fuchsfrau und mehrere andere Fähen standen dahinter und gaben die Dinge, die auf den Tischen lagen, an die Massen weiter.

Es herrschte dichtes Gedränge und jede Idee von Zivilisation und Anstand schien hier diesen Aramerianern eher fremd zu sein. Joliyad kämpfte sich schiebend weiter nach vorne, so wie es hier alle machten. Nach einigen Schritten erreichte er völlig atemlos einen der Tische und sah, um was es eigentlich ging: Uniformen verschiedener Größen und Ausstattungsvariationen von Handfeuerwaffen, Marschgepäck, Equipment … Also deshalb benahm man sich hier so komisch? Konnte man es denn nicht erwarten, in den Krieg zu ziehen?

Die ganze Ordnung war dahin, niemand kannte Zurückhaltung oder war zuvorkommend. Es war komisch und fremd, unheimlich und verstörend.

»Was kann ich dir Gutes tun, Süßer?«, fragte die dicke Füchsin mit kratzender Stimme und Joliyad hatte Mühe, sie zu verstehen. Er hielt ihr seine Passierkarte vor die Nase und wurde fast von dem hinter ihm drängelnden Mob erdrückt.

Die Dicke nahm die Karte und meinte: »Ach, schon wieder eine Fünfunddreißig«, sagte sie abwertend und ging weiter nach hinten, wobei sie die Augen verdrehte.

Als sie wiederkam, rief sie: »Hier Süßer, das ist für dich. Nur gutes Zeug drin.« Sie hielt ihm einen großen, weißen Beutel hin und fügte gelangweilt und unfreundlich hinzu: »Bleib tapfer und lass dich nicht umlegen. Kein Sex, kein Kopa'che und bekomm bloß keine Schwanzkrankheiten! Geh zu Arodina. Der schwirrt irgendwo da draußen rum. Bis bald und viel Spaß.«

»Schwanzkrankheiten?«, fragte Joliyad irritiert, doch sie hörte ihm nicht zu, sondern rief krächzend: »Der Nääächste!«

Bevor er ihr seine Meinung über ihr Verhalten hätte sagen können, wurde der Rüde immer weiter nach hinten gedrängt, bis er schließlich wieder den Ausgang erreichte. »Oh Mann!«, seufzte er. »Und wo zur Hölle finde ich jetzt diesen Arodina?«

Eigentlich wollte er nur schnell hier weg, um Amarok zu suchen, doch er wusste, dass er nicht einfach verschwinden konnte. So lief er also genauso desorientiert umher, wie schon zuvor und sprach immer wieder verschiedene Soldaten an, die ihm aber auch nicht sagen konnten oder wollten, wo dieser Arodina sich befinden könnte.

Dann aber erblickte er einen Fuchs, dessen mit Orden überladene Uniform darauf schließen ließ, dass er ein General sein musste. Er ging auf ihn zu und als dieser den jungen

Fuchs erblickte, fragte er freundlich: »Ah, wollen Sie zu mir, junger Mann?« Er musste schon sehr laut rufen, damit Joliyad ihn verstehen konnte, denn immer wieder waren von irgendwoher Explosionen zu hören.

»Ich weiß nicht«, rief Kako. »Sind Sie Arodina?«

»Jawoll, der bin ich!«, sprach sein Gegenüber lax.

»Ich sollte mich bei Ihnen melden. Ich habe auch Papiere«, erklärte Kakodaze und zeigte Arodina seine Passierkarte.

Dieser sah kurz drauf und sagte dann mit lauter Stimme: »Ein Soldat willst du sein? Na, du bist doch noch keine 20! Was haben die sich denn dabei gedacht? Haben wir keine richtigen Männer mehr, oder hast du was angestellt und das hier ist deine Strafe?«

Joliyad tat unwissend und zuckte fragend mit den Schultern.

»Na, ist ja auch egal«, rief Arodina. »Wir können jeden gebrauchen, den wir kriegen können. Komm mal mit, raus aus dem Lärm. Ich weise die anderen Welpen gleich ein.«

»Wieso Welpen?«, fragte Kakodaze und musste fast schreien, damit er seine eigene Stimme hören konnte.

»So nennen wir hier alle Neulinge«, bekam er zur Antwort und folgte Arodina bis in einem kleinen Flachbau, der mit ›Zornice!‹ beschriftet war.

Drinnen saßen einige Soldaten, die alle bereits ihre Uniformen trugen und jetzt schnell aufstanden, um Arodina zu begrüßen. Sie salutierten stramm, was den General aber offensichtlich kalt ließ: »Ja, ja, spart es euch«, meinte er, »wenn es euch tot ohnehin nichts nützt. Hier ist noch ein Petom, ein Welpe, zum Spielen. Helft ihm in die Klotten!«

Sofort ging einer der Rüden auf Joliyad zu, nahm ihm seinen Stoffsack ab und entnahm daraus Hose, Stiefel und weitere Kleidungsstücke. Mit einer Geste wies er ihn dann an, diese Dinge anzuziehen.

»Und wo zieht man sich hier um?«, fragte der junge Fuchs schüchtern.

Großes Gelächter brach aus, welches Arodina unterbrach: »Na, sollen wir dir vielleicht erst einen begehbaren Kleiderschrank zimmern?«

Wieder lachten alle und Arodina schaute ernst, was Joliyad als Aufforderung verstand, sich jetzt und hier umzuziehen. Dies tat er dann auch, zügig und zittrig. Dabei wurde er von den Umstehenden beobachtet und konnte dabei genau sehen, was man wie zu tragen hatte.

»Ist das gut so?«, wollte er wissen und schaute den General fragend an.

»Ja sicher. Solange nichts drückt, ist alles passend. Hier bei uns wird die Kleiderordnung nicht ganz so streng genommen«, erklärte dieser dann.

Kako stellte sich zu den anderen Füchsen, die gespannt auf ihre Einweisung warteten.

»Also«, rief Arodina, »in euren Stoffsäcken befinden sich gepackte Rucksäcke.« Schnell begannen die Füchse, in den Beuteln herumzukramen, als Arodina erklärte: »Darin befinden sich, unter anderem, ein InfoCom, Proviant, Verbandmaterial und verschiedene Messer und Handwaffen für verschiedene Situationen. Vorerst tragt ihr eine Klinge und eine Laserpistole bei euch. Große Waffen gibt es dann draußen im

Stützpunkt oder direkt auf dem Feld. Nehmt, was ihr kriegen könnt. Alles dazu steht auch in einem Eintrag auf euren InfoComs. Ihr könnt euch das heute in der Stube ansehen. Morgen beginnt dann euer erster Tag im Dienst. Die Infos, die euer InfoCom bereithält, können im Zweifelsfall über euer Leben und dessen vorzeitiges Ende entscheiden. Also reißt euch am Riemen und seht euch den langweiligen Scheiß an!«

»Und was«, rief jemand aus der Reihe, »wenn wir abgeknallt werden?«

»Gebt euch Mühe, dann passiert es nicht. Falls doch, ist es zwar bedauerlich, aber wohl kaum zu ändern. Alle Infos zur Strategie, sowie zum Feind und dessen Methodik erhaltet ihr morgen früh direkt nach Sonnenaufgang – und zwar hier. Das gibt's natürlich nicht auf den InfoComs. Wäre ja noch schöner, wenn einem Wolf unsere Strategie in die Hände fallen würde … Wer nicht rechtzeitig da ist, fliegt auf die andere Seite!«, sprach der General.

»Die andere Seite?«, fragte Kakodaze.

»Na, jemand, der nicht Folge leistet, kann unter Umständen auch als Deserteur liquidiert werden«, drohte Arodina.

Joliyad stockte der Atem, denn er glaubte bis jetzt, er hätte herkommen können, um Amarok einfach mitzunehmen. Radovan hatte aber nur dafür gesorgt, dass er sich frei bewegen konnte. Wie wenig Kako doch wusste …

»Euer Leiter ist Herr Edon. Seinen Anweisungen ist unbedingt Folge zu leisten! Wenn es Probleme gibt: Ihr seid stets per Funk im Helm mit eurer Leitstelle verbunden«, erklärte der General nun. »Edon wird euch jetzt zu eurer Stube führen. Dann arbeitet euch schön ein, Mädels! Morgen fangt ihr an, Wolfshack zu machen. Na los, weg mit euch!«

Sofort verließen alle das Gebäude und liefen einem Fuchs hinterher, der dieser Edon sein musste. Einige aus Joliyads neuer Gruppe sprachen durcheinander und zusätzlich klang es am Himmel, als würde es immerzu donnern, doch war es nicht sonderlich bewölkt. Der Krieg schien ganz nah zu sein.

»Fickt sie, Jungs!«, schrie jemand aus der Gruppe und hob den rechten Arm in die Luft, während er die Faust ballte. Viel Gelächter war zu hören und jemand aus einer Gruppe von Kriegern rief zurück: »Ja, die rammen wir mit ihren Ruten zuerst in die Erde!« Ein martialisches »Rrruuuaaahhh!« aus vielen Fuchsschnauzen ertönte und Joliyad fragte sich, wie man nur so begeistert von einem Krieg sein konnte, der Tote auf beiden Seiten zur Folge hatte. Er blieb jedoch still und folgte der Truppe in die Stube.

Dort angekommen, bemerkte er, dass hier viele Etagenbetten standen. Offenbar sollten alle zehn zusammen in einem Raum untergebracht werden, so ganz ohne Privatsphäre. Wie das gehen sollte?

»Okay, jeder sucht sich einen Schlafplatz. Macht keinen Zickenkrieg draus. Heute bleibt ihr hier drin und arbeitet euch in den Stoff ein. Vor allem die Geschichte mit den Waffen ist wichtig«, begann Edon, während einige Füchse schon ›ihre‹ Schlafplätze okkupierten, die nicht sehr komfortabel aussahen. »Ihr könnt euch frei im ganzen Jukonat bewegen. Alles, was östlich des Grenzzauns liegt, ist eure Spielwiese. Aber ihr solltet vorsichtig sein: Wenn es auch heißt, dass Wölfe in jeder Hinsicht minderbemittelt sind, bedeutet das nicht, dass sie zu blöd zum Schießen sind. Und sicher wissen sie auch ihre Bomben zu bedienen.«

»Bomben?«, fragte Kakodaze. »Seit wann haben Samojedaner denn Bomben? Die haben doch nur Mistgabeln und solche Dinge. Woher sollen die bitteschön *Bomben* nehmen?«

Radovan hatte es ihm zwar schon bestätigt, doch Kako konnte und wollte nicht glauben, dass die Wölfe so stark bewaffnet sein konnten.

»Ach meinst du, du wüsstest es besser?«, wollte Edon wissen. »Du weißt einen Scheißdreck, du Fähe! Die haben alles! Sie holen sich übers Meer Nachschub und wir kennen ihre verdeckten Kapazitäten nicht im Geringsten! Ihr Wichser glaubt, ihr wüsstet etwas. Aber dem ist nicht so, das kann ich euch versichern. Die Samos sind technisch viel weiter entwickelt, als wir angenommen haben. Und dieser Krieg, wie alle ihn nennen, ist der letzte Dreck: Sie machen uns ganz schön Schwierigkeiten, denn sie *wollen* dieses scheiß Jukonat!«

Joliyad musste bei diesen klaren Worten verstummen und alle anderen Füchse saßen nur auf ihren Betten und hatten die Schnauzen geöffnet.

»So, dann verpisst euch ins Bett, Ladys!«, rief der Gruppenführer dann und salutierte, was die meisten anderen ihm nachtaten. Schnell verließ er die Stube und man konnte hören, wie er von außen die Tür verriegelte. Sie war so angelegt, dass sie durch Auslösen eines Sensors öffnete, und blieb somit solange fest verschlossen, bis irgendwer sie am nächsten Morgen wieder von außen öffnen würde.

Einige Füchse begannen zu diskutieren, während Joliyad sich auf das letzte freie Bett setzte und nachdachte: Würde er morgen schon Amarok wiedersehen? Wie würde dieser sich durch diese Zeit verändert haben und wie sollte Kako ihm gegenübertreten, ihm erklären, dass er einen Monat lang mattgesetzt worden war? Eine Nacht noch und der Fuchs und der Wolf würden sich wieder in die Arme nehmen können. Welch ein toller Gedanke, der dazu führte, dass das Herz des Rüden vor Anspannung zu bersten drohte.

Zwei der Mitglieder der Truppe unterhielten sich über die ›Samos‹ und Joliyad wollte das gar nicht hören, denn sie sprachen sehr abwertend und unter der Gürtellinie. Trotzdem musste er sich zurückhalten: Einerseits wusste er schließlich nicht, wie stark die beiden Typen waren, andererseits wollte er keinen Ärger provozieren, um nicht zu riskieren, eingesperrt zu werden.

Die Füchse arbeiteten sich allesamt in die Materie ein, indem sie Texte und animierte Bilder auf ihren InfoComs verfolgten. Joliyad hatte dazu keine Lust, denn er ging davon aus, dass er wohl keinem einzigen Wolf würde begegnen müssen. Schließlich war das hier auch nur eine notwendige, kurze Phase und schon morgen früh würde er anfangen, nach Amarok zu suchen. So legte er sich schlafen, während einige seiner Mitstreiter weiter diskutierten, laut lachten, aber irgendwann letztlich doch verstummten und das Licht gelöscht wurde. Erst kurz danach machte der junge Rüde auch seine Augen zu und hoffte, er würde hier nur diese eine Nacht verbringen müssen und seinen Freund schnell finden.

Noch vor dem eigentlichen Morgenappell wurden die Füchse jäh aus ihren Betten gerissen, als ein Soldat in die Stube stürzte und schrie: »Los, alle Mann aufstehen! Die Samos rücken an! Das ist keine Übung!«

Verwirrt und schlaftrunken sprangen die Rüden von ihren Pritschen und versuchten sich so schnell wie möglich anzuziehen. Joliyad riss die Augen auf und verstand zuerst nicht, was überhaupt los war.

»Was? Was ist denn los?«, fragte irgendwer.

»Die Samos sind ganz nah und werden gleich wohl wieder mit einem Bombenabwurf anfangen! Messer in den Holster und Handfeuerwaffen entsichern!«

Schnell schlüpfte Kakodaze in seine Kleidung und war sehr nervös: Solch eine Situation hatte er noch nie erlebt – und er hatte auch nicht damit gerechnet, dass er sie je erleben würde.

Ein Messer und eine Waffe waren ihm unbekannte Gegenstände. Was sollte er damit anfangen? Jetzt sollte er ein richtiger Soldat sein und musste sich bei den anderen abgucken, wie sie sich vorbereiteten, denn sie hatten augenscheinlich immerhin eine Einweisung bekommen. Das war etwas, das Joliyad jetzt fehlte.

Mit dem Marschgepäck auf dem Rücken machten sie sich auf, das Lager so schnell wie möglich zu verlassen. In der Ferne war das leise Heulen einer Sirene wahrnehmbar und noch immer im Laufschritt fragte Joliyad einen neben ihm herlaufenden Fuchs, was das für ein Geräusch sei.

Dieser rief knapp: »Gleich knallt's! Runter!« Dabei riss er Kakodaze zu Boden und auch die meisten anderen Arameri-aner innerhalb der Basis taten es ihnen gleich, als plötzlich ein lauter Knall die Luft zerriss. Eine große Druckwelle folgte, die das Fell der Füchse aufrichtete. Offenbar wurde genau das Gebäude von einer Bombe getroffen, in dem Joliyad und die anderen eben noch geschlafen hatten. Trüm-mer flogen umher und wieder ertönte ein Heulen. Dieses Mal war es aber deutlich lauter.

Joliyad wollte sich gerade aufrichten, als der, der ihm ge-rade das Leben gerettet hatte, ihn wieder zu sich herunter-zog und »Unten bleiben!« schrie.

Erneut fiel eine Bombe, die diesmal aber genau mitten in einer Gruppe Soldaten detonierte und dabei einige von ihnen zerfetzte. Viel Geschrei folgte und plötzliches Chaos entstand: Alle liefen wild umher und Sanitäter kamen von überall her, um zu helfen. Joliyad blickte in ihre Richtung und sah alles mit aufgerissen Augen an: Überall waren Kör-perteile verstreut, Blutspritzer und Schutt verteilt.

›Bei den Göttern!‹, dachte Kako sich und spürte, dass seine Ohren zu schmerzen anfingen. Die Luft schmeckte rußig und es roch nach verbranntem Fell. Ein ekelhafter Gestank breitete sich aus, welcher nur schwer aus der Nase zu be-kommen war. Es fühlte sich an, als wäre diese Situation Teil eines Albtraums. Aus den Augenwinkeln erkannte der junge Fuchs, dass einige seiner Leute schreiend und weinend um-herkrochen und manchmal von anderen hektischen Solda-ten zu Tode getrampelt wurden. Viele von ihnen hatten ein Bein, einen Arm oder gar mehrere Körperteile verloren, die in Fetzen neben ihnen lagen. Joliyad wünschte sich in Trance seine Kindheit zurück und hoffte, dass diese Bilder sich nicht in seinen Verstand brennen würden. Viel Zeit, sie zu verarbeiten, hatte er allerdings nicht.

»Komm weiter!«, rief der Soldat neben ihm und zog ihn am Arm.

Joliyad stand jetzt auf und rannte ihm nach. »Was passiert hier?«, fragte er verwirrt, als sein Begleiter sich hinter einem Gebäude fallen ließ, um sich dort zu verstecken. Kakodaze tat es ihm nach und völlig außer Atem fing er an zu weinen. Das durfte alles nicht wahr sein: der Schutt, das Blut, die Schreie. Wie konnte die Zeit sich nur so verändert haben? Er hatte niemals zuvor etwas so Grausames gesehen.

»Wie heißt du, Kleiner?«, wollte der Kämpfer von ihm wissen und rang nach Luft.

Kakodaze beruhigte sich und nannte seinen Namen.

»Okay, Joliyad! Du bist wohl neu hier. Das gerade waren Bomben der Samos. Wie du sehen kannst, haben sie *doch* welche. Wenn die *das* machen, dann werden sie gleich versuchen, uns zu überrennen. Das machen sie immer so: Sie hauen erst voll drauf, klären dann das Gelände abschließend und zwingen uns zum Rückzug.«

»Ich hoffe nicht«, sagte Joliyad furchterfüllt.

»Oh doch! Wir haben schon einige Landstriche auf diese Art verloren«, meinte sein Gegenüber und zog zwei Kugelgewehre aus seinen Taschen. Eines von ihnen hielt er Joliyad hin und sagte: »Hier, nimm! Ich bin übrigens Jarod.«

»Wo hast du denn die her?«, fragte Kako erstaunt.

»Habe keine Laserwaffen gefunden. Die Samos haben diese Dinger, die mit Patronen funktionieren. Munition sollte ausreichend drin sein. Ich halte mich nicht an Bestimmungen, die mir Kugelwaffen verbieten. Samos halten sich auch nicht an Konventionen. Das wirst du gleich schon merken, wenn sie hier eintrudeln«, erklärte Jarod.

»Was muss ich tun?«, wollte Kako wissen, als plötzlich wieder mehrere Bomben in ihrer Nähe einschlugen und jede Menge Erde und Trümmer durch die Luft flogen.

Beide Füchse hatten sich schreckhaft geduckt, richteten sich jetzt aber wieder auf.

»Alles, was Wolf ist, abknallen! Draufhalten und diesen Knopf drücken«, erklärte Jarod knapp und deutete auf den Abzug.

»Aber dafür wurde ich doch gar nicht ausgebildet«, gab Joliyad zu bedenken.

»Ich auch nicht, aber da müssen wir wohl durch! Es ist eine Farce. Sie sind stärker, als man uns erzählt hat.«

Dann war plötzlich Maschinengewehrfeuer zu hören und laute Schreie erfüllten die beiden Füchse mit Angst. »Sie kommen! Lauft!«, rief eine Stimme und überall rannten Aramerianer hin und her. Laute Kampfschreie ertönten und immer wieder waren Schüsse und Granatenexplosionen hörbar. Ein Bau nach dem anderen detonierte oder fing Feuer.

Kakodaze linste um die Ecke der Wand, als Jarod ihn wieder am Arm packte und rief: »Komm, wir müssen helfen!«

Noch ehe er sich's versah, war er mitten im Geschehen und konnte nicht glauben, was hier passierte: Schnell liefen er und Jarod ihren Genossen hinterher und konnten erkennen, dass einige Samojedaner bereits im Lager waren und auf sie zu gerannt kamen. Viele Aramerianer verschanzten sich und feuerten in die Menge, während manche von ihnen durch Kugeln und Laserschüsse umkamen.

Überall spritzte Blut, dessen feiner, roter Nebel die Luft nach jeder Kugel durchzog, die traf. Lasergewehre verursachten solche Effekte nicht, sie verbrannten das Fleisch, was man jetzt auch geruchlich unangenehm wahrnehmen konnte. Überhaupt stank alles nach Tod und Feuer … Und es stank auch nach Fäkalien, also nach dem, was Füchse wie Wölfe nicht mehr in sich halten konnten, sobald sie qualvoll starben.

Dann schien sich alles in Zeitlupe zu bewegen: Joliyad beobachtete, wie Jarod seine Waffe in Feindesrichtung hielt und ein paar von ihnen mit gezielten Schüssen niederstreckte. Er rief dabei Schreie aus, die ebenso verlangsamt waren, wie alles um Joliyad herum. Als er in Richtung der Samojedaner blickte, sah er, dass zwar einige von ihnen umfielen und starben, andere aber den Durchbruch durch die erste Verteidigungsreihe der Aramerianer schafften. Immer wieder sprühte rotes, nasses Blut aus ihren pelzigen Körpern und ließ ihre Fellkleider glänzen.

»Leckt mich am Arsch!«, rief Jarod, feuerte aus seinem Maschinengewehr und setzte eine Kugelsalve frei, die etliche Wölfe tötete. Dabei lachte er diabolisch, sodass er Joliyad schon sehr unheimlich und brutal vorkam. Er war wie von Sinnen und konnte allem Anschein nach nicht aufhören, sie wahllos niederzumetzeln.

Kako selbst stand wie angewachsen da und war einer Bewegung unfähig. Einige Kugeln flogen an seinem Kopf vorbei, doch er stand nur da, war stumm und teilnahmslos. Er war mit Matsch und Blut bedeckt und blickte verzweifelt drein, während es in seinen Ohren unaufhörlich piepte. Der Fuchs war jetzt eine steinerne Statue.

Als mehr und mehr Wölfe die erste Linie durchbrachen, folgte Chaos, denn immer wieder entstanden Zweikämpfe Fuchs gegen Wolf: Sie schlugen sich mit Fäusten und Waffen, würgten einander und schnitten sich gegenseitig die Kehlen durch. Sie erstachen einander und brachen sich die Knochen, bissen sich und knurrten.

Kakodaze sah, wie man Jarod unmittelbar neben ihm mehrfach in den Körper und dann direkt in den Kopf schoss, sodass Teile seines Schädels förmlich explodierten. Sein Kumpan fiel auf die Knie und starrte eine gefühlte Ewigkeit lang in Joliyads Augen, ehe er nach vorn fiel und sein zuckender Körper schließlich wie eine leere Hülle liegen blieb, um von anderen zertrampelt und dem matschigen Boden gleich zu werden.

Überall um den jungen Fuchs herum töteten sie sich gegenseitig und viele Leichen beider Rassen lagen blutüberströmt um ihn herum. Die Körper stapelten sich und schienen ineinander zu verschwimmen. All das Blut tränkte ihre leblosen Kadaver und bildete Pfützen wie nach einem heftigen Regen.

Der Fuchs konnte nicht begreifen, was er da erlebte und fing wieder an zu weinen. Diese Bilder brannten sich nun also doch in sein Gedächtnis und er hielt mit steifem Arm seine Waffe fest, schloss die Augen und feuerte unvermittelt wild gen Himmel. Er wollte niemanden verletzen und brach innerlich zusammen, rief immer wieder: »Ihr seid alle Mörder!«

Nachdem er einige Salven abgefeuert hatte, schlug ihm jemand einen Gegenstand in den Nacken, woraufhin er ohnmächtig zu Boden fiel.

Joliyad wusste nicht, wie lange er bewusstlos gewesen sein musste, doch als er aufwachte, brummte ihm der Schädel. Er sah sich um und stellte fest, dass er plötzlich woanders war. Kako lag auf dem Rücken und starrte an die Decke eines flachen Raumes, an der verschiedene Töpfe, Kellen und andere Gegenstände hingen und sich klappernd im Wind bewegten.

Der Fuchs richtete sich langsam auf und fragte mit leiser Stimme: »Wo bin ich?«

»Ah, er ist wach!«, rief jemand erfreut.

Als Joliyad den Kopf zur Seite drehte, erblickte er einen älteren Wolf-Anthro, der lächelte und seinen ›Patienten‹ mit einem akzentuierten »Hallo! Wie hast du geschlafen?« begrüßte.

»Was … Was ist denn passiert? Wo bin ich?«, fragte Joliyad verwirrt und hielt sich am Hinterkopf. »Aua! Ich glaube, jetzt weiß ich es wieder«, stöhnte er.

»Ja, mein Sohn hat dir ganz schön eine verpasst, kleiner Aramerianer«, grinste der Wolf nur und lachte, während er in eine Ecke des dunklen Zimmers ging und am offenen Kamin in einem großen Kessel rührte. Er kam mit einer kleinen Holzschale zurück und bot sie seinem Gast an: »Das ist

Schneckenbrühe. Sie wird dir schmecken und dich wieder auf die Beine bringen, Fuchs.«

»Danke«, meinte Kako, »aber bin ich denn nicht ein Feind für dich?«

»Ach«, winkte der Wolf ab, »papperlapapp! Wer mein Feind ist, entscheide ich selbst, nicht irgendein dahergelaufener Ober-General-Major-Gefreiter-Dingens. Das ist Spinnerei, alles Schwachsinn!«

Plötzlich betrat ein deutlich jüngerer Wolfsrüde den Raum und sprach: »Ach Vater, Du redest wieder dummes Zeug. Geht es unserem Gast gut?«

»Ja«, rief der Ältere froh, »sieh ihn dir an.«

»Ja, ich sehe«, sagte sein Sohn und kam ernst dreinschauend auf den Fuchs zu. Er stand einen Moment neben dem Bett und als Joliyad ihn ängstlich anschaute, zog der Wolf ein Schwert aus seiner Scheide.

Kakodaze hatte Angst und er schluckte, doch sein Gegenüber stellte die silbrig-glänzende Waffe senkrecht auf den Boden, faltete seine Hände auf ihrem Griff und kniete hinter ihr nieder. Er senkte den Kopf und sprach: »Es tut mir leid, wenn ich euch Schmerzen zugefügt habe, junger Herr.«

Auch der Vaterwolf kam angelaufen und verbeugte sich neben Joliyad, der noch immer verwirrt schaute und die Schnauze nicht mehr zubekam.

»Wartet mal bitte! Lasst das! Was ist hier los? Wer seid ihr eigentlich?«, wollte er wissen.

»Verzeiht unsere Unhöflichkeit, junger Herr!«, begann der jüngere Wolf. »Ich bin Eraklion. Das ist mein Vater, Eriteroso. Ich habe Euch niedergeschlagen und das tut mir leid.

Als ich sah, wie jung Ihr noch seid, habe ich Euch mit zu uns nach Hause genommen, damit Euch nichts passiert, junger Herr. Es ist nicht normal, dass die Aramerianer so junge Soldaten haben. Die müssen sehr verzweifelt sein.«

»Was soll der Quatsch mit dem ›junger Herr‹? Ich bin ein ganz normaler Aramerianer – oder wie ihr sagen würdet: ›Ein ganz normaler Ara‹. Klärt mich auf, warum ihr so geschwollen redet«, herrschte Joliyad, fasste sich wieder an den Hinterkopf und kniff die Augen zusammen.

Die beiden Wölfe erhoben sich wieder und Eriteroso lief eilig hinaus. Sein Sohn erklärte dem angeschlagenen Fuchs: »Ihr seid doch der Gatte unseres Anführers. Und dessen Geliebter ist ebenso unser Herr wie auch er.«

»Was? Wessen Gatte soll ich sein? Wer ist er denn, euer Anführer?«

»Wir sind die samojedanische Widerstandsbewegung und kämpfen gegen die Aras, vollkommen unabhängig vom eigentlichen, Königlich-Samojedanischen Militär«, erzählte Eriteroso, der wieder zu Kakodaze gekommen war und ihm ein Blatt einer gelben Blüte hinhielt.

»Esst das, junger Herr, dann seid Ihr das Kopfweh gleich wieder los«, meinte sein Sohn dann.

Joliyad steckte sich das Blatt in die Schnauze und begann zu kauen. Er verzog das Gesicht, da es sehr bitter und muffig schmeckte. »Und das soll helfen?«, fragte er angeekelt.

»Oh ja!«, meinte der alte Wolf lachend.

»Und, wer ist nun dieser Anführer eurer Bewegung, der mein Gatte sein soll?«

»Na, Amarok!«, rief Eraklion.

»Was? Er ist hier?«, erschrak Joliyad.

»Ja, und er kommt Euch gleich besuchen, junger Herr.«

»Amarok ist doch ebenfalls erst 16, so wie ich. Wie kann er euer Anführer sein? Ihr meint bestimmt einen anderen Amarok, nicht wahr? Da gibt es bestimmt nicht nur einen.«

»Zuvor war Jack, sein Vater, unser Anführer. Aber seit dessen Tod …«, begann der jüngere Wolf.

»Was? Er ist tot?«, unterbrach Joliyad traurig.

»Ja, leider«, bestätigte Eriteroso, während Kako das Blütenblatt herunterschluckte und Tränen seine Augen füllten.

»Und Amaroks Mutter?«, bohrte er nach.

Eraklion schüttelte langsam und traurig den Kopf.

»Und Enna?«

»Nur Amarok hat überlebt«, erklärte der alte Wolf, der ebenfalls betroffen schaute. »Eine Bombe der Aras. Die haben sie auf ihr eigenes Land geworfen. Das Haus in Salijeko, in dem sie lebten, ist nur noch Asche. Es tut mir sehr leid, junger Herr.«

»Was ist das nur für ein sinnloses Gemetzel?«, fragte Joliyad und schüttelte den Kopf voll Trauer. All das war absolut unsinnig: Es gab keinen Grund, einander zu hassen. Warum konnten sie nicht alle wieder vernünftig werden? Vergangenheit war vergangen. Konnte man sich nicht zusammenraufen und alles würde gut werden?

Jetzt betrat ein dritter Wolf den Raum. Kakodaze sah ihn an und stellte fest, dass er eine Rüstung mit Helm, ein Schwert und ein Gewehr trug. Völlig fassungslos erblickte er das Gesicht des Wolfes, als dieser den Helm absetzte und in einer seiner Hände hielt, als er auf Joliyad zuging.

»Amarok!«, rief der Fuchs freudig, sprang vom Bett und lief auf den Soldaten zu. In diesem Moment war sein Kopfweh verflogen.

»Joliyad!«, rief der Krieger und ließ den Helm fallen. Er breitete die Arme aus und lächelte, als sein Freund in umarmte und fest an sich drückte.

»Verdammt, ich habe dich so vermisst! Bei den Göttern! Ich bin so froh, dass es dir gut geht!«, rief Joliyad und weinte vor Freude. Er schluchzte zufrieden und es fühlte sich an, als würde er in den starken Armen seines Freundes versinken. Er fühlte sich jetzt ganz leicht und schien zu schweben.

Amarok löste die Umarmung dann und meinte: »Lass dich ansehen, Süßer. Wo warst du denn? Warum hast du dich denn nicht mal gemeldet?«

»Es tut mir leid, Amarok. Rado und ein paar andere Lehrer haben mich ruhiggestellt, als ich flüchten wollte, um dich zu suchen. Sie haben das Mittel zu hoch dosiert und mich fast damit umgebracht. Ich lag einen ganzen Monat lang im Koma«, plapperte der Fuchs schnell.

»Was? Das ist furchtbar!«, erschrak sein Freund und strich ihm sanft über den Hinterkopf.

»Aber das ist nun egal. Alles ist in Ordnung. Ich bin froh, dass ich dich wiedergefunden habe«, erklärte der Fuchs.

Amarok lächelte wieder und gab seinem Geliebten einen zarten Kuss auf die Lefzen. »Welch ein Zufall, dass wir uns gerade hier wiedersehen«, meinte er und gab ihm noch einen zweiten.

Joliyad sah in seine braunen Wolfsaugen, die er so lange nicht mehr gesehen hatte, strich seinem Freund mit der Hand über die Stirn und lächelte.

»Meine Herren, wir müssen eine weitere Gruppe losschicken, um den nächsten Angriff auszuführen«, warf Eraklion ein und unterbrach das Paar.

»Ja«, meinte Amarok, »die Siebte und Erste sollen sich aufstellen. Ich werde sie gleich auf dem Dorfplatz ansprechen. Es geht nach Ispo und dann nach Cetka.«

»Ja, sehr wohl, junger Herr«, bestätigte Eraklion dann, verbeugte sich und verließ mit seinem Vater den Raum.

»Ispo und Cetka?«, fragte Joliyad. »Ich dachte, ihr hattet nur mit Salijeko zu tun?«

»Nun nicht mehr, Schatz«, erklärte sein Freund. »Es läuft gut: Wir haben Salijeko, Tshutpri und Nevi eingenommen. Nun folgen Ispo und eben Cetka.«

»Also wollt ihr tatsächlich das gesamte Jukonat erobern? Wozu? Warum noch mehr Blut vergießen?«, fragte der Fuchs unständig.

Amarok wandte sich ab, ging ein paar Schritte weg und drehte seinem Freund den Rücken zu. »Wir holen uns das, was Kardoran uns versprochen hat: Freiheit! Wir lassen uns nicht länger einsperren. Wir sind es leid«, sprach der Wolf mit lauter, fester Stimme und wirkte böse, ja aggressiv auf seinen Freund.

Dieser konnte nicht fassen, was er da hörte und fragte: »Ernsthaft, Amarok? Was ist los mit dir? Ich dachte, du wärst *gegen* Angriffe und Krieg? Ihr wart doch glücklich in Salijeko.«

Schnell drehte der Wolf sich um und kam hastig wieder auf Joliyad zu. Sein Ausdruck war sehr ernst und zum ersten Mal konnte der Fuchs die Reißzähne seines Freundes sehen, weil dieser böse die Lefzen anhob und sehr kämpferisch dreinschaute. »Glücklich in Salijeko?«, fragte er. »Ja, wir *waren* glücklich in Salijeko!« Jetzt begann er, Joliyad anzuschreien: »Aber es gibt kein Salijeko mehr! Ach ja … Es gibt nicht mal mehr ein ›Wir‹, denn meine Eltern und meine Großmutter sind tot, alle tot!«

»Es tut mir …«, begann Joliyad, wurde aber durch weiteres Schimpfen seines Freundes unterbrochen.

»Warum? Warum sollte dir das leidtun? *Du* hast sie nicht getötet! Dein Freund, der Ara-Führer war es! Da ist kein Salijeko mehr, kein Haus, keine Enna und keine Eltern! Alles ist Schutt, Asche und Blut. Das Blut meiner Familie! Du kannst nichts dafür, aber Kardoran, dieses Schwein, wird dafür bezahlen, dass er meine Familie umgebracht hat. Unschuldige Samojedaner, die nichts mit dem Krieg zu tun hatten!«

Seine Aggression schlug auf Joliyad ein wie Hagelkörner in einem Sturm – und sie tat diesem auch genauso weh.

»Jetzt halt mal die Luft an!«, herrschte er böse. »Nein, *ich* habe deine Familie nicht getötet und verabscheue den Krieg genauso wie du. Aber dein Vater war Anführer der Widerstandsbewegung. Hast du das etwa vergessen? Sag mir nicht, er war an rein gar nichts beteiligt! Auch er hat nicht das Gespräch gesucht. *Keiner* von all diesen Holzköpfen mit überdimensioniert dicken Eiern!«

Eine Pause entstand, in der Amarok Joliyad tief in die Augen sah und sich endlich wieder zu beruhigen schien. »Du hast immer noch sehr schöne, blaue Augen. Sie können gar nicht böse auf etwas sein«, flüsterte er, was seinem Geliebten wieder ein Lächeln schenkte.

»Und ich wusste nicht, wie männlich du wirken kannst, wenn du deine Reißzähne blitzen lässt.«

»Joliyad, du hast ja recht: Es ist alles aus dem Ruder gelaufen. Mein Vater war ein Idiot. Ein ebenso großer wie der Ara-Führer. Ich habe damals versucht, es ihm auszureden, aber er ließ sich nicht davon abbringen. Als unsere Regierung sich bereit erklärte, uns für den Aufstand mit Waffen zu versorgen, wurde die Lage aussichtsreicher und es war unmöglich, den festen Willen unserer sturen Königin umzustimmen«, sprach der Wolf und seufzte.

»Ich verstehe. Du hast es versucht und nur das zählt, mein Schatz. Ich habe mit Kardoran gesprochen, bevor ich herkam. Das Ergebnis war dasselbe. Wir müssen das irgendwie beenden.«

»Lass uns woanders hingehen, wo wir uns in Ruhe unterhalten können. Mein Körper und mein Geist haben sehr lange auf dich gewartet«, meinte Amarok dann.

Er fasste die Hand des Fuchses, führte sie zu seinem Schritt und erwartete, dass Joliyad zufassen würde. Das tat der dann auch und bemerkte, dass sein Wolf eine Erektion hatte.

Er löste den Griff und meinte, Amarok habe ihm sicher viel zu erzählen.

»Oh ja«, bestätigte der, »ich habe ja nicht einfach nur geschlafen, so wie du.«

»Hey, sag das nicht. Ich habe mit meinem Geist gearbeitet«, widersprach Joliyad.

»Davon musst du mir nachher erzählen. Lass uns auf den Platz gehen, damit ich die Soldaten fortschicken kann«, meinte der Samojedaner und beide verließen den Raum.

»Wo sind wir hier eigentlich? Das ist doch nicht Tshutpri«, erkannte Joliyad und erblickte einen großen, gepflasterten Marktplatz, auf dem von irgendwelchen Kriegsschäden überhaupt keine Spur zu sehen war: Es war alles sehr ordentlich und gepflegt. Kleine Häuser umringten den Platz, in dessen Mitte ein kleiner, plätschernder Brunnen stand. Die Sonne schien und Vogelgezwitscher war zu hören. Es war ruhig und gediegen.

Keine Explosionen.

Keine Schüsse.

Keine Schreie.

Kein Tod.

Joliyad kamen die Erlebnisse der vergangenen Stunden wieder in den Sinn und er erschrak, als die Bilder vor seinem geistigen Auge wie ein Film abliefen.

»Alles in Ordnung, Schatz?«, fragte Amarok.

»Ja, alles gut. Es ist nichts … Habe nur nachgedacht.«

Auf dem Platz standen einige Soldaten in Reih und Glied und erwarteten Amaroks Befehle.

»Du bist jetzt in Samojadja. Meine Leute haben dich gefunden und anhand deiner Karte in deinem Rucksack festgestellt, wer du bist. So haben sie dich mit hierher genommen«, erklärte der Wolfsrüde.

»Ach ja, mein Rucksack … Ist denn noch alles drin?«, fragte Kako, als sie auf die Gruppe Soldaten zugingen.

»Ich denke schon«, meinte Amarok. »Ich lasse ihn zu mir nach Hause bringen. Zuerst weise ich meine Leute ein und dann gehen wir dorthin.«

Als sie vor den Soldaten standen, stellte Kakodaze fest, wie sehr sein Geliebter sich verändert zu haben schien: Er wirkte viel erwachsener, bestimmter und weniger ängstlich als zu dem Zeitpunkt, als ihre Wege sich getrennt hatten. Was war nur passiert? Er wirkte stark, irgendwie sexy und äußerst maskulin.

»Meine Freunde und Brüder«, begann Amarok laut rufend, »heute ist ein großer Tag, denn heute werden wir weitere Städte einnehmen. So unsere Götter es wollen, werden wir den Aras im Namen unserer Königin und unserer stolzen Nation in den Arsch treten!«

Seine Rede wurde kurz durch einen Kriegsschrei unterbrochen, auf den jemand aus der Reihe fragte: »Wer ist denn der da? Er ist doch auch ein Ara-Schwein.«

»Das ist mein Freund, Joliyad Kakodaze. Er ist mein Mann und Gefährte. Und obwohl er ein Aramerianer ist, ist er immer noch *mein* Aramerianer! Ich erwarte, dass sein Wort dasselbe für euch zählt wie das meine. Ich hoffe, dass das jeder verstanden hat«, erklärte Amarok den Wölfen.

Diese gaben ein lautes und einstimmiges »Ja, Sir!« zum Besten und Joliyad blickte erstaunt und zugleich beeindruckt seinen Wolf an: Wie war er nur so viel männlicher geworden, so viel anziehender?

»Amarok, du weißt aber schon, dass du deinen Leuten gerade gesagt hast, dass du …«, begann Kako.

»Was denn? Dass ich auf Rüden stehe? Dass ich schwul bin? Warum denn nicht? Glaubst du etwa, sie schätzen mich jetzt weniger?«, fragte der Wolf und lächelte seinen Freund an.

Danach wandte er sich wieder den Soldaten zu und setzte seine Rede fort: »Ihr werdet gleich von einer Fähre abgeholt und nach Arameria gebracht. Wir haben deren Truppen fast bis an die Grenzen des Jukonats zurückgedrängt. Doch nachdem wir Ispo und Cetka eingenommen haben werden, ist das Jagrenat Banatorija zu zwei Dritteln erobert und der Krieg findet weiterhin nur auf ihrem Boden statt. Sorgt dafür, dass die beiden Städte eingenommen werden. Verschont das Leben von Unbewaffneten und ermöglicht deren Flucht. Es wird nur auf kampfbereite Aramerianer gefeuert. Werdet ihr angegriffen, dann reißt dem Feind den Kopf ab!«

Jetzt ertönte ein noch lauteres »Ja, Sir!«, gefolgt von Applaus.

»Meine Freunde und Brüder! Lasst uns die Unterdrückung durch die Aramerianer beenden und endlich dafür sorgen, dass die Worte unserer Götter Samo und Jadja ihre Erfüllung finden: Sie haben gewollt, dass dieser Planet *allen* Wesen gehört, die ihn bewohnen – ohne Ausnahme! Und nun ist es an der Zeit, dass wir diesen Worten folgen und den Aramerianern beibringen, dass auch ihr Kontinent, ihre Insel, uns allen gehört!«

Ein letztes Mal wurde Amaroks Rede durch einen samojedanischen Ausruf der Soldaten unterbrochen, die dabei ihre rechten Arme hoben und voll von Stolz und Ehrgeiz lächelten: »Kecar!«

Joliyad verstand dieses Wort nicht, obwohl die Sprachen Samojedani und Aramериani nicht sehr verschieden waren. Er sah den Wölfen jedoch an, dass es etwas sehr Emotionales und Tiefes bedeuten musste.

Der Anführer beendete seine Rede, indem er unisono mit den Soldaten drei Mal »Kecar!« rief, den rechten Arm hob und seine Hand dabei selbstbewusst zu einer Faust ballte. Die Kämpfer gingen nun ihres befohlenen Weges, bereit und motiviert für eine weitere Schlacht.

»Was bedeutet dieses Wort, ›Kecar‹?«, fragte der Fuchs neugierig, als sein Freund, offensichtlich gerührt, seinen Kameraden nachsah und die Fuchshand nahm.

»Es lässt sich nicht einfach übersetzen. Aber es bedeutet, dass wir zusammenstehen und stark sind. Alle Samojedaner sind eine Familie. Wir sind frei in unseren Entscheidungen, souverän – immer und zu jeder Zeit. Wir leben in einer etwas anderen Kultur als ihr Füchse: Hier versucht nicht jeder der Schnellste, Beste und Tollste für sein Land zu sein. Ich meine: Auch bei uns tut jeder, was er kann, aber wir sind stets dazu bereit, immer nur so schnell zu sein wie die Langsamsten von uns« sinnierte Amarok.

»Was meinst du damit?«

»Hast du dich denn nie gefragt, wo eure nicht ganz so schlauen, starken und mutigen Füchse sind?«

»Nein, gibt es denn da wesentliche Unterschiede?«, fragte Joliyad und brachte damit seinen Freund zum Lachen.

»Ach, Schatz, ich erkläre dir das später mal«, meinte dieser und deutete an, fortgehen zu wollen. »Wir gehen zu meinem Haus. Da können wir in Ruhe reden«, sagte er dann.

Kakodaze nickte und sie liefen händchenhaltend über den Platz, bis sie vor einem kleinen Gebäude standen, das sehr urig aussah. Es wirkte, als sei es um einiges älter als die meisten anderen.

Das Häuschen war gepflegt und gefiel Joliyad sehr: »Schönes Haus hast du. Es ist so anders als die in Arameria. Wie bist du dazu gekommen?«

»Danke. Ich habe es von einem alten Herrn übernommen, der weggezogen ist. Es ist nicht mehr das Neueste aber in einem sehr guten Zustand. Ich habe nicht viel dafür bezahlt«, erklärte Amarok.

»Bezahlt?«, wunderte sich der Fuchs.

Wieder musste der Wolf grinsen. »Ach ja«, meinte er, »ihr habt ja kein Zahlungsmittel. Ist halt eben eine andere Welt hier, Süßer.«

»Doch, wir haben den Letveri.«

»Aber der gilt nur in Bolemare, oder?«

»Ja. Eure Währung gilt in ganz Samojadja?«

»Richtig«, bestätigte Amarok und öffnete die Haustür mit einer Plastikkarte, die er in einen Schlitz schob. »Willkommen in meiner kleinen, feinen Wolfshöhle! Mein Haus ist auch dein Haus, Süßer«, erklärte er freudig.

»Wow!«, rief Joliyad begeistert, als er das Wohnzimmer Amaroks betrat.

Überall hingen Bilder von Anthro-Wölfen, welche nur spärlich bekleidet waren. Eine große Sitzlandschaft säumte zwei Wände und der Raum wurde von mehreren Standbalken aus Holz zerschnitten. Auch eine Art Kochnische gab es hier.

»Ich muss sagen, du hast es dir sehr schön gemacht«, lobte Kako den Einrichtungsstil seines Freundes.

»Ja, aber das musste ich auch«, gab dieser zu bedenken, »sonst wäre ich wahrscheinlich durchgedreht.«

»Ja, das kann ich mir vorstellen.«

»Möchtest du etwas trinken?«, fragte Amarok und ging zu einem Regal, in dem einige bunte Flaschen standen.

»Nein, im Moment nicht, danke«, lehnte Joliyad ab und setzte sich auf das Sofa.

»Ich habe aber auch Kopa'che da«, lockte ihn sein Freund und zwinkerte lächelnd.

»Na gut. Wie kann ich da ablehnen?«, grinste der Fuchs.

Amarok brachte zwei Gläser und eine Flasche des Getränks mit, bei dessen Genuss sie sich vor einiger Zeit erst richtig ineinander verliebt hatten.

Er setzte sich zu seinem Freund, füllte die Gläser und fragte: »Wie ist es dir ergangen da draußen?«

»Nun, ich habe gedacht, ich müsste sterben. Der Krieg hat scheinbar jede Struktur und Moral meines Volkes aufgelöst. Es ist alles sehr verwirrend: Das Warum und Wohin spielten keine Rolle. Es war schon merkwürdig. Ich habe viele Füchse sterben sehen, und zwar innerhalb weniger Minuten«, grübelte Joliyad, nahm ein Glas in die Hand und betrachtete es versunken.

»Das tut mir leid. Ich weiß, was du meinst, Joliyad«, begann sein Freund. »Es war sehr mutig von dir, hierher zu kommen. Du musst wissen, dass ich mich nicht geändert habe. Schon mal gar nicht meine Liebe zu dir. Ich bin nur sehr wütend darauf, dass die Aras meine Familie ausgelöscht haben.«

Kako stellte sein Glas wieder auf den Tisch.

»Und das tut *mir* sehr, sehr leid. Ich liebe dich«, sagte er traurig und beide umarmten sich zärtlich. »Ich wünschte, all das wäre nie passiert«, ergänzte Joliyad dann traurig.

»Es ist nicht deine Schuld«, beruhigte sein Wolfsfreund ihn. »Du hast ja auch recht: Mein Vater hat den Widerstand organisiert, was dazu geführt hat, dass es diesen sinnlosen Überfall auf Salijeko gab. Das hätte nie passieren dürfen. Aber er hat sich nun mal von seinen Mitstreitern zu dieser Dummheit überreden lassen. Jetzt ist der Krieg da und unsere Königin wünscht hartes Durchgreifen. Es kann mit Kardoran und seiner Unterdrückung so einfach nicht weitergehen.«

Die beiden Rüden lösten ihre Umarmung, nahmen die Gläser in die Hände und erhoben sie.

»Aber es ist schön, dich jetzt wieder hier bei mir zu haben«, lächelte Amarok.

»Ich bin froh, dass der Zufall es so wollte, dass ich dich finden durfte – und überlebt habe«, stimmte sein Freund zu.

Sie stießen an und tranken ihre Gläser in einem Zuge leer. Danach schüttelten sie sich gleichzeitig und verzogen die Gesichter.

»Bah, ist der gut!«, rief Joliyad und stellte das Glas wieder ab.

Das Getränk betäubte jeden Schmerz.

»Oh ja!«, bestätigte Amarok. »Ist dir eigentlich aufgefallen, dass Kopa'che eines der wenigen Dinge zu sein scheint, die unsere beiden Kulturen gemeinsam haben?«

Kakodaze dachte nach: Kopa'che hieß in beiden Kulturen gleich, schmeckte gleich und machte auch das Gleiche mit seinen Trinkern.

»Stimmt, es macht auf beiden Seiten des großen Meeres die Rüden läufig. Ich finde, Kardoran sollte auch mal was davon trinken«, scherzte der Fuchs und die Freunde lachten.

»Ach, du bist süß, Füchschen. Bist du denn jetzt läufig?«, raunte Amarok und blickte erwartungsvoll in die leuchtend blauen Fuchsaugen, die er so liebte und so vermisst hatte.

»Das kann durchaus sein, mein Schatz. Wenn wir die Flasche ausgetrunken haben, werde ich jede Qual und das Chaos da draußen vergessen haben. Dann kann es gut sein, dass ich mich zurückhalten muss, mein Lieber«, meinte Kako, als er beide Gläser wieder auffüllte und Amarok erneut ein süßes Lächeln schenkte.

Der Wolf nahm die Fuchshand und legte sie auf seine. Er betrachtete sie und sagte: »Wenn du willst, kannst du bei mir erst mal Urlaub machen. Wartet daheim jemand auf dich?«

»Nein«, gestand sein Freund, »Kardoran hat meine Eltern weggeschickt. Sie wollten das, was geschehen ist, herunterspielen und so tun, als sei nie etwas passiert. Ich glaube auch nicht, dass ich den Stoff in der Schule je wieder nacharbeiten kann. Wenn diese Schule dann noch existiert.«

»Heißt das also ja? Also kannst du etwas bleiben?«, freute sich Amarok.

»Ja, aber musst du nicht deine Leute führen?«

»Ich habe natürlich meine Stellvertreter und Berater. Ich bin erst 16. Ich halte das alles ohnehin etwas für zu viel verlangt. Sie vertrauen mir, da ich der Sohn ihres damaligen Anführers bin. Außerdem bin ich der Krone gegenüber loyal«, erklärte der Wolfsrüde.

»Dann kann ich auch ruhig etwas hierbleiben«, bestätigte der Fuchs und trank sein Glas aus.

Plötzlich fiel ihm ein kleines Jagdmesser auf, welches auf einem Regalbrett lag. Er ging darauf zu und betrachtete es: Seine Klinge hatte die Darstellung eines Wolfskopfes eingeätzt. Ein Motiv, welches Joliyad schon mal gesehen hatte.

»Schön, nicht?«, fragte sein Freund. »Gefällt es dir?«

Joliyad dachte nach und sagte schließlich: »Ich habe dieses Messer schon einmal in einem Traum gesehen. Das ist aber eine längere Geschichte. Da spielte ein Anthro eine Rolle, ein Alsatiat – oder so ähnlich. Das Messer lag dort in einer Schrankwand. Woher hast du es?«

»Wirklich? Alsatiaten leben im Süden Samojadjas und sind sehr selten anzutreffen«, staunte Amarok. »Es war ein Alsatiat, der es mir geschenkt hat. Auf einem Basar. Das ist ja witzig! Vielleicht ein böses Omen?« Dann grinste er.

Der Fuchs betrachtete die matte Klinge und den sorgfältig gearbeiteten, hölzernen Griff. Es schien sehr wertvoll und äußerst scharf zu sein.

Konnte das etwa ein Zufall sein? Wie kam das Messer hierher? Wer war dieser komische Schäferhund, der wieder und wieder auftauchte, völlig unerwartet?

»Schon merkwürdig«, meinte Joliyad nachdenklich.

Das Paar ließ sich wieder bequem ins Sofa sinken und sie sprachen eine ganze Weile über die Geschehnisse. Kako berichtete von seinem Traum, den er während seiner Bewusstlosigkeit erlebt hatte, und wie verwirrend er war.

»Sah dieser Hund denn gut aus? Hattest du also so was, wie einen feuchten Traum, hm?«, neckte Amarok.

»Sagen wir mal: Für einen Alsatiaten, dessen Art ich vorher noch nie gesehen hatte, sah er recht annehmlich aus. Seine Augen … Sie durchdrangen meinen Geist und sind sehr schwer zu vergessen. Irgendwie süß, ja, aber nicht so sexy wie du«, schmeichelte Kako.

»Das hast du schön gesagt«, raunte Amarok und küsste seinen Liebhaber ganz sanft auf die Lefzen. Abrupt sprang er auf, nahm hastig Joliyads Hand und rief: »Komm, ich muss dir noch das Schlafzimmer zeigen!«

Sofort verstand Kakodaze und folgte ihm eine Treppe hinauf. »Diese Situation erinnert mich irgendwie …«, meinte der Fuchs.

»Ja, ich weiß«, unterbrach Amarok. »Und wenn du möchtest, wird sie auch einen ähnlichen Ausgang nehmen wie damals.«

»Es gibt nichts, was ich jetzt gerade lieber mit dir tun würde, Amarok«, stimmte Joliyad zu und spürte, wie sein Herz schneller schlug. Endlich war der Moment gekommen, auf den er so lange gewartet hatte: Nach all der Zeit konnte er wieder mit seinem Freund zusammen sein, ihn lieben und von ihm geliebt werden.

Im Schlafzimmer angekommen, betrachtete der Aramerianer das große Bett, welches sehr ordentlich gemacht war. Es war aus Holz gefertigt und der Rahmen war tiefschwarz, während die riesige Zudecke dunkelrot leuchtete.

»Sieht einladend aus«, sinnierte der Fuchs und bemerkte, dass auch in diesem Zimmer einige Ölgemälde hingen. Sie waren denen im Erdgeschoss ähnlich, nur, dass auf diesen Abbildungen ausschließlich unbekleidete, männliche Füchse und Wölfe zu sehen waren. Einige von ihnen hatten ausgeschachtete Penisse und schauten sehr erotisch und verführerisch drein.

»Sehr schöne Bilder. Von wem sind die?«, fragte Kako.

»Die habe ich gemalt.«

»Wirklich? Ich wusste nicht, dass du das so gut kannst«, lobte der Fuchs und betrachtete jedes Bild sehr genau.

»Da staunst du, was?«, grinste Amarok und richtete das Bett her.

»Hier sieht es fast schon so aus wie bei Kardoran mit seinen Rüden-Statuen«, verglich Joliyad.

Amarok kramte in einer großen, schwarzen Holzbox und holte eine weitere Decke und ein Kopfkissen heraus.

Während er sie aufs Bett legte und ausrichtete, fragte sein Fuchsfreund ihn: »Wie hast du dich in all der Zeit … Wie soll ich sagen?«

»Vergnügt?«, ergänzte Amarok. »Ich habe niemanden hiergehabt, wenn du das meinst.«

»Schatz, nicht, dass du denkst, ich wollte …«, stammelte Joliyad.

»Ist schon gut«, beruhigte ihn der Wolf mit einer Umarmung. Er hielt den Kopf des Fuchses in seinen Händen und sah ihm tief in die Augen. »Ich habe diese Bilder für uns gemalt. Ich hatte gehofft, dass du mich finden würdest. Sicher hat mich das dann immer sehr erregt, ich habe aber noch zwei gesunde Hände, wenn du verstehst.«

Jetzt lächelten beide und Joliyad meinte: »Das ist so süß! Ich hoffe, du musst deine Hände nie wieder strapazieren.«

»Ich hoffe, zumindest nicht an mir selbst. Das macht sie nämlich echt müde. Dann musst du wohl deine an mir strapazieren«, scherzte Amarok.

»Ich habe da auch schon einige Ideen für den vernachlässigten Wolfsrüden. Und wenn er lieb und artig ist, bekommt er eine tolle Belohnung«, säuselte der Aramerianer und gab seinem Freund wieder einen Kuss.

»Komm, Süßer, ich helfe dir, diese blöde Uniform auszuziehen«, schlug der Samojedaner vor.

»Hey, das ist immerhin vielleicht das letzte Andenken an die Heimat«, entgegnete der andere Rüde.

»Hast ja recht. Tut mir leid. Aber heute bist du schließlich bei mir und morgen gebe ich dir ein paar andere Sachen.« Der Wolf streifte seinem Freund die Hose herunter und kicherte: »Oh, welch sexy Unterhose du hast.«

»Sehr witzig. Die ist völlig hässlich und viel zu weit. Das ist Militärkram. Deine ist viel heißer«, negierte Kako und betrachtete den Schritt Amaroks. »So schön eng anliegend. Oh ja, das gefällt mir.«

»Danke, mein süßer Fuchs.«

IX. WOLFSDENKEN

Natürlich hatten Amarok und Joliyad sich schon lange auf diesen Zeitpunkt gefreut, an dem sie einander wiedersehen würden. In dem Moment, als der Wolf Kakodaze die Uniform auszog, streifte er damit all die Sorgen und Ängste, die der Krieg zwischen Aramerianern und Samojedanern verursacht hatte, vorerst beiseite.

»Mein Schatz, lange habe ich darauf gewartet, diesen schönen Körper wiederzusehen«, flüsterte Amarok und streichelte Joliyads Brust, der jetzt unbekleidet und ohne Scham vor ihm stand.

»Ich habe dein silbrig-graues Fell vermisst«, raunte Kako, »und auch deine wundervollen Augen … deine Stimme, deinen Atem und deine Wärme.«

Der Wolf lächelte: »Lass mich dich umarmen, Liebling.«

Mehrere lange Küsse und Streicheleinheiten folgten der Umarmung und Kakodaze gab zu, dass er sehr aufgeregt sei.

»Ich bin es auch. Gehen wir es langsam an. Wir haben jetzt alle Zeit der Welt«, beruhigte sein Freund ihn.

Sie legten sich aufs Bett und streichelten einander sehr sanft. Endlich konnten sie den Körper des jeweils anderen ertasten, ihn spüren und liebkosen. Inniger, zuerst ruhiger, später sehr wilder Sex folgte, bei dem die beiden Rüden viele Dinge miteinander ausprobierten. Da Amarok eine Kamera bereitgelegt hatte, hielten sie ihr zweites Mal auf Video fest.

Zuerst hatte Joliyad einige Bedenken und war sich nicht sicher, ob ein Video eine gute Idee wäre, stimmte letztlich jedoch zu.

Als sie sich beide erleichtert hatten, lag Amarok zwischen den Beinen seines Freundes und blickte in die Augen seines Geliebten.

Das Blau der Unschuld.

Des großen Meeres, welches ihre Arten trennte.

Doch sie waren zusammen.

Verbunden.

»Du bist so süß, mein Füchschen! Ich musste aufpassen, nicht zu schnell zu kommen«, merkte Amarok hechelnd an.

»Oh, das war der Wahnsinn, Amarok!«, freute sich der Fuchs und wurde fest von seinem Liebhaber umarmt.

Dieser presste seinen Körper auf den Kakodazes und küsste ihn am Hals und auf der rechten Schulter, während beide schwer atmeten und langsam wieder zur Ruhe kamen. Ihre Flüssigkeiten durchnässten ihre Körper, während sie sehr zufrieden lächelten und sich abschließend aneinander rieben.

»Das war wirklich unglaublich, wie du mir den wilden Wolf gemacht hast. Das … war fantastisch!«, japste Joliyad begeistert.

Doch Amarok seufzte nur, woraufhin ihn sein Freund fragte, ob etwas nicht in Ordnung sei. »Tut mir leid, Süßer, aber ich kann gerade nicht viel dazu sagen. Ich bin noch völlig am Ende«, lachte der Wolf.

Die Rüden küssten einander ganz sachte und beschlossen dann, dass es wohl an der Zeit sei, zu duschen. Amarok ging zusammen mit seinem Fuchs auf die Kamera zu, die immer noch aufzeichnete. Sie sahen zusammen ins Objektiv und küssten einander hauchend, bevor der Wolf die Aufnahme beendete und sie schließlich ins Bad gingen.

Dort stellten sie sich unter die Dusche und ließen sich viel Zeit dabei, einander gegenseitig einzuschäumen, zu küssen, abzuwaschen und abzutrocknen. Dann legten sie sich ins Bett und Joliyad stellte fest, dass man durch das Fenster am Fußende einen perfekten Blick auf den romantischen Sonnenuntergang hatte.

»Wunderschön«, sagte er, als er im Arm seines Wolfes lag und an dessen starkem Körper lehnte.

»Oh ja«, bestätigte dieser und kraulte sanft die Schulter Joliyads, der zufrieden seufzte und seine Hand auf Amaroks Oberschenkel gelegt hatte. »Ich hoffe, das endet nie«, sprach der Wolf dann nachdenklich und kuschelte sich mit seinem Kopf an die Fuchsschulter.

Kakodaze lächelte und meinte: »Es war sehr schön, was wir vorhin gemacht haben und ich möchte noch viel mehr davon.«

»Jetzt?«, erschrak Amarok und schaute überfordert.

»Nein«, grinste Kako, »nicht mehr heute, aber später. Ich hatte meinen allerersten Multiorgasmus, weißt du das?«

»Ja, ich war etwas überrascht, dass das tatsächlich klappte, aber offenbar hast auch du sehr viel …«

Amarok überlegte.

»Angestaut?«, ergänzte der Fuchs und beide lachten.

Dann sahen sie sich noch eine Weile wortlos den Sonnenuntergang an, bis der Wolf merkte, dass sein Liebling in seinem Arm eingeschlafen war. Vorsichtig legte er ihn richtig ins Bett und streifte ihm langsam die Bettdecke über. Dabei beobachtete er heimlich den Fuchskörper und lächelte.

»Du hast ein so schönes rotbraunes Fell«, flüsterte er und gab Joliyad einen ganz zarten Kuss auf dessen Nase. Dabei bewegte dieser sich etwas, rieb sich schlafend die Nase, und der Wolf hatte Angst, er könnte ihn versehentlich geweckt haben. Als er aber merkte, dass dem nicht so war, sah er den Fuchs fürsorglich an und meinte: »Du bist so süß, mein Schatz. Ich hoffe wirklich, dass das nie endet.« Anschließend stand Amarok ganz leise wieder aus dem Bett auf. Die Sonne war jetzt untergegangen, der Mond schien durch das Fenster und erhellte das Zimmer. Der Wolf ging darauf zu, schaute einen Moment lang versunken hinaus und beschloss, vor die Tür zu gehen.

Der Marktplatz war wie leer gefegt und keine Lichter brannten in den Häusern. Es war sehr still und nur ein paar Grillen waren zu hören. Sie waren sogar etwas lauter als der kühle Wind, der dem Wolf an seinem Körper entlangwehte. Er hatte sich keine Kleidung angezogen, denn er war schließlich allein und zudem nur ein paar Schritte von seinem Haus entfernt.

Er setzte sich auf eine Holzbank und blickte hinauf zum Mond, während er die Hände faltete und flüsternd aussprach, was ihm gerade durch den Kopf ging: »Jadja, meine Göttin, ich bin froh, dass du mir meinen Süßen wiedergegeben hast. Ich habe ihn sehr vermisst, so wie er auch mich. Ich bin dir und Samo sehr, sehr dankbar, dass ihr uns wieder zusammengeführt habt. Und wie auch immer ihr das gemacht habt, es war toll.«

Jetzt musste der Rüde lächeln und dachte an den Sex, den sie vorhin gehabt hatten und daran, dass alles aufgezeichnet worden war.

»Ich weiß nicht, ob es euch missfällt, dass er und ich … ihr wisst schon … schwul sind. Ich kann nur für mich sprechen, aber ich liebe ihn sehr und will ihn nie mehr verlieren.« Amarok fühlte sich sehr traurig bei dem Gedanken daran, seinen Freund jemals verlieren zu können, und so hatte er jetzt Tränen in den Augen.

»Nicht so wie meine Familie. Er ist jetzt meine Familie. Und wie ihr wisst, tun wir Samojedaner alles für unsere Angehörigen. Wenn es sein muss, sterben wir für sie.«

Der Wolf bemerkte nicht, dass Joliyad wieder aufgestanden war, jetzt nur zwei Schritte hinter ihm stand und seiner Rede lauschte.

»Samo und Jadja, bitte lasst uns eine sehr schöne Zeit miteinander verbringen. Joliyad ist süß, schlau und … wie soll ich sagen … sexy. Ich hoffe, nein ich *weiß*, dass er mich auch liebt, und wenn er will, kann er gerne für immer hierbleiben. Wenn ich muss, werde ich auch mit ihm zurück nach Arameria gehen, nur um bei ihm sein zu können. Das ist doch wohl klar.«

Jetzt lächelte Joliyad, von Amarok ungesehen, denn der sprach so lieb und frei über seine Gefühle zu seinem Fuchs, was ihm sehr gefiel und für stille Tränen der Rührung sorgte.

»Und noch eins«, sprach der Wolf weiter zu den Göttern. »Ich möchte, dass seiner Familie und seinen Freunden in Arameria nichts passiert. Sie können nichts für diesen Krieg. Auch wenn ich weiß, dass ihr euch nicht einmischen wollt, so bitte ich euch: Lasst die Mächtigen zur Vernunft kommen, damit mein süßer Fuchs und ich in Ruhe und Frieden leben können. Egal wo, in Arameria oder Samojadja. Ich werde meiner Königin dienen, solange es sein muss. Wenn das alles aber vorbei ist, setzen wir uns zur Ruhe, gehen einer Arbeit nach, lernen, und leben ein ruhiges Leben. Ich hoffe, ihr helft uns dabei.«

Amarok senkte den Kopf, seufzte und sagte leise ein abschließendes »Danke«.

Dann stand er wieder auf und erblickte den zu Tränen gerührten Joliyad. »Schatz, was machst du hier? Ich dachte, du schläfst schon«, wunderte der Wolfsrüde sich.

»Das … war so wunderschön!«, weinte Kako.

»Warum weinst du?«.

»Du bist so lieb und ehrlich. Komm her und nimm mich in den Arm, mein Schatz!«, flehte der Fuchs, als ihm die Tränen an den Lefzen herunterliefen.

Schnell nahm der Wolf seinen Freund in den Arm und fragte erstaunt: »Wie lange bist du denn schon hier?«

Joliyad beruhigte sich wieder und meinte lächelnd: »Lange genug, um zu wissen, dass du und ich zusammengehören.« Die Rüden umarmten, drückten und küssten sich, als Joliyad dann vorschlug: »Lass uns nun schlafen gehen.«

»Ja«, grinste Amarok und während sie fortgingen, legte er den Kopf Kakodazes auf seine Schulter.

Dieser schmunzelte zufrieden und merkte an: »Du hast wirklich eine liebe und reine Seele, Amarok. Auch der Krieg wird das nicht ändern. Ich weiß nicht, ob ich der Richtige für dich bin, aber du bist auf jeden Fall der Richtige für mich. Das weiß ich zwar schon länger, aber heute ist es mir ein für alle Mal klar geworden.«

Der Wolf grinste nun und bestätigte selbstbewusst: »Wenn du alles gehört hast, dann weißt du jetzt auch, dass du ebenfalls der Richtige für mich bist, egal, ob Aramerianer oder Samojedaner, Fuchs oder Wolf.«

Sie gingen ins Schlafzimmer zurück und legten sich in ihre Decken. Joliyad kuschelte sich an seinen Freund, sodass sie einander noch eine Weile sehr verliebt in die Augen schauen konnten. Wortlos und in inniger Zufriedenheit streichelten sie einander sanft die Köpfe, bis zuerst Amarok und dann auch Joliyad friedlich einschlief.

Am nächsten Morgen wurde Amarok durch ein Klopfen an seiner Tür geweckt. Schlaftrunken lief er zum Eingang und öffnete.

»Was gibt es?«, fragte er.

»Eine Sendung für einen Herrn Kakodaze. Wohnt der hier bei Ihnen?«

»So ist es. Das ist sein Rucksack. Ich gebe ihm den schon, danke«, antwortete der Wolf. Er nahm das Päckchen und ging in die Küche, um für sich und Joliyad Frühstück zu machen. Er stellte die Sendung auf den Tisch und schaltete den Wasserkocher ein. Amarok richtete ein reichhaltiges Frühstück auf einem Tablett an: Es gab brötchenähnliche Teiglinge, belegt mit Käse und anderen Dingen, gekochte Eier,

Fruchtsaft und ein Getränk, das wie Kaffee aussah. Vorsichtig trug der Rüde das Tablett ins Schlafzimmer und stellte es neben dem schlafenden Fuchs ab.

»Schaaatz! Aufsteeehn!«, flüsterte er langatmig seinem Freund ins Ohr.

Dieser zwinkerte müde, streckte sich und als er den Wolf erblickte, lächelte er. »Du bist schon wach?«, wunderte er sich.

»Ich habe uns Frühstück gemacht.«

»Du bist so süß«, freute sich der Fuchs. »Habe ich das denn verdient?«

»Das fragst du nach gestern Nacht? Aber hallo!«, scherzte Amarok. »Wenn nicht du, dann niemand, Süßer. Dein Rucksack ist angekommen. Musst nachher mal nachsehen, ob noch alles drin ist.«

»Gut, das mache ich«, sagte Joliyad, »sobald ich endlich aus dem Bett gefallen bin.«

Er gähnte, richtete sich auf und sein Freund legte ihm das Tablett auf die Schenkel, bevor er sich zu ihm setzte und sie zusammen frühstückten. Als sie dann in aller Ruhe aufstanden, gab Amarok Kakodaze ein paar seiner Klamotten zum Anziehen. Der Wolf hatte dieselbe Größe wie sein Freund und suchte ihm eine bequeme Hose und ein Hemd heraus. Schließlich waren sie angezogen, gewaschen und bereit für ihren ersten Tag zusammen in Samojadja.

Der Fuchsrüde öffnete das Paket und holte seinen Rucksack hervor. Er durchwühlte ihn und stellte fest, dass alles noch da zu sein schien.

»Wow, du hast ja sogar noch dein InfoCom!«, staunte Amarok, doch Joliyad bremste seine Freude: »Leider funktionieren diese Geräte nur in Arameria. Hier habt ihr doch sicher keine Netzverbindung, oder?«

»Eigentlich nicht. Zumindest sind unsere Frequenzen normalerweise nicht kompatibel. In letzter Zeit werden aber immer mehr Sender in Tshutpri aufgestellt, die auf aramerianischen Frequenzen *und* samojedanischen senden. Lass mich mal sehen, ob das schon funktioniert«, sprach sein Geliebter und tippte auf dem Gerät herum.

»Ihr baut Masten, die auf unseren Frequenzen senden? Wozu soll das gut sein?«

»Meine Leute hören schon eine ganze Weile den Funk der Aras ab und lenken mit einer Überlagerung in gleicher Signatur deren Signale um. Wir täuschen sie quasi.«

»Wegen des Krieges«, ergänzte sein Freund verständig.

»Es war nicht meine Idee«, verteidigte der Wolf sich. »Noch wissen die Aras nichts davon. Schließlich denken sie ja, es handelt sich um die eigenen Signale, die wir aussenden. Sie denken auch, ihre Nachrichten und Infos kommen unverfälscht an ihrem Bestimmungsort an.«

»Auch, wenn ich das wirklich nicht gut finde«, begann Joliyad, »werde ich niemandem etwas davon erzählen. Ich hoffe nur, dass das alles bald endet. Sind eure Stationen nicht viel zu weit von Bolemare entfernt? Von da aus werden die Daten gesendet und dort werden sie auch empfangen. Alles läuft über die Hauptstadt.«

»Keineswegs. Wir sind nur wenige Schritt Fußmarsch von der Küste Samojadjas entfernt. Wir haben in Tshutpri einige

Antennen aufgestellt, deren Signale auf jeden Fall nach Bolemare reichen und sehr weit in den Bereich des großen Meeres hinein. Das verkürzt den Weg, damit das InfoCom nach Bolemare funken kann …«, erklärte Amarok und sein Freund verstand: »Dann brauchst du nur noch einen Teil des Meeres zu überbrücken.«

»Mal sehen«, grübelte der Wolf, während Joliyad ihn bewundernd ansah und ganz versunken wirkte.

»Das hätten wir«, sagte Amarok plötzlich. »Willkommen im Netz von Arameria!«

»Du bist der Beste!«, freute sich Kako. »So klug und schnell. Ein richtiger Hacker!« Sie küssten einander und Joliyad gab dann zu: »Eigentlich wollte ich Kardoran anrufen, habe aber den Zettel mit der Kontaktnummer verloren.«

»Das kriege ich hin, warte mal«, sprach der Wolf, tippte wieder auf dem Gerät herum und meinte kurz darauf: »Erledigt … Der große Chef ist jetzt in deiner Kontaktliste und wenn du ihm schreibst, merkt er nicht, dass das Signal von hier kommt.«

Mit aufgerissenen Augen fragte Joliyad ihn, wie er das gemacht habe, doch Amarok zwinkerte nur und lächelte süffisant.

»Ich meine, es ist ja schon ein Wunder, dass du Aramerianisch lesen und verstehen kannst, Aber das ist *unnormal*!«, lobte der Fuchs weiter. »In Samojadja gibt es doch keine InfoComs. Wie hast du dir das denn beigebracht?«

»Sagen wir es so:«, begann sein Freund, »Aramerianisch habe ich mit ein paar Wörterbüchern gelernt. Da meine Eltern es auch konnten, hatte ich immer jemanden zum Üben.

Außerdem sind unsere Sprachen einander ähnlicher, als du vielleicht denkst. Habt ihr nicht in eurer Grundausbildung Samojedani gelernt?«

»Ja sicher, aber nur sehr wenig. Alle Worte kenne ich leider auch nicht. Aber woher kennst du dich so gut mit InfoComs aus?«

»Ein Bekannter unserer Familie hat mir mal ein defektes Gerät gegeben. Es konnte keine Verbindung mehr nach Bolemare aufbauen. Daher schien es ungefährlich zu sein, es mir zu schenken. Man kann ja auch ohne Verbindung etwas damit spielen. Nach und nach habe ich mich halt reingearbeitet.«

»Und das ohne Schulbildung – nicht schlecht!«

»Danke, Süßer. Ich tue, was ich kann«, lächelte Amarok.

Dann beschlossen sie, dass Joliyad mit Radovan Kontakt aufnehmen sollte, um ihm zu erzählen, was alles passiert war. Hierbei zeigte Joliyad dem Wolf die Papiere, die er in seinem Rucksack hatte.

»Das hier ist ein Ausweis, damit du als Bürger Aramerias durchgehst«, erklärte er und hielt seinem Partner die Plastikkarte hin. »Da müssen wir später noch ein Bild von dir einfügen lassen und alles ist geritzt.«

»Das bedeutet, ich kann zu jeder Zeit nach Arameria fahren? Auch bis nach Bolemare?«

»So ist es. Um genau zu sein, hast du nun die doppelte Staatsbürgerschaft. Hat auch nicht jeder.«

»Das ist eine gute Sache«, staunte Amarok.

»Ja, jetzt können wir hingehen, wo immer wir wollen«, erklärte der Fuchs und fragte, was Amarok denn davon halten würde, nach Arameria zu ziehen.

»Für immer?«, druckste dieser jedoch herum.

»Ja, warum denn nicht?«

»Schatz, ich muss mich doch hier um meine Leute kümmern«, erklärte der Wolf. »Wenn jetzt kein Krieg wäre …«

»Du sagtest doch, es könnte dich jemand vertreten. Dann benennst du eben einfach einen dauerhaften Vertreter für die Führung des Widerstands. Auch dieser Krieg geht vorüber. Irgendwann wird entweder Kardoran oder eure Königin einlenken«, meinte Kako, was seinen Freund zum Nachdenken brachte.

Schließlich willigte der Wolf ein, was Joliyad sichtlich freute: Er sprudelte los, wie toll doch alles werden würde, wenn man für immer zusammenlebte und was man alles machen könnte. Er war eben ein Fuchs, der an das Gute glaubte, und daran, dass nach schlechten Zeiten immer wieder bessere kommen.

»Außerdem sind wir im Westteil Aramerias sicher, egal, wie lange dieser Krieg noch dauern wird. Ich glaube, dass dein Volk sich mit Tshutpri zufriedengeben kann.«

»Glaubst du etwa, Kardoran lässt sich von seinem Rassenhass abbringen und schenkt uns das Jukonat Tshutpri? Oder am besten ganz Banatorija?«, lachte Amarok.

»Na ja, so einfach wird's wohl nicht. Aber sicher können wir ihn bei einer Lösung beraten und ihn zum Denken animieren. Ich meine, wir zwei sind der Beweis dafür, dass unsere Völker gut miteinander auskommen können. So schwer kann das nicht sein. Sie müssen alle nur über ihre Schatten springen und die Vergangenheit endlich ruhen lassen.«

»Wenn es so einfach wäre … Aber versuchen können wir es natürlich. Mach doch mal einen Termin für uns bei ihm«, bat der Wolf und Joliyad konnte sich vor Freude kaum noch halten: Schnell nahm er sein InfoCom und versuchte Kardoran zu kontaktieren. Dieser war aber nicht erreichbar, weshalb der Aramerianer es mit der Verbindung zu seiner Tochter, Jeremia, versuchte.

Sie wollte zwar wissen, wo er war und was er machte, doch es gelang ihm geschickt, ihr nicht die Wahrheit zu sagen. Während er mit ihr sprach, versank Amarok in Gedanken: Er stellte sich die Situation vor, die er erlebt hatte, als eine Bombe sein Zuhause getroffen und seine ganze Familie in den Tod gerissen hatte:

Es war ein sonniger Morgen, aber eigentlich ein Tag wie jeder andere: Amarok und seine Eltern saßen zusammen mit Enna am Frühstückstisch und besprachen den Tagesablauf, denn es gab viel zu tun. Und das bedeutete: Alltag.

In letzter Zeit stellte der junge Wolf immer öfter fest, dass sein Vater an manchen Tagen länger auswärts war. Zuerst wusste er nicht warum, doch irgendwann erklärte dieser ihm, dass er der Anführer einer militanten Gruppe sei, welche darauf bedacht war, die Interessen Samojadjas in Arameria zu vertreten und sich gegen Radovan Kardoran zur Wehr zu setzen. Deshalb müsste er sich auch um seine Leute kümmern. Zudem gab es keinen Kontakt nach Hause, ins Samojedanische Königreich, und irgendjemand musste sich irgendwann aufbäumen, wann immer es nötig sein sollte.

Noch während die Wolfsfamilie beisammen saß, hörte Amarok plötzlich ein leises Pfeifen, welches schnell immer lauter wurde.

Sein Vater riss die Augen auf und schrie: »Eine Bombe! Schnell, alle unter den Tisch!«

Amarok wusste heute nur noch, dass es laut knallte und er irgendwann zwischen den Trümmern seines Hauses liegend aufwachte: Das schöne Wetter schien verflogen gewesen zu sein und alles um den Wolfsrüden herum war grau, staubig und stickig. Er stand auf und hörte nichts mehr, auch nicht seine eigene Stimme, die nach seinen Eltern und seiner Großmutter rief. Alles, was er vernahm, war ein lautes Piepen. Er hielt sich den Kopf und taumelte umher. Die Welt war in ein undurchsichtiges, dreckiges Grau gehüllt wie in einem bösen Traum. Es war schwer, etwas zu erkennen, doch dort, wo einst der Tisch gestanden hatte, lag Jack.

Das Bild, welches sich Amarok damals bot, hatte er bis heute nicht vergessen: Der Körper seines Vaters war völlig von Splittern durchlöchert worden und lag auf dem Boden, ganz mit Staub und Blut bedeckt. Der junge Wolf traute sich nicht, ihn umzudrehen.

Zuerst konnte er seine Mutter und Enna nicht finden. Er weinte und stolperte, an Händen und Stirn blutend, über einige Schutthaufen.

Als er den Bereich einer nur noch zur Hälfte stehenden Hauswand passierte, sah er vor sich ein paar Körperteile liegen. Der Staub setzte sich und der Blick Amaroks wurde klarer, sodass er den abgerissenen, blutigen Kopf seiner Großmutter im Gras liegen sehen konnte. Schnell hielt er sich damals die Hand vor die Schnauze und würgte.

Er weinte immer wieder: »Nein! Das darf nicht sein! Bitte nicht!«

Wölfische Körperteile und zerfetzte Organe lagen überall um das Haus verteilt und Amarok realisierte langsam, dass Jack, Enna und Ahma tot waren. Er setzte sich auf einen Mauerrest, senkte den Kopf und weinte laut. Er hielt sich dabei die blutenden Hände vors Gesicht und schluchzte. Das Grau seines Fells war in ein dunkles Rot verwandelt.

Das konnte nicht passiert sein!

Sie alle waren tot!

Leblose Fleischstücke.

Wie lange der Wolf damals so dagesessen hatte und wie oft er sich übergeben hatte, wusste er heute nicht mehr. Nur, dass er irgendwann die Überreste seiner Angehörigen direkt neben der Ruine beerdigt hatte und dann zu einem Krankenhaus ging.

So begann für ihn der Krieg: mit dem Verlust seiner ganzen Familie. An diesem Tage schwor er Rache an Kardoran und allen am Krieg beteiligten Aramerianern.

Als er sich später bei Angehörigen des Widerstandes meldete, um ihnen beim Kampf zu helfen, musste er seinen Namen und den seines Vaters angeben, woraufhin man ihn als den Sohn des Anführers der Widerstandsbewegung erkannte.

»Amarok«, sprach Joliyad und riss den tränenerfüllten Wolf aus seinen Gedanken, »was ist los? Geht's dir nicht gut?«

»Was? Äh … d-doch, alles ist gut. Hast du was gesagt?«, stammelte der und räusperte sich.

»Ich habe mit Jeremia gesprochen. Wir können vorbeikommen, wann immer wir wollen. Ihr Vater wird sich die Zeit für uns nehmen, hat sie gesagt.«

»Ja, das ist gut«, stimmte der Wolf zu, nahm seinen Freund in den Arm und küsste ihn. »Ich habe gerade an Arameria gedacht und dass wir dorthin ziehen wollen.«

Das stimmte zwar nicht, doch schließlich konnte er Kako nicht erzählen, welchen Hass er für Kardoran empfand, den Joliyad ja sogar zu mögen schien.

»Ja, und was denkst du?«, fragte der Fuchs.

»Ich würde vorschlagen, dass wir unser Haus behalten. Ich könnte es zwar verkaufen, aber man weiß ja nie, was die Zukunft bringt.«

»Amarok, es ist *dein* Haus und deine Entscheidung. Ich meine: Wenn du dich absichern willst, dann verstehe ich das. Wir wissen ja noch nicht, ob es dir in meinem Land überhaupt gefällt. Außerdem sind wir noch nicht sehr lange zusammen«, gestand der Fuchs seinem Freund zu.

Dieser erklärte dann: »Nicht, dass du denkst, ich sichere mich ab, weil ich unserer Beziehung nicht traue. Ich meine das wirklich so, wie ich sage: Es ist alles unser, wenn du bereit bist, »wir« zu sagen. Wenn wir mal Urlaub machen wollen, oder wenn es irgendwann in Arameria zu heiß für uns wird, können wir hierher zurück … Verstehst du?«

»Ja, ich sehe das auch so.«

»Lass uns nachher mal zu den Truppen gehen und den derzeitigen Status überprüfen. Ich weiß, das ist alles sehr langweilig, aber was sein muss, muss sein. Dabei kann ich auch gleich einen Vertreter für mich festlegen«, schlug der Wolf vor.

Kakodaze nickte und später am Tage gingen sie zurück in den Unterschlupf, in dem man den Fuchs zuvor behandelt hatte. Eriteroso und Eraklion standen mit einigen Soldaten um einen großen Holztisch herum, auf dem eine Karte Aramerias lag. Joliyad erkannte, dass Teile des Jukonats Tshutpri schraffiert waren und verstand, dass man so die eingenommenen Gebiete markierte.

»Ah, junge Herren!«, rief Eraklion und sein Vater verbeugte sich.

»Was gibt's Neues?«, fragte Amarok und wurde sodann von einem der militärisch gekleideten Wölfe an den Tisch gebeten.

»Amarok, wir haben die fünf Hauptorte von Tshutpri eingenommen. Unsere Leute befinden sich an der Grenze zu Handrili und Nestor. Und zwar hier … hier … hier … und hier«, sagte Eriteroso und tippte mit einem kleinen Ast auf der Landkarte herum.

»Okay, das ist gut«, nickte Amarok. »Ich möchte aber, dass diese Grenzen nur verteidigt werden. Vorerst kein weiteres Vordringen!«

»Aber, junger Herr«, sprach ein Soldat, »das ist eine einmalige Gelegenheit: Die Brücke ist fast fertig und jetzt können wir …«

»Welche Brücke?«, warf Joliyad ein.

»Amarok, muss dieser Aramerianer wirklich dabei sein, während wir hier sprechen?«, fragte Eraklion und mehrere andere Wölfe stimmten nickend und fordernd zu.

»Ja, er muss, denn er ist mein Freund!«, rief Amarok sie dann zur Ruhe auf.

»Aber, junger Herr, es geht hier um die Sicherheit und das sind ganz wichtige, strategische Dinge«, empörte sich Eraklion.

»Na und? Wenn es nicht reicht, dass Joliyad mein Freund ist, dann sage ich euch nun, dass er mein Gefährte ist. Wenn ihr diese Dinge ohne ihn besprechen wollt, dann eben auch ohne mich. Er gehört nun zu uns. So einfach ist das.«

Zuerst schwiegen alle und nach einem kurzen Moment unterhielten sie sich weiter. Joliyad spürte, dass sie Amaroks Aussage nur zähneknirschend hinnahmen, und rief erneut dazwischen: »Welche Brücke ist fertig? Würde vielleicht jetzt mal einer von euch mit mir reden?«

»Wir haben vor einiger Zeit diese Störsender aufgestellt, auch, um keinem Luftangriff ausgesetzt zu werden. Dann hatten wir die Möglichkeit, eine Brücke zwischen Samojadja und Arameria zu bauen – vollkommen ungestört. Wir brauchen keine langsamen Fähren mehr«, erklärte Amarok seinem Geliebten und grinste.

»Aber«, sprach dieser unverständig, »ihr habt das Jukonat doch schon fast eingenommen. Wozu also noch eine Brücke zurück hierher?«

»Tja, wisst ihr, junger Herr, wir müssen für die Versorgung unserer Truppen schnellere Möglichkeiten schaffen«, erklärte Eraklion.

»Wartet!«, rief Kako fassungslos dazwischen, worauf die Wölfe ihn fragend ansahen. »Jetzt verstehe ich! Rado hat damals behauptet, ihr wollt das gesamte Jagrenat für euch haben. Und das stimmt offenbar: Ihr plant eine verdammte Invasion!«

»Nein, Schatz, so ist es nicht. Bitte hör mir zu …«, wollte sein Wolfsfreund erklären, doch Joliyad schüttelte den Kopf und sagte hastig: »Nein, ihr wollt meine Art vernichten! Ich muss hier raus. Das ist mir zu viel.«

»Bitte Joliyad, hör mir doch zu!«, rief sein Freund ihm noch nach, als der Aramerianer den Unterschlupf verließ und wieder auf dem Marktplatz stand.

Dort wurde ihm schwindelig und er übergab sich. Wie konnten die Samojedaner nur so etwas tun? Sie hatten, was sie wollten. Warum wollten sie denn jetzt ganz Arameria überrennen? Und Amarok unterstützte das? Das durfte alles nicht wahr sein!

Eine kurze Zeit später, Joliyad hatte sich schon auf die Erde gesetzt und die Stirn auf seine Knie gelegt, kam sein Freund angelaufen und rief nach ihm. Er setzte sich neben Kako und wollte ihn zu sich heranziehen, um ihn an sich zu drücken, was der Fuchs aber wütend abwehrte. »Lass mich!«, motzte er.

»Bitte Joliyad, hör mich an!«, flehte der Wolf. »Es ist nicht so, wie du sagst, glaub mir.«

»Ach ja? Wie ist es dann?«, schrie Kako tränenerfüllt.

»Du musst wissen, dass die Götter von einst uns allen diesen Planeten zum Leben geschenkt haben. Die Füchse haben von Anfang an diese Insel für sich beansprucht, wozu sie aber kein Recht hatten«, erklärte Amarok.

»Ich fasse nicht, was ich da höre«, sagte Kakodaze leise und verzweifelt. »Erst sagt Eria mir, dass wir Aramerianer zu einem weit größeren Teil wölfisch sind, weil ihr blöder Sohn sie vergewaltigt hat, und dann kommst du und sagst mir, dass *wir* die Aggressoren sind!«

»Es tut mir leid, Joliyad, aber du kannst dich nicht gegen die Wahrheit stellen. Beobachte dein vergangenes Leben, und sag mir dann, wie viele verschiedene Arten von anthropomorphen Wesen du jemals außerhalb von Bolemare getroffen hast.«

Der Wolf legte seine Hand an die Seite des Kopfes seines Freundes und legte ihn sich auf die Schulter. Daraufhin begann Kako lautlos zu weinen und dachte nach: Er hatte nie andere Hybriden als Füchse kennengelernt, mit Ausnahme von Amarok und seiner Familie. Und selbst zu ihnen durfte er nicht hinfahren, wann er wollte.

»Was ist nur in den letzten Wochen los?«, fragte der Fuchs verzweifelt und seufzte. »Es ist alles so verwirrend und hat sich so sehr verändert. Alles geht den Bach runter. Mein Leben ist ein einziger Haufen Scheiße.«

Seinem Liebhaber schien sein Schmerz bewusst zu sein, denn er antwortete: »Es geht mir genauso, Schatz. Ich weiß auch nicht, warum sich die Dinge so verändert haben. Zuerst kommst du mich besuchen und wir schlafen miteinander. Dann wird meine Familie getötet und ich werde Führer dieser Widerstandsbewegung, obwohl ich nicht alt genug bin. Jetzt bin ich auch noch offiziell aramerianischer Staatsbürger und brauche nur hier wegzugehen. Plötzlich sitzen wir hier und ich sehe dich am Boden. Das tut weh. Ich will nicht, dass es dir schlecht geht. Und ich will nicht gegen etwas streben müssen, das dir etwas bedeutet. Meine Königin will es so. Ich will dich beschützen, denn du bist jetzt meine Familie.«

»Ach, Amarok«, seufzte Kakodaze, drehte seinen Kopf und sie gaben einander einen Kuss, nach welchem der Wolf weitersprach.

»Lass uns weggehen, nachdem wir bei Radovan waren. Ich will in Frieden leben – und zwar mit dir. Ich liebe dich, Joliyad. Und ich möchte nicht, dass dieser dumme Krieg jemals wieder zwischen uns steht.«

Der Wolf offenbarte seinem Freund, dass er seinen Posten als Anführer an Eraklion abgegeben hatte, sie jetzt frei wären: »Keine Waffen, keine Uniformen. Wir tragen keine Schuld daran, dass es zwischen unseren Völkern so läuft. Vielleicht hast du recht und wir können deinen Führer davon überzeugen, diesen Krieg zu beenden. *Ich* werde ihn schon überzeugen ... Meine Leute sind nur bereit, sich mit Tshutpri allein zufriedenzugeben, wenn Radovan sie dann auch in Ruhe lässt und uns unsere entführten Leute zurückbringt«, erklärte der Wolf.

»Ich weiß nicht, was Kardoran mit den Samojedanern tut, die sie mitnehmen. Wir fragen ihn, was das soll«, schlug sein Fuchs vor.

»Das klingt nach einem Plan. Danach halten wir uns raus und leben unser Leben. Gemeinsam«, sprach Amarok, worauf sich das Gesicht des Fuchses wieder aufhellte.

»Du bist wundervoll, Amarok! Ich habe es dir zwar schon mal gesagt, aber es ist wirklich so: Ich habe noch nie einen Rüden so denken und sprechen hören wie dich.«

»Und ich habe noch nie einen gesehen, der für seine Liebe alles auf sich nimmt und sogar in den Krieg zieht«, verglich der Wolf.

Kakodaze hatte sich wieder beruhigt und sprach entschlossen: »Ich würde es noch mal so machen, nur um dich nicht zu verlieren.«

»Süß von dir. Aber es wird die Zeit kommen, dir nur für uns gemacht ist. Nie wieder sollst du dem ausgesetzt sein. Das verspreche ich dir! Gehen wir«, freute Amarok sich nun. »Eine Fähre wird uns wegbringen. Noch ist die Brücke nicht ganz fertig. Ab Tvutvor sehen wir dann weiter.«

Sein Freund nickte, als sie aufstanden und sich auf den Weg machten.

Unterdessen saß Kardoran in seinem Hauptquartier und ließ den großen Tisch in seinem Empfangsraum decken. Es stand hoher Besuch auf dem Plan, denn die Königin des Samojedanischen Reiches hatte ein Treffen mit dem Führer Aramerias verlangt.

Der Führer war mit seiner Uniform für Staatsbesuche gekleidet und schritt mit hinter seinem Rücken verschränkten Armen langsam durch den Raum. Er dachte nach: Was wollte Serena besprechen? Wollten die Wölfe aufgeben?

Flott deckten die Diener des Führers den Tisch mit vielen Speisen und Getränken ein. Natürlich fehlte auch Kopa'che nicht. Außerdem waren hier viel Fleisch und Gemüse zu finden. Immer wieder beobachtete Radovan das Treiben der Untergebenen und korrigierte die Optik auf der Platte durch Umherrücken von Gläsern, Tellern und Besteck. Das tat er, da er etwas aufgeregt und angespannt war. Nie zuvor hatten sich die Herrscher dieser beiden verfeindeten Nationen getroffen. Dies war eine Premiere und Ankündigungen hierzu wurden im ganzen Land über die Medien gestreut. Außerdem herrschte deshalb für einen Tag eine Feuerpause auf beiden Seiten. Zuerst wollte man jetzt den Ausgang der Gespräche abwarten, denn alles hing nun davon ab, ob Radovan und Serena einander gut verstanden und sich mit ihren jeweiligen Forderungen näherkommen können würden. Versagte einer von ihnen, würde der Krieg weitergehen, sich vielleicht sogar verschlimmern und unerbittlicher werden.

»Moj'abari, Euer Gast ist nun da«, sprach einer seiner Diener und verneigte sich.

»Gut, soll sie kommen.«

Einen Moment später kam eine Wölfin auf den Fuchs-Anführer zu: Sie wurde von zwei ihrer Untertanen begleitet und trug ein ausladendes, rotes Kleid mit einer Schleppe. Sie schritt vornehm, ganz so, wie Kardoran es sich bei einer Königin vorgestellt hatte. Er beobachtete ihre Bewegungen und lächelte süffisant.

Als Serena vor ihm stand, hielt sie ihm ihre rechte Hand entgegen, damit der Fuchs sie küssen konnte.

Der Führer nahm sie und verbeugte sich leicht, als er anmerkte: »Eure Majestät, es war offenbar bloße Untertreibung als mein Diener mir erzählte, wie schön Ihr seid. Er hat das Wort ›umwerfend‹ wohl vergessen. Ihr erlaubt?«

Hiernach küsste er sanft ihre Hand, doch wirkte sie unbeeindruckt und sprach: »Welch Schmeichelei von einem Vulpes, Uns, einer Wölfin gegenüber.«

Serena sprach im Pluralis Majestatis. Diese Art von sich selbst zu sprechen galt zu Zeiten des Mittelalters auf Gaja als selbstverständlich. Es verdeutlichte hierzulande ebenso das

Bewusstsein des Sprechers, jemand Mächtiges und Würdiges zu sein.

Der Fuchs imitierte die Etikette, auf die die Wolfkönigin allergrößten Wert legte, lief zu einem Stuhl und drehte ihn, um der Königin den Platz anzubieten. Die Dame ging zu ihm und setzte sich vornehm, nachdem er ihr den Stuhl korrekt untergeschoben hatte. Beide beherrschten die höfische Etikette sehr gut und ihr Gegenüber würde bald merken, dass sich diese Fähigkeiten nicht nur auf das Verhalten, sondern auch auf die Sprache erstreckten.

Die Begleiter der Wölfin ließen sich durch die Diener des Aramerianers widerstandslos entwaffnen und stellten sich von außen vor die Tür, welche jetzt verschlossen wurde. Die beiden Herrscher hatten schließlich Geschäftliches zu besprechen und durften nicht gestört werden.

»Eure Majestät, bedient Euch. Wir haben Kostbarkeiten aus unseren beiden Kulturen vorbereitet«, bot der Rüde an und wies mit einer Handbewegung auf den Tisch.

»Wir danken Euch, Lord Kardoran«, meinte die Fähe, was dem Fuchs ein irritiertes Lächeln schenkte.

»Lord? Ich? Ihr macht mich verlegen, Eure Majestät. Ich bin kein Lord, sondern nur der Führer und Regent Aramerias, ein einfacher Mann. Nicht blauen Blutes. Vergleicht doch nicht eine unförmige Distel mit einer wohlduftenden, wunderschönen Rose wie Ihr eine seid. Ich bitte Euch.«

»Rosen mögen wohlig duften und schön sein, haben aber auch Stacheln, Lord Kardoran, vergesst das nicht.«

»Natürlich, Ihr habt vollkommen recht. Bedenket aber, dass Wildkräuter wie die Distel sehr widerstandsfähig sind und viel robuster. Rosen sind anspruchsvoll und gehen leicht ein oder knicken um, sobald das Wetter stürmischer wird. Ich pflege sie nicht gerne, denn das macht mir zu viel Arbeit«, konterte der Fuchs sarkastisch.

»Lassen wir dies Getue, Lord Kardoran«, meinte Serena dann, während Bedienstete hofknicksend ihre Teller und Gläser füllten, »und kümmern wir uns um die wichtigen Dinge.«

»Ganz wie Ihr wollt.«

»Reden wir zum Beispiel darüber, weshalb wir beide hier sind: Kapitulationsbedingungen.«

Radovan lachte und verschluckte sich kurz. Er räusperte sich und sah, dass die Wölfin diese Aussage ernst gemeint hatte, denn sie wirkte überhaupt nicht zu Späßen aufgelegt.

»Ihr macht wohl Witze?! Ihr glaubt nicht ernsthaft, dass Eure Männer sich lange in Tshutpri halten können?«, fragte der Rüde.

»Natürlich glauben Wir daran. Ist euch bewusst, dass Ihr bereits die Lufthoheit über dieses Gebiet verloren habt?«

»Das sagte man mir. Ich war nicht sehr amüsiert. Dennoch ist es nur eine Frage der Zeit, bis wir entweder die störenden Antennen herausgerissen, die Wölfe überrannt oder die Frequenzen ausgehebelt haben werden.«

»Ach, glaubt Ihr das?«, fragte die Fähe ruhig, als sie ein Glas zu ihrer Schnauze führte. »Hoffentlich ist der Kopa'che nicht vergiftet«, merkte sie an und erntete einen gelangweilten Blick ihres Gegenübers.

»Aber Eure Majestät ... Ein Giftmord? Das wäre unfein. Außerdem kämpfen wahre Rüden mit Klingen von Angesicht zu Angesicht. Gift ist eher etwas für sexuell vernachlässigte Fähen«, stichelte der Fuchs und kaute genüsslich und selbstzufrieden auf einem Stück Fleisch herum.

Mit seiner Aussage hatte er es darauf abgesehen, die Königin zu beleidigen, die keinen Gemahl und Gerüchten nach ohnehin kein Interesse am Sex hatte.

»Das mag sein, Lord Kardoran. Ihr wisst wahrlich, wovon Ihr sprecht. Das sieht man schon an eurem Kunstgeschmack. Schöner Stil, den Ihr mit den Statuen in Eurer Vorhalle pflegt. Man hört, Ihr holt oft Eure Klinge aus ihrem Futteral, um sie mit denen anderer, vornehmlich jüngerer, Rüden zu kreuzen.«

Das ließ des Aramerianers Gesicht entgleiten. Er verschluckte sich erneut und nahm einen Schluck Wasser. Welch ein Konter! Serena war eine starke Frau, ja. Wie konnte sie aber nur so schlagfertig sein? Sie imponierte dem Herrscher, doch wollte er der Wölfin kein Lob aussprechen oder ihr Zugeständnisse machen.

»Eigentlich«, fuhr sie fort, »sollte Eure Kehle ja an größere Brocken gewöhnt sein. Oder ist das nicht so Euer Ding, Lord Kardoran?« Sie legte sofort nach, ließ keine Zeit verstreichen, sondern teilte aus. Offenbar war sie nicht nur stark und souverän, sondern auch mutig und wortgewandt.

»Schon gut, es reicht!«, herrschte der Rüde und schaute ernst drein, während Serena zufrieden lächelte.

Still aßen sie zu Ende und ließen den Tisch durch die Diener räumen. Der Fuchsrüde wusste, dass er mit der Königin anders umzugehen hatte, als er es sich vorgenommen hatte: Sie würde auf Tshutpri bestehen, nicht zurückweichen. Er selbst wollte kein Stück seines Reiches hergeben und auf der anderen Seite die Samojedaner auch nicht einfach ausreisen lassen. Dies könnte aber, so dachte er, eine Möglichkeit sein, sie zufriedenzustellen.

»Nun, nach unserem holprigen Start, höre ich mir gerne an, was Eure Majestät zu sagen haben«, meinte er.

Serena seufzte und meinte: »Ihr glaubt, es seien gerade mal ein paar Tausend Wölfe in Eurem Reich, doch Ihr irrt. Mittlerweile untersteht das Jukonat den Samojedanern vollständig und man sorgt fleißig für Nachschub. Eure kleine Seeflotte ist nicht sehr weit ausgebaut. Wenn Wir es wollen, machen Wir mit unserer Armee uns nicht nur das *Jukonat*, sondern das gesamte *Jagrenat* zu eigen. Ihr könnt Euch darauf verlassen, dass die Wölfe hungrig sind, hungrig nach Gerechtigkeit und lechzend nach Rache für ihre Lieben, die Ihr entführen ließt.«

»Daran seid Ihr und Eure Untertanen selbst schuld. Sie waren hier geduldet. Hätten sie nicht immer wieder Streit vom Zaun gebrochen, hätte alles so weiterlaufen können wie bisher. Hätte es die immer wieder neuen Aufstände dieser Widerstandsbewegung nicht gegeben, wer weiß ...«, gab Radovan zu bedenken und verschränkte die Arme.

»Dieser Planet gehört allen, Lord Kardoran. Ihr könnt Euch nicht einfach alles nehmen und Eure Widersacher gefangen nehmen, wie es Euch beliebt.«

»Was wollt Ihr? Warum seid Ihr hier? Wollt Ihr, dass die Wölfe aus Tshutpri heimkommen?«

»Das wäre ein Anfang«, bestätigte die Fähe.

»Schön … Gut, dann nehmt sie mit. Sie alle. Sie können gehen. Ich will sie hier nicht mehr. Lasst uns in Ruhe und wir gehen fortan alle unserer Wege. Was sagt Ihr dazu?«

Das war also das Zugeständnis, welches Radovan ihr anbieten musste, um vielleicht noch Schlimmeres abzuwenden. Er war sich nicht sicher, ob sie darauf eingehen würde, hoffte aber, dass sie zufrieden abzöge, ohne weitere Forderungen. Er war sicher, die Situation im Osten ganz genau zu kennen: Die Samojedaner hatten das Jukonat eingenommen und sich abwartend verschanzt. Was der Aramerianer nicht wusste, war, wie viele Wolfsoldaten sich dort befanden. Vielleicht hatte die Königin recht und es war ihnen möglich, dauerhaft für Nachschub zu sorgen. Dann fiel ein Einkesseln zum Aushungern also aus. Würde Serena jedoch einlenken und zustimmen, könnte sie den Samojedanern befehlen, die Waffen ruhen zu lassen, und all das Leid wäre von jetzt auf gleich vorbei. Radovan würde also Arameria retten und die Wölfe in Zukunft nie mehr diesen Boden betreten lassen.

Einen kurzen Moment dachte Serena nach und löste in Kardoran für einen kleinen Augenblick ein Gefühl der Hoffnung aus.

»Nein!«, sprach sie selbstbewusst, was den Fuchs erschreckte.

»Was? Ich … Ich verstehe nicht …«, stammelte er.

»Wir bleiben!«, herrschte die Königin. »Und wenn Ihr nicht preisgebt, wo all die Entführten sind, werden die Samojedanischen Streitkräfte Eure Insel bald in Schutt und Asche legen, bis sie sie gefunden haben. Dessen seid gewiss!«

›Hatte sie nicht eben vorgehabt, zuzustimmen? Was soll das jetzt?‹, fragte Kardoran sich und war von dieser Ablehnung überrascht.

Er grübelte, während jetzt die Fähe die Arme verschränkte und auf seine Antwort wartete. »Und? Was sagt Ihr dazu?«, fragte sie.

»Nun, offenbar wollt Ihr keine Einigung mit uns.«

»Wir stehen mit einer Pfote in Eurer Tür und sollen wieder gehen? Merket auf: Unser Volk wird ohnehin reisen können, wohin es will, sobald wir mit diesem Land fertig sind. Gebt die Entführten frei und wir können uns darauf verständigen, dass das Jagrenat Banatorija ausreicht und die Wölfe die Füchse dann zufriedenlassen.«

Radovan dachte nun: Eines der Jagrenate aufgeben, nicht nur ein Jukonat … Das konnte nicht ihr Ernst sein. Arameria musste weiterhin aus sieben Teilen bestehen und sollte allein den Füchsen gehören, wie es schon immer war. Was, wenn er dem zustimmte und der verhasste Feind mitten in seinem Land herumschleichen würde? Dann würde es weitere Aufstände geben und man würde versuchen, die Autokratie zu stürzen.

»Ihr meint«, warf er ein, »ich lasse Euer Gefolge hier herumlaufen und sehe zu, wie es unser Volk unterwandert, sich genetisch mit ihm mischt und irgendwann noch viel mehr Land haben will?«

»Außerdem sollen sie nicht Euch als Diktator dienen, sondern weiterhin Uns als ihre Königin. Wie gesagt: All das unter der Voraussetzung, dass die verschwundenen Untertanen wieder freikommen. Sie zurückzubringen schulden Wir Unserem Volk.«

Jetzt sprang der Fuchs von seinem Stuhl auf und rief: »Das kann nicht Euer Ernst sein! Ihr haltet mich wohl für dumm. Wenn die Wölfe keine Lust mehr auf mich haben, stechen sie mich ab, wie? Nehmt Tshutpri unter meiner Führung oder geht vollständig! Das ist das letzte Angebot!«

Doch die Regentin blieb stur und schüttelte den Kopf. Sie war sich sicher, im Vorteil zu sein. So leicht würden sich die Samojedaner nicht mehr aus Arameria zurückziehen. Selbst, wenn sie es befehlen würde, wäre diese Entscheidung dem Volk nur schwer zu vermitteln gewesen. Auch sie hatte hierbei ein Gesicht – ja ihren Titel – zu verlieren.

Erbost setzte sich der Rüde wieder und eröffnete: »Eure Leute kann ich Euch ohnehin nicht zurückbringen. Sie sind tot, und zwar alle.«

Die Fähe erschrak und sprang nun selbst auf: »Was sagt Ihr da? Was habt Ihr mit ihnen gemacht?«

»Das spielt keine Rolle mehr. Wie gesagt: Nehmt, was ich Euch geben will, oder lasst es.«

Fassungslos atmete die Wölfin schnell und schäumte innerlich. Sie hatte jetzt zwar ihre Informationen, jedoch waren es keine guten. Sie hatte das schon befürchtet, jedoch war es ihr wichtig, ihrem Volk gegenüber nach dieser Verhandlung eine Aussage dazu machen zu können, was mit all den Samojedanern geschehen war. Sie als die Königin musste es einfach wissen. Und nun erkannte sie, dass es einem Schlächter gegenüber keine Gnade geben durfte.

Es gab Gewissheit.

Eine grausame Wahrheit.

Weiteren Hass.

Zorn und Rachedurst.

»Ihr grausamer Schlächter! Das werdet Ihr Uns büßen, Lord Kardoran!«, knurrte Serena und wirkte nun überhaupt nicht mehr vornehm und blaublütig. Jede Etikette war verschwunden und jede Form dahin.

»Das heißt dann wohl nein, Eure Majestät?«, fragte der Aramerianer, wohl wissend, dass genau das der Fall war.

»Das fragt Ihr noch? Die Verhandlungen sind hiermit beendet und gescheitert!«, bekam er zur Antwort.

»Da kann man nichts machen«, antwortete er, stand auf und forderte sein Gegenüber mit einer höflichen Geste zum Gehen auf. »Kommt, meine Liebe, ich geleite Euch hinaus.«

»Wagt es ja nicht, Uns anzufassen!«, herrschte sie. »Wir finden schon hinaus aus Eurem Rüden-Bordell!«

»Aber, aber! Ihr vergesst Eure Form, Majestät«, stichelte Radovan, als sie ihn zuerst böse anblickte und dann schnellen Schrittes zum Ausgang ging.

Sie warf die Tür auf und rief aggressiv: »Wir gehen! Der Lord kann offenbar nur vor Rüden wirklich Eier zeigen!«

X. Messers Schneide

Immerhin hatte er es versucht, redete Kardoran sich ein. Doch vor sich selbst musste er zugeben, dass es nicht besonders gut gelaufen war. Für weitere Beratungen nach den gescheiterten Verhandlungen lud er die gesamte Führungsriege Aramerias in sein Quartier.

Zwei Tage später fand das Treffen statt und in seinem Speisesaal saß Kardoran nun an seinem Tisch und hatte ein großes Buffet auftragen lassen. Er beobachtete die Gesichter der Generäle und Berater, die um die Tafel herumsaßen und wild durcheinanderredeten. Der Führer hatte alle sechs Jagres und deren untergebenen 18 Jukons geladen und zudem liefen ein paar Bedienstete immerzu hin und her, um für Essen und Trinken zu sorgen.

»Ruhe! Haltet die Schnauzen!«, rief Radovan, als ihm der Lärm plötzlich zu viel wurde.

Prompt setzte Ruhe ein und die Füchse am Tisch sahen ihren Führer verschreckt an.

»So, Leute«, begann dieser dann, »ich möchte, dass ihr wisst, wie es um unser Land bestellt ist: Die Wolfkönigin und ich sind zu keinem Ergebnis gekommen. Ihr Volk will das gesamte Jagrenat Banatorija für sich beanspruchen. Vor wenigen Stunden haben sie das Jukonat Tshutpri nun endgültig eingenommen. Kein einziger Fuchs ist mehr dort und kaum ein Stein steht auf dem anderen. Unsere Leute hampeln untätig an den Grenzen herum und scheißen sich in ihre Hosen, während sie hinter dem Zaun stehen. Ich möchte also speziell von unserem hochgeschätzten Jukon von Tshutpri wissen, wie das passieren konnte.«

Ein Aramerianer stand wortlos auf und senkte den Kopf. Kardoran schaute ihn an und warf ihm einen verächtlichen Blick zu.

»Na, sag schon! Wo liegt das Problem?«, fragte er dann sehr ruhig und erwartungsvoll.

»Moj'abari, ich wusste anfangs nichts von ihrer Bewaffnung. Was sollte ich tun?«, entschuldigte sich der andere Fuchs und blickte Radovan ängstlich an.

»Na, Schlaukopf, was glaubst du denn, was du hättest tun können?«, wollte dieser dann wissen und stand langsam auf. Er ging auf den Jukon zu, stellte sich hinter seinen Stuhl und hauchte ihm in den Nacken, worauf er zusammenzuckte und furchterfüllt Augen und Zähne zusammenpresste.

»Rede!«, schrie Kardoran und der andere Aramerianer verkrampfte kurz.

Er stammelte: »I-ich … habe doch … das Militär gerufen. Was s-sollte ich noch tun? … Es ging zu schnell, war zu hektisch. Ich wusste nicht mehr weiter. Mehr konnte ich nicht tun … Wirklich, Moj'abari!«

»Genau darauf habe ich gewartet«, flüsterte Kardoran ihm direkt ins Ohr, »auf den Moment, in dem mir jemand sagt, dass er nicht mehr tun konnte.« Völlig unvermittelt zog er ein Messer aus seiner Anzugtasche, legte es seinem Jukon an den Hals und schnitt ihm blitzartig durch die Kehle, wobei er selbst jedoch keine Miene verzog. Das Blut spritze in mehreren Schüben den gegenübersitzenden Füchsen in ihre Gesichter, worauf sie erschraken und der Verletzte sich den

Hals festhielt und nach Luft rang. Sein Fell wurde rot und nass und der Führer trat seelenruhig einen Schritt vom Stuhl zurück, sodass der Jukon durch den Raum taumelte und schließlich zu Boden fiel. Dort strampelte er noch einen Moment und röchelte, bis er sich nicht mehr bewegte. Eine große Blutlache bildete sich. Immer noch ungerührt davon, schaute Radovan ihm nach, ging zu ihm und spuckte verächtlich auf den leblosen Körper.

»Wo waren wir?«, fragte er und lächelte selbstzufrieden, als er sich wieder auf seinen Stuhl gesetzt und das Messer weggesteckt hatte.

Keiner traute sich, jetzt noch etwas zu sagen, denn große Angst hatte sich breitgemacht, was auch ganz in seinem Sinne war.

»Ach ja«, meinte er, »wir waren bei der Unfähigkeit und dem Versagen ... Hatte ich ja fast vergessen.«

Noch immer sagte niemand etwas und die Butler verließen zügig den Raum. Sie verschlossen die Türen, wohl wissend, was jetzt kommen sollte.

»Wie kann es sein, dass die Samos eine Brücke bis zurück an ihr Festland bauen konnten, ohne, dass irgendwer imstande war, dieses Scheißteil einfach kaputt zu sprengen? Kann mir das einer sagen? Warum ist unsere Marine so scheiße? Was ist mit den Ressourcen passiert, die ich dafür so großzügig bereitgestellt habe?«, fragte der Führer in die Runde.

Der Jagre von Banatorija stand auf und sprach mit kerzengeradem Rücken: »Moj'abari, sie haben doch Antennen aufgestellt, welche unsere Sensoren irreführen und all unsere Technik versagen lassen.«

»Ach, und wie ich die Sache so einschätze, arbeitet ihr klugen Köpfe schon daran, nicht wahr?«

»Ja, Moj'abari!«

»Das reicht aber nicht!«, schrie Kardoran nun. »Es ist zu spät! Alles ist zu spät! Scheiß auf ihre dreckigen Antennen! Warum schickt ihr niemanden dort hin und haut diese Dinger einfach zu Kleinholz?«

Ein anderer Fuchs erhob sich zusätzlich und erklärte: »Die Sendeanlagen stehen *irgendwo* in Tshutpri. Wir kennen die Standorte nicht und der ganze Osten ist für uns nur noch ein schwarzer Fleck, Moj'abari. Wir haben den Kontakt zu allen Informanten jenseits des großen Meeres und auch zu den Orten im Jukonat verloren.«

»Ja, ich weiß! Ihr seid alle Idioten! Alle, die ihr hier sitzt. Gerne würde ich jedem Einzelnen von euch die Rute rausreißen!«

Die Lage war festgefahren: Die Signale der Wölfe waren maskiert und man konnte deren Ursprünge nicht ausfindig machen. Zur Marine gab es ebenso keinen Funkkontakt mehr wie auch zu Spionageposten in Samojadja. Eine unfassbare Wut kochte in dem Herrscher und am liebsten hätte er alles um ihn herum zu Asche verwandelt.

Dann schaute er jedoch ganz entspannt, lehnte sich zurück und faltete die Hände hinter seinem Kopf zusammen. »Vielleicht mache ich das sogar«, sprach er und lachte laut, »bei lebendigem Leibe.« Sein diabolisches Gelächter war aufgesetzt, gespielt. Doch es ertönte im ganzen Gebäude und klang so furchteinflößend, dass es einem das Blut in den Adern gefrieren ließ.

Dann wurde er wieder sehr ernst, beugte sich nach vorn und fragte: »Seid ihr mit der Triangulation, der Ermittlung der Masten-Standorte, wenigstens etwas weitergekommen? Wenigstens das?«

Er blickte in Gesichter, deren Besitzer sich nur an ihren Köpfen kratzen, nachdachten und nichts dazu sagen konnten. Deshalb wurde er noch wütender, stand auf und warf seinen Stuhl quer über den langen Tisch durch den Raum, sodass er laut auf dem Boden aufschlug und zerbrach. Er ging zu einem großen Fenster, blickte nach unten und betrachtete die Aramerianer am Boden, die dem Alltag nachgingen, als wäre es eine Zeit des Friedens: Sie waren klein wie Ameisen und ungefähr so liefen sie auch umher: sorglos, nichts ahnend und stumpf.

»Wie klein wir doch geworden sind, so schwach und zerquetschbar«, dachte der Führer laut nach.

Er drehte sich wieder um und verschränkte die Arme hinter dem Rücken. »Wie kommt es, dass wir von ihrer Bewaffnung nichts wussten? Warum hat mich niemand ausreichend informiert?«, fragte er an alle gewandt.

Dann fingen die Füchse wieder an, wild durcheinanderzureden, gaben sich gegenseitig die Schuld für die derzeitige Lage und versanken völlig in ihren Schuldzuweisungen, als Kardoran den Kopf schüttelte und den Raum durch eine große Tür verließ.

»Jabovo, komm her!«, rief er einen Diener zu sich.

»Ja, Moj'abari!?«

»Ich möchte, dass du den grünen Knopf drückst. Sorge bitte dafür, dass danach jemand die Sauerei aufräumt, ja?«

»Ja natürlich, Moj'abari!«, bekam Radovan zur Antwort und sein Untertan verbeugte sich.

»Ich bin vorerst nicht zu sprechen. Wenn jemand was will, soll er später wiederkommen, ist das klar?«

»Natürlich! Alles klar, Moj'abari!«

Als sein Bediensteter fortging, blieb Kardoran direkt vor der Tür stehen und konnte die endlosen Diskussionen noch immer hören. Er schüttelte wieder den Kopf und vernahm ein leises Zischen: Sein Befehl war es, den ›grünen Knopf‹ zu drücken, was bedeutete, dass eine Sicherheitsvorkehrung aktiviert werden sollte, die ein Gas in den Sitzungssaal leitete, sodass alle hierin gefangenen eines grausamen Erstickungstodes sterben würden. Dieses barbarische Verfahren wurde nie zuvor eingesetzt und war einst eine Erfindung seines paranoiden Vorgängers. Jetzt wollte der Führer alle Amtsträger mit einem Schlag ausschalten, denn er hielt sie für unfähig, undiszipliniert, dumm und überfordert. Deshalb beschloss er, zunächst Kontakt zur Mutterwölfin Eria aufzunehmen, denn vielleicht wusste sie ja Rat.

Kardoran schloss die Augen und lauschte dem immer lauter werdenden Husten und Schreien. Nach wenigen Sekunden polterte es an der Tür und zahlreiche Hilferufe durchdrangen seinen Geist. Doch von all dem unbeeindruckt wartete er ab, bis auch das letzte Wehklagen verstummte und das viele Krallenschaben an der Tür endete. Das Gas wirkte schnell und heftig, tötete aber unter unvorstellbaren Qualen.

Schreie.

Husten.

Folter.

Stille.

Radovan rief Jabovo wieder herbei und wies ihn an, den Familien der Toten eine Nachricht zukommen zu lassen: »Sage ihnen, dass der erstgeborene Sohn nun die Position des jeweiligen Vaters innehat, bis ich anders entscheide. Ihre Väter sind für Volk und Vaterland bei einer Begehung der Grenze zu Tshutpri gefallen.«

»Ja, Moj'abari!«, rief sein Diener aus, verbeugte sich schnell und ging.

Einen kurzen Moment stand der Führer noch an der Tür und dachte, wie schön doch diese Stille sei und dass in ihr die einzige Wahrheit dieser Welt liege. ›Was sie mir jetzt zu sagen haben, ist das Einzige, was ich noch hören will‹, dachte er bei sich.

Im Moment war er sich der Konsequenzen dieses Massenmordes nicht bewusst, war sich aber sicher, dass diese Entscheidung seine Richtigkeit hatte.

Er seufzte und ging den großen Flur entlang. Auf einem kleinen Tisch, an dessen Seite ein Stuhl gestellt war, stand eine Schale mit Kopa'chekas. Der Führer setzte sich und begann zu essen. Er wurde müde und fand sich vor einer großen Tür wieder, die er durchschritt und dann auf einer grünen Wiese stand. Er lief ein paar Schritte, bis er an eine Stelle kam, an der das Gras plattgedrückt aussah, und setzte sich.

Nach einer Weile, in der er der Stille lauschte und sich den warmen Wind um die Nase wehen ließ, tauchte plötzlich Eria auf und setzte sich neben den nachdenklichen Führer.

»Was ist los, Radovan?«, fragte sie mit ihrer ruhigen, warmen Stimme.

»Ich habe für Ruhe gesorgt, Mutter.«

Eria seufzte leise, nickte und sagte dann: »Ja, ich hatte das erwartet. Warum hast du nur so voreilig, aggressiv und unsinnig gehandelt, mein Sohn?«

Radovan hob den Kopf, schaute in den Himmel und seufzte zufrieden. »Na, weil sie mich genervt haben. Serena, diese Schlampe, tat ihr Übriges«, antwortete er knapp.

»Ist das alles?«, wunderte sich die Wölfin. »Sie haben dich *genervt*? Deshalb nimmst du dir das Recht, ihre Leben zu beenden? Das kann doch wirklich nicht dein Ernst sein, Radovan.«

»Klar, ich bin der Führer. Was hätte ich denn machen sollen? Sie sind alle unfähige, dumme Petoms!«, versuchte der Rüde seine Tat zu rechtfertigen.

Doch seiner Mutterwölfin missfiel das gründlich und sie schüttelte nur verständnislos den Kopf. Sie schimpfte laut: »Radovan, sie sind alle meine Kinder! Wie kannst du so etwas tun und dann hierherkommen, um dir von mir einen Rat oder eine positive Bestärkung zu holen?«

»Jetzt halt mal die Luft an, Chenea!«, herrschte Kardoran. »Du hast mir den Auftrag gegeben, dieses Reich zu beschützen. Du hast gesagt, ich solle jedes Mittel einsetzen, dafür zu sorgen, dass es nicht auseinanderfällt!«

»Das stimmt schon, ja, aber habe ich dir auch gesagt, du sollst die Samojedaner einsperren, versuchen, sie auszurotten? Schlimme Dinge mit ihnen zu tun, nachdem du sie entführt hast? Habe ich dir vielleicht gesagt, dass ich mir das wünsche, dass aus dem Hass ein Krieg entsteht? Nein! Ich habe dir gesagt, du sollst Arameria mit Weisheit und Güte regieren und nicht etwa Massenmord begehen, um Angst zu schüren und die Krise zu verschlimmern, du Dummkopf!«, schrie Eria ihn an, woraufhin er den Kopf senkte und kleinlaut wurde.

»Ich habe nur dafür Sorge getragen, dass dein und Arams Blut rein bleiben.«

»Ja, das hast du versucht. Besser noch: Es ist dir gelungen! Denn jetzt wird deine Art bald aussterben und du trägst eine Mitschuld daran! Verstehst du immer noch nicht, dass manche Samojedaner ebenso mein Blut sind wie ihr? Es geht nicht um Arams Blut, sondern um das von Banato.«

»Ach verdammt! Hör schon auf damit! Banato hat dich vergewaltigt. Oder willst du mir etwa sagen, dass das ganz nett war?«

»Nein«, seufzte die Wölfin, »das war sicher kein Vergnügen. Du willst immer so klug sein. Dann solltest du auch wissen, dass Banatos Vergewaltigungen dich und alle anderen erst hervorgebracht haben. Es gab nach ihm keinen anderen Rüden an meiner Seite.«

Radovan dachte einen kurzen Moment nach und konnte nicht fassen, was er da zu hören bekam. »Warum sehen wir dann aus wie Füchse, wenn dein erster Sohn doch so wölfisch war?«, warf er ein.

»Seid froh darüber, dass ein Teil meines geliebten Aram in euch weiterleben kann«, sprach Eria jetzt wieder ganz ruhig. »Warum lässt du eine Freundschaft mit den Samojedanern nicht zu, obwohl sie verhindern kann, dass deine Art zugrunde geht?«

»Dann sag mir doch, was ich jetzt tun soll! Du bist doch immer so weise!«, schrie Radovan verzweifelt und blickte ihr in die Augen.

Doch die Mutterwölfin schüttelte nur den Kopf. »Oh nein«, entgegnete sie voller Selbstbewusstsein, »das werde ich nicht tun. Entweder, du erkennst, was wichtig und richtig ist, oder du hast das Vertrauen, das alle in dich gesetzt haben, nicht verdient, Radovan. Genauso wenig wie deine Uniform.«

»Ich kreuze unsere Art nicht mit Vergewaltigern, Wilden und Verrätern! Wenn mein Raumschiff fertig ist, suche ich mir lieber eine andere Möglichkeit. Es ist nur noch eine Frage der Zeit, Chenea«, meckerte Kardoran und stand auf.

Er wollte gerade wieder gehen, als die Wölfin fragte: »Das Raumschiff hast du ja dann, aber was, wenn es dort oben keine anderen Anthros gibt, die sind wie ihr?«

»Wir werden schon welche finden, da kannst du Gift drauf nehmen«, herrschte der Rüde.

»Radovan!«, rief die Wölfin ihm nach, worauf er stehen blieb, sich aber nicht umdrehte.

»Was?«, brummte er aggressiv.

»Ephraim hat mich und Aram vor zweitausend Jahren vor den Menschen gewarnt: Sie würden diesen Planeten eines Tages finden und erobern wollen, sagte er.«

»Ja und?«, fragte der Führer und drehte sich jetzt wieder um.

»Was denkst du, woher die Samojedaner all ihre Waffen haben und wie sie so effektiv sein können?«, gab Eria dem Fuchs zu bedenken.

Dieser kam wieder auf sie zu und fragte völlig entgeistert: »Was meinst du damit?«

Die Wölfin schaute ihn traurig an, denn jetzt musste sie ihm die Wahrheit darüber erzählen, warum ein Frieden mit dem Feind, der keiner war, so wichtig war: »Neben der Tatsache, dass abtrünnige Füchse sie versorgen, erhalten sie Lieferungen von gajanischen Satelliten. Durch die Nutzung aramerianischer Technologie ist es den Samojedanern gelungen, Kontakt mit den Gajanern aufzunehmen. Sie sind lange hier, die Menschen. Nicht auf diesem Planeten, jedoch in den Köpfen seiner Bewohner.«

»Nein«, erschrak Kardoran, »du lügst! Serena hätte es bestimmt durchblicken lassen.«

»Warum sollte sie dir das denn sagen? Was glaubst du denn, weshalb sie sich so siegesgewiss gibt? Denkst du, sie hat so viele Ressourcen? Hast du gedacht, du solltest Arameria nur vor physischer Anwesenheit der Gajaner beschützen? Nein, mein Sohn. Die Menschen haben auf anderem Wege Zugang gefunden, und sie helfen den Samojedanern, diesen Krieg zu gewinnen.«

»Wie bitte? Ich werde diese Hundesöhne …«

»Radovan, verstehst du den Sinn in allem denn immer noch nicht?«, unterbrach Eria sein Fluchen. »Sie helfen den Samojedanern doch nicht uneigennützig.«

Der Führer dachte kurz nach und verstand dann plötzlich, was Eria ihm sagen wollte: »Sie wollen mithilfe der Samos unsere Rasse eliminieren … Und wenn dann nur eine Art da ist, starten sie eine Invasion … Oh, verdammt!«, leuchtete es dem Fuchs ein, was die Göttin ihm sagen wollte.

»So ist es. Die Menschen sind sehr gierig«, nickte sie dann. »Sie sind sehr einfallsreich und listig, wenn es ihnen nach Ressourcen und Macht dürstet. Und wenn niemand mehr diesen Planeten beschützen kann, machen sie sich breit.«

»Sie wollen uns *alle* auslöschen? Aramerianer, Samojedaner, alle Arten auf AlphaVul? Dann muss ich eben diesen Krieg gewinnen, Wölfe *und* Menschen besiegen!«, rief Radovan aus und ballte mit zusammengebissenen Zähnen die Faust.

Die Wölfin seufzte und schüttelte auch jetzt wieder ihren Kopf: »Nein, du hast gar nichts verstanden, Radovan. Eure Existenz ist der Tanz auf Messers Schneide. Eine falsche Bewegung und das war's. Du musst diesen Krieg friedlich beenden. Ihr müsst zusammenstehen, Wölfe und Füchse, um die Menschen zu vertreiben, ehe sie unseren Planeten so behandeln wie den ihren.«

Der Fuchs drehte sich wieder um und ging zur Tür zurück. »Wie gesagt, mein Reich und ich, wir verhandeln mit Terroristen nicht! Ich töte die Söhne und Töchter dieses Vergewaltigers, die keine Füchse sind«, sagte er laut und durchschritt die Tür zum Flur.

Eria, die er nun einfach so hatte stehen lassen, sah ihm traurig nach und sprach leise zu sich selbst: »Es wird wohl dein größter Fehler werden, Radovan. Ich hoffe nur, dass du dieser Welt nicht mehr lange schaden kannst.«

Radovan wachte aus seinem Zustand der Trance auf, stand von dem Stuhl auf und begegnete einem seiner Diener. Dieser verneigte sich und fragte, ob sein Gebieter nun hungrig sei.

»Nein, bin ich nicht«, murrte dieser nur böse und schritt durch den Flur.

»Kann ich denn sonst noch irgendetwas für Euch tun, Moj'abari?«

»Nein, lass mich in Ruhe. Ich will ins Bett.«

»Ja, mein Gebieter, natürlich. Gute Nacht«, verneigte sich der Bedienstete knapp und ging.

In seinem riesigen Schlafzimmer angekommen, kamen Kardoran seine Hunde entgegen: Es waren vier Huskys und drei Schäferhunde, alles ausgewachsene Rüden, zwischen drei und sieben Jahre alt.

Der Fuchs beugte sich zu seinem Rudel herunter und lachte: »Hey, meine Jungs! Wie geht's euch denn? Wart ihr schön spazieren? Habt ihr gut gegessen?«

Die Hunde scharwenzelten um ihren Herrn herum, als hätten sie ihn eine Ewigkeit nicht gesehen. Sie wackelten mit den Hinterteilen und ein paar von ihnen bellten und quiekten vor Freude. Der Fuchs begrüßte jeden von ihnen ausgiebig und drückte sie an sich.

»Ach, wie habe ich euch vermisst«, sprach er froh. »Ich muss mal wieder mehr mit euch unternehmen.«

In seinem Zimmer standen mehrere Hundekörbe und Wassernäpfe für die Tiere. Das Bett war, so wie an jedem Tag, völlig zerwühlt und mit Hundehaaren übersät. Der Führer hatte sich den Raum zum Entspannen eingerichtet: Ein kleiner Wasserbrunnen plätscherte und viele seltene Grünpflanzen standen dort. Die Farbtöne der Einrichtung erinnerten an Terrakotta.

Plötzlich öffnete sich die Tür und ein junger Aramerianer kam herein. Er hatte Bettwäsche auf dem Arm und erschrak, als er Kardoran entdeckte, der sich gerade ausgezogen hatte und in Unterhose auf dem Bett saß.

»Oh verzeiht, mein Gebieter«, sprach der junge Rüde heiser, »ich hatte Euch noch nicht erwartet. Ich kann das Bett auch später machen, wenn Ihr es wünscht.«

»Nein, ist schon gut, Kleiner«, meinte der Ältere, stand auf und wies seinen Diener mit einer Handbewegung an, das Bett zu machen.

Die Bediensteten des Führers hatten alle im Reichsgebäude ihre Gemächer, denn dort waren sie jederzeit für ihn erreichbar. Es gab jedoch keinen Zwang, ihm zu dienen, sondern dies war in Arameria ein Privileg, welches nur wenigen zuteilwurde.

Der Jungfuchs nahm das alte Bettzeug zur Seite und legte das frische aufs Bett. Dabei beugte er sich nach vorn und Radovan stellte sich hinter den Knaben und beobachtete dessen Hintern und seine Rute.

»Gut machst du das«, lobte er und erhielt ein verhaltenes »Danke« zurück. Als Kardoran den jungen Fuchs so dabei beobachtete, wie er sich bewegte und immer wieder nach vorn bückte, überkam ihn ein Gefühl der Erregung: Er dachte, der junge Rüde sei ganz niedlich, jugendlich, unschuldig und gut aussehend. Was würde er, Radovan, nicht alles dafür geben, selbst noch einmal in dessen Verfassung zu sein?

»Wie alt bist du?«, fragte er.

Ohne seine Arbeit zu unterbrechen, antwortete der Knabe knapp und schüchtern: »Ich bin 16, mein Gebieter.«

›Was würde ich dafür geben, dich neben mir im Bett zu haben, süß wie du bist‹, dachte der Herrscher.

Das letzte Mal, dass er mit einem anderen Rüden intim war, war schon einige Tage her und es hätte einen so schlimmen, harten Tag wie diesen bestimmt leichter gemacht.

»Gut, wenn du fertig bist, bringst du die Hunde ins Nebenzimmer und kommst noch mal her«, befahl er.

Der Junge nickte, brachte dann die Tiere hinaus und kam schließlich wieder zu Kardoran zurück. Er hielt ein paar Schritt Abstand und schaute eingeschüchtert drein, denn die vergrößerte Beule in der Unterhose seines Führers war ihm aufgefallen und er ahnte, was diese zu bedeuten hatte: Radovan hatte regelmäßig Sex mit Rüden in seinen Gemächern. Dazu lud er sich dann immer *mindestens einen* seiner Untertanen ein. Der Knabe wusste davon, denn schließlich ging es dabei nicht immer leise zu.

In Arameria kannte man zwar moralische Altersgrenzen in Bezug auf sexuelle Kontakte, aber gesetzlich gab es keine festgeschriebenen Normen, da Fälle von Pädophilie gesellschaftlich kein Thema waren. Lediglich bestraft wurde, wer jemanden zum Verkehr zwang. Da dies aber nicht immer eindeutig bewiesen werden konnte, musste sich die Rechtsprechung oft auf einen gewissen Instinkt verlassen, den einem die Moral von allein mitgab. Nicht selten wurden dabei auch Urteile gefällt, welche später sehr umstritten waren. In solch einem Fall entschied letztlich der oberste Jagre von Arameria: der Führer.

»Du hast da die eine Ecke der Decke noch nicht geglättet«, merkte Radovan an und grinste süffisant.

Obwohl der Knabe sich sicher war, dass er zuvor alles richtiggemacht hatte, musste er wohl oder übel dem Befehl folgen. Er konnte ja nicht behaupten, Kardoran hätte die Bettdecke nachträglich und mit voller Absicht so präpariert, während er die Hunde hinausgelassen hatte. Er beugte sich also über das Bett und rückte die Decke zurecht, als er plötzlich auf seinem Rücken die Hand Radovans spürte und erschrak.

Dieser hielt seinen Diener an der Schulter und begann damit, ihn zu massieren, wobei er raunte und flüsternd fragte: »Wie heißt du, Süßer?«

»I-ich heiße Alijano, mein Gebieter«, stotterte der Junge und ließ die Bettdecke fallen. Dabei zitterten seine Hände, was Radovan bemerkte und lächelte.

Nun würde folgen, wovon man sich im Kreise der Bediensteten erzählte: Man tuschelte allerhand Geschichten über die Praktiken, welche Radovan mit Jünglingen und mit Gleichaltrigen im Sinn hatte: Sie sollten ihm als Erotik-Modelle dienen und er, der Führer, würde abartige sexuelle Dinge mit ihnen tun. Natürlich fürchtete sich Alijano davor, denn schließlich musste an diesen Gerüchten etwas dran sein. Solche Geschichten entstanden nicht von allein – und schon mal gar nicht, wenn es um den Führer Aramerias ging! Was würde er nun mit ihm tun? Sollten all die Dinge wahr sein?

»Fürchtest du dich, Alijano?«, fragte Kardoran sanft, während der junge Aramerianer schluckte und zitterte.

»Ja, Sir«, bestätigte er.

Radovan ließ von ihm ab und setzte sich aufs Bett. »Warum? Was ist los?«

»Nichts … Gar nichts, Sir.«

»Tu nur eines nicht, Alijano: Lüg mich niemals an. Ich kann Lügen wahrhaft riechen, weißt du?«, sprach Kardoran mit fester Stimme und blickte in verzweifelte Fuchsaugen.

Sein Diener suchte nach passenden Worten. Was sollte er denn nun sagen? Dass er Angst davor hatte, dass sein Herr ihn ausziehen und sich an ihm vergehen würde?

»Setz dich zu mir, Alijano«, befahl Radovan ruhig und der Knabe tat, wie ihm geheißen war. Noch immer zitterte er und man hätte sein Herz im ganzen Raum schlagen hören können, völlig gleich, in welcher Ecke man sich befunden hätte.

»Ich möchte dir mal was erzählen«, begann der Herrscher. »Du weißt, dass ich sehr gut Emotionen lesen kann?«

Der Bedienstete nickte traurig.

»Warum sollte ich deine gerade ausgespart haben? Ich erfahre, was ich wissen will. Immer und von jedem hier. Und ich weiß, woran du gerade gedacht hast.«

Jetzt blickte ihn sein Untergebener mit aufgerissenen Augen an, eine Strafe fürchtend. »Nein Sir, ich will nicht, dass

Ihr denkt, ich …«, rief er und begann zu weinen, denn er hatte sehr viel Furcht in sich und konnte seine Tränen nicht zurückhalten.

Sein Herr jedoch legte einen Arm um ihn und sprach mit seiner eindringenden, tiefen Stimme: »Alijano, ich weiß, was man erzählt. Ich muss dir gestehen, dass teilweise an dem auch etwas dran ist, was die Leute sagen. Ich stehe auf Rüden und sicher mache ich auch den ein oder anderen Spaß hier in meinen Räumen. Das dürfte keinem meiner Diener entgangen sein, wie ich vermute.«

Dann begann der Führer, breit zu grinsen und ehe er darauf irgendetwas hätte antworten können, entflog Alijano ein leises Gekicher. Schnell legte er sich die Hand auf die Schnauze und stammelte immerzu, dass ihm das Leid täte und dass das ein Versehen war. Doch auch das veränderte die Stimmung des Herrschers nicht.

»Ja, ich habe hier viel Spaß. Aber für diesen bist du noch nicht Manns genug, Kleiner. Zwar wäre dein Körper reizvoll, keine Frage, jedoch wirkst du keineswegs so belastbar, wie ich es gerne hätte.«

Prompt fiel dem Jüngeren ein Stein von seinem ängstlichen Herzen und sogleich fühlte sich die Atmosphäre viel wohliger an. Tatsächlich schien Kardoran sexuell nicht an ihm interessiert zu sein, denn er nahm seinen Arm wieder von ihm und faltete die Hände.

»Alijano«, meinte er, »du sollst wissen, dass ich dagegen vorgehen werde, wie meine Diener über mich denken. Ich bin schließlich der Führer und notfalls töte ich sie alle.«

Radovan war der Alpha-Rüde. Dieser Tatsache war er sich gerade jetzt sehr bewusst. Diese Wahnideen, diese Gerüchte – das musste aufhören. Schließlich konnte sich die Leitfigur Aramerias nicht zum Gespött machen. Immer hatte seine Tochter ihn davor gewarnt, dass ihm seine Neigungen irgendwann zum Verhängnis werden würden, wenn er nicht aufpasste. Und genau hier, heute, an dieser Stelle wollte er damit anfangen: aufpassen, achtgeben, verschwiegen sein. Die Zeiten änderten sich gerade massiv und Radovan durfte keine Füchse um sich scharen, denen er nicht gänzlich vertrauen konnte.

Wieder blickte er den jungen Rüden lächelnd an und schaute eine kurze Weile in seine Augen. Alijano war die pure Unschuld: freundlich, unerfahren. Sicher wäre sein Tod ein großes Exempel für alle, die Unwahrheiten über Kardoran verbreiteten.

Als Alijano unverständig zurückblickte, gab Kardoran ihm einen unerwarteten Kuss und steckte seine Zunge in die Schnauze des Rüden. Dann sprang er auf: »Hey Kleiner! Nimm es mir nicht übel, aber ich konnte dir einfach nicht widerstehen.«

Der Junge stand fassungslos auf und begann zu weinen. Radovan hatte es *doch* getan!

Sein Gesicht war schnell von Tränen durchnässt und er fragte schniefend: »Kann ich sonst noch etwas für Euch tun, Moj'abari?«

»Nein«, meinte der Führer seufzend, »das wäre dann alles. Ich rufe dich dann, wenn ich noch etwas brauche.«

»Ja, mein Gebieter«, sagte Alijano traurig und geschockt, verneigte sich und ging aus dem Zimmer.

Radovan konnte hören, wie er im Flur ein lautes Weinen anfing, doch das ließ ihn völlig kalt: Er war nur froh, dass er jemanden gefunden hatte, durch den er die Wahrheit erfahren hatte. Schließlich war er der Führer und konnte sich Informationen verschaffen, wann immer er sie brauchte.

›Das war es wert. Wartet ab!‹, dachte er selbstsicher.

Als er seine Hunde zurück ins Zimmer holte, sinnierte er in seinem Inneren schon, wie er mit all den Zweiflern und Intriganten verfahren wollte: Mit aller Härte würde er alle, denen er diese gemeinen Lügen zutraute, bestrafen. Sie würden schon sehen. Und wieder hatte Kardoran die Idee, Alijano als ersten Sklaven zu bestrafen. Schließlich bedeutete dessen Name auch ›Erlösung‹. So sollte auch er der Erste sein, der die vermeintliche Erlösung seines Herrn empfangen würde.

Die Gedanken Radovans kreisten um seine Diener und wie sie um ein Entkommen flehen würden, als er plötzlich sehr traurig wurde und merkte, dass er alles falsch gemacht hatte, was es falsch zu machen gab: Faktisch hatte er Alijano innerlich zum Tode verurteilt, wenn dieser auch gar nichts mit all den Lügen zu tun haben sollte. Was sollte er jetzt tun?

»Ich muss das durchziehen«, dachte er und beschloss, seinen Plan schnell umzusetzen.

Er wusste, dass es auch für den Kuss von vorhin keine Entschuldigung gab, auch wenn er nicht Herr seiner Sinne gewesen war.

»Es tut mir sehr leid, Alijano«, flüsterte Radovan, während er sich ins Bett legte.

Er rief laut nach einem Diener, wonach sofort die Tür aufging und ein Aramerianer schnell das Gemach betrat.

»Ihr habt gerufen, mein Herr?«, fragte dieser.

»Das habe ich«, antwortete der Führer. »Ich möchte, dass du etwas für mich erledigst.« Er winkte den Bediensteten zu sich heran und flüsterte ihm einen Auftrag ins Ohr.

»Sehr wohl, Moj'abari! Ich erledige es sofort.«

Eine weitere Verbeugung folgte und der Diener ging.

Kardoran sprach: »Licht aus!«, worauf das Licht erlosch und er sich auf die Seite drehte.

Was er befohlen hatte, war, dass Alijano sein eigenes Gemach nicht erreichen sollte: In einem der Flure ging er um eine Ecke und wurde vom Schatten irgendeines anderen Anthros gepackt und mit einer Hand vor seiner Schnauze durch den Gang gezogen. Weit ab vom Zimmer des Führers wurde er, unfähig zu einem Schrei oder einer Gegenwehr, von sehr starken Armen erwürgt und sein lebloser Körper verschwand.

Mit seinen Hunden kuschelnd, schlief Radovan unterdessen ein und wälzte sich den Rest der Nacht über sehr unruhig.

Am nächsten Morgen erinnerte er sich nicht mehr an das, was er geträumt hatte, aber Erias Stimme klang den ganzen Vormittag über in seinem Kopf nach, während er seine Hunde in Bolemare spazieren führte: »Es wird eine Generation kommen, die offener, friedlicher und weiser ist. Sie ist schon fast da und bereit für Veränderungen, um eine neue Zeit einzuläuten.«

Als Amarok und Joliyad auf den großen Turm zugingen, blickte der Wolf sich immer wieder um und studierte die Umgebung gewissenhaft.

»Sehr große Häuser habt ihr hier. Eine mächtige Stadt. Und in dem Ding da sitzt euer Boss?«, fragte er.

»Ja, so ist es. Ich frage mich allerdings, wo die ganzen Wachen sind. Soweit ich weiß, stehen hier viel mehr Füchse herum. Das scheint mir eher die Grundstaffel zu sein. Möglich, dass sie alle an die Front gehen mussten und dass man die Bewachung reduziert hat«, sprach Joliyad nachdenklich.

»Es wird schon seine Richtigkeit haben, Süßer«, meinte sein Freund und bat darum, mit dem InfoCom Fotos machen zu dürfen.

»Wir werden zwar sicher öfter hier in Bolemare sein, aber ich finde, dass das eine gute Idee ist. Es ist dein erstes Mal hier und so lernst du die Umgebung kennen. Außerdem weiß man nie, was sein wird, und wir haben etwas zur Erinnerung.«

Die Rüden liefen die große steinerne Treppe des Hauptquartiers hinauf und Amarok knipste fortlaufend Bilder.

»Bist du aufgeregt, Amarok?«

»Ja, ein wenig, aber es geht schon. Ich hoffe, dieser Fuchs lässt mich auch heile wieder raus.«

»Natürlich hast du etwas Angst«, verstand Kako, »aber Radovan wird dir sicher wohlgesonnen sein. Nicht umsonst hat er dir diesen Ausweis ausgestellt. Er ist ganz nett, du wirst sehen. Vielleicht lässt er sich ja umstimmen, was den Krieg angeht.«

»Wir werden sehen. Ich bin gespannt. Gehen wir!«

Nachdem er unterdessen per InfoCom aktuelle Berichte von der Front gelesen hatte, aß der Führer zu Mittag und murrte böse: »Eria, diese läufige Fähe … Wenn ich könnte, hätte ihr dummes Gelaber schon längst ein Ende.«

Während er noch speiste, wurde er von einem heraneilenden Diener gerufen: »Moj'abari, Ihr habt Besuch!«

»Wer ist es?«, wollte der Führer wissen.

»Ein Joliyad Kakodaze und ein Samojedaner namens Amarok, Sir!«

Verwundert blickte Radovan auf und lächelte. »Ja, da ist er. Er hat es geschafft, dieses Schlitzohr!«

»Sir?«, fragte sein Butler unverständig.

»Sieh zu, dass du noch was aufträgst und zwei weitere Plätze deckst. Danach lässt du sie zu mir.«

»Ja, Moj'abari!«

Der Tisch war bald für drei gedeckt und Kardoran war froh, noch nicht allzu viel gegessen zu haben. Er war gespannt, wie es seinem jungen Freund ergangen war und wer dieser Amarok sein würde. Vielleicht hatte er Informationen, die der Führer ihm entlocken konnte, indem er seine Emotionen las.

Als die große Tür sich öffnete, ging er lächelnd auf seine Gäste zu und rief: »Joliyad! Mein Freund! Wie geht's dir?«

»Hallo Radovan!«, rief Joliyad und warf sich in die Arme des Herrschers.

Sie drückten einander fest und ausgiebig und als sie wieder voneinander abließen, wandte Kardoran sich dem Wolf zu und meinte: »Und du musst Amarok sein.«

»Der bin ich, ja«, antwortete dieser nur kalt und lächelte nicht.

»Schön, dass ihr hier seid. Ihr müsst mir erzählen, wie die Reise durch Tshutpri war. Setzt euch bitte und esst. Es ist von allem reichlich da«, freute sich Radovan weiterhin und wies auf zwei leere Plätze.

»Wir sind ganz schön weit gelaufen. Da ja keine Züge mehr fahren, mussten wir uns eine Herberge suchen«, erklärte Joliyad und der Führer stimmte nickend zu.

»Im Moment sind es unhaltbare Zustände dort«, meinte er, während sich das junge Paar setzte.

In die Gläser kippten sie Kopa'che.

Amarok schaute abwesend, während sein Freund glücklich aussah und sofort zu essen begann. Er rief freudig: »Au ja, ich habe so einen Hunger, ich könnte glatt ein Pejaka fressen!«

»Ich hoffe, ihr mögt Kopa'che«, meinte Kardoran und lächelte. »Das ist das Zeug, was offenbar alle jungen Leute von heute so trinken. Ich habe allerdings darauf geachtet, dass diese Charge nicht so viel Alkohol enthält. Wenn ihr etwas anderes wollt, sagt es bitte.«

Der Samojedaner aber rührte nichts an, sondern schaute nur unbewegt in Kardorans Richtung, wobei auch dieser zu essen begonnen hatte.

Mit voller Schnauze fragte Joliyad dann: »Amarok, hast du denn keinen Hunger?«

»Nein«, knurrte der Wolf knapp.

Der Junge schluckte herunter, sah ihn fragend an und meinte: »Warum isst du nicht? Du musst das …«

Doch noch ehe er ausreden konnte, sprang sein Freund auf und schlug das mit Kopa'che gefüllte Glas quer über den Tisch, sodass es auf den Marmorboden fiel und in tausend glitzernde Scherben zerbrach.

»Ich habe keine Lust auf dieses Geplänkel! Das ist alles Schwachsinn! Soll ich mich hier hinsetzen und so tun, als wäre nichts passiert?«, schrie er.

Radovan war zuerst erschrocken, blickte dann aber ernst und wischte sich stilvoll mit einem Tuch die Schnauze ab.

»Gut, junger Mann, wenn du nicht essen und trinken willst, dann willst du sicher reden«, sprach er und räusperte sich.

»Oh ja, wir werden reden!«, rief der Wolf.

Jetzt stand auch sein Geliebter auf und schaute verständnislos: »Amarok! Was soll der Blödsinn? Ich dachte, du freust dich, Radovan mal kennenzulernen?!«, sagte er.

»Und wie ich mich darauf gefreut habe, diesem Schwein mal gegenüberzutreten, das Hunderte meiner Landsleute und meine ganze Familie umgebracht hat! Tut mir leid, Joliyad, aber ich kann uns dieses scheinheilige Getue nicht länger zumuten«, knurrte der Wolf.

Radovan verstand und wies sein Personal mit einer Handbewegung an, den Raum zu verlassen, was alle auch sofort taten.

»Setz dich, Samojedaner. Erst dann reden wir. Und auch nur dann, wenn du dich nicht noch mal im Ton vergreifst. Ist das klar?«, sprach er jetzt sehr böse.

Doch Amarok dachte nicht daran, sondern blieb stehen und zischte: »Ich stehe lieber aufrecht, wie es sich für einen Samojedaner gehört … Natürlich nur, wenn es Eurer Heiligkeit recht ist.«

»Setz dich hin, Amarok! Mach, was er sagt, bitte!«, flehte Kakodaze und ließ sich wieder in den Stuhl sinken. Er hatte sichtlich Angst davor, dass dieses Treffen eskalieren würde, und wollte jetzt lieber still sein.

Sein Gefährte setzte sich, langsam und widerwillig. Er tat es für Joliyad, was diesem einen Seufzer der Erleichterung entlockte.

»So können wir viel besser reden, findest du nicht, Samojedaner? Jeder muss wissen, wo sein Platz ist«, grinste Radovan hämisch.

Amarok grummelte leise, denn am liebsten hätte er diesem Fuchs sofort und an Ort und Stelle den Hals umgedreht. In ihm kochte es und er malte sich aus, wie er den Kopf dieses verhassten Wichtigtuers auf die Tischplatte knallen würde. Doch es half nichts: Er musste sich um des Friedens willen zurückhalten, auch wenn er innerlich zu platzen drohte.

Wut und Hass.

Innerer Schmerz.

Bebende Lefzen.

Zitternde Muskeln.

»Dann schieß los. Was willst du mir sagen?«, fragte Kardoran und verschränkte die Arme. Er blickte ernst und versuchte, die Gedanken des anderen Rüden zu lesen, was ihm aber nicht gelang. Es schien in Amarok eine Barriere zu geben, wie er sie bei noch keinem Anthro zuvor gespürt hatte. Das wunderte ihn zwar, aber er ließ sich nichts davon anmerken.

»Ich hätte gerne gewusst, warum es nötig war, meine ganze Familie zu töten, Eure Durchlaucht«, stichelte der Wolf, wobei er verstohlen in Radovans Richtung blickte und merkte, dass sein Wolfsherz schneller schlug. Sein Atem wurde tiefer, ganz gleichmäßig und er spürte, wie sein Körper Kräfte sammelte, um sich auf Angriff oder Verteidigung vorzubereiten.

Joliyad konnte nicht fassen, dass sein Geliebter sich gerade tatsächlich mit dem mächtigsten Aramerianer anlegte, den es gab. Aber auch er war gespannt darauf, was Kardoran antworten würde. Außerdem gefiel ihm sein Wolf nun sogar noch etwas mehr, denn er hatte Mumm und war emotional weit stärker als Joliyad selbst – das musste man ihm schließlich lassen.

»Okay, Samo. Ich werde dir sagen, warum das nötig war: Dein Vater war Kopf der Widerstandsbewegung und kostete viele Leben auf unserer Seite. Er hatte den Tod verdient. Deine Mutter und deine Großmutter? Kollateralschäden, da kann man nun mal nichts machen.«

Sofort nachdem er diesen Satz gehört hatte, sprang Amarok auf und schrie: »Du blöder, dreckiger Sohn einer verhurten Fähe! Ich reiße dich in Stücke!«

Er biss seine Zähne zusammen, während sein erklärter Feind nur die Augen zusammenkniff und langsam aufstand.

»Du willst also wirklich wissen, wer von uns der Stärkere ist, ja? Ich zerquetsche dich wie eine Fliege, du missratener Homo-Wolf!«, drohte er.

Kakodaze stand jetzt ebenfalls auf und sprach mutig: »Hört sofort auf mit diesem Schwachsinn! Ihr seid doch erwachsene Rüden!«

»Schnauze, Petom! Halt dich gefälligst da raus, sonst kriegst du nach ihm deine Abreibung!«, fauchte der ältere Fuchs.

Er und Amarok drohten einander knurrend und ließen sich gegenseitig nicht aus den Augen. Sie fletschten die Zähne und alles, was daran erinnerte, dass sie eigentlich humanoid waren, schien jetzt verflogen zu sein: Sie benahmen sich mit ihren Drohgebärden und den sich aufstellenden Nackenhaaren eher wie richtige Tiere.

»Fass ihn an und es wird das Letzte sein, was du tust, du dreckiger, perverser Schlächter!«

Als Amarok diesen Satz ausgesprochen hatte, wurde Radovan so wütend, dass er aus dem Stand auf den Tisch sprang und das Geschirr samt Essen in Richtung des Paares trat. Joliyad duckte sich gerade noch rechtzeitig, doch sein Freund bekam ein Glas ins Gesicht, welches in viele Splitter zerbarst und ihm eine Schnittwunde an der Stirn zufügte. Der Wolf schüttelte sich und konnte sich jetzt nicht mehr bremsen. Er sprang ebenfalls auf den Tisch und schrie: »Dann komm her! Ich habe keine Angst vor dir, denn ich bin der Widerstand!«

Beide Rüden knurrten laut und liefen aufeinander zu als Joliyad, der jetzt wieder hervorgekommen war, rief: »Nein! Hört auf! Bitte!«

Doch sie schenkten ihm keine Beachtung, denn es war zu spät, um noch etwas zu ändern. Ein Kampf musste beginnen, denn zu viel war bereits gesagt und Streit war nun unausweichlich geworden.

Kardoran schlug Amarok mit geballter Faust ins Gesicht, sodass dieser quer über den Tisch rutschte und das restliche Gedeck auf den Boden fiel. Er seufzte schmerzerfüllt und ehe er sich aufrichten konnte, rannte der Führer Aramerias schon quer über den Tisch auf ihn zu.

Joliyad erblickte sein hasserfülltes Gesicht: So hatte er ihn noch nie gesehen und er wusste, dass der Fuchs weitaus stärker sein musste als Amarok. Er würde Amarok töten, würde er, Joliyad, nicht einschreiten.

»Was soll ich nur tun?«, fragte er sich und sein Herz raste als er sah, dass Kardoran jetzt auf Amaroks Oberkörper kniete und ihn einhändig würgte.

»Du bist … der Kopf … des Widerstands und dafür töte ich dich!«, rief er und schlug wieder und wieder mit der freien Faust auf den Wolf ein, worauf dessen Lefzen bluteten.

Joliyad konnte nicht länger zusehen, denn die Kontrahenten würden nicht voneinander lassen und er müsste sich in diesem Moment für eine Seite entscheiden, ehe es zu spät sein würde. Er lief in eine Ecke des Raums, in der eine große Vase stand und nahm sie von ihrem Sockel. Der Fuchs überlegte kurz und ließ sie fallen, denn der Sockel auf dem sie gestanden hatte, sah viel schwerer aus als sie selbst. Mühsam schleppte er den Sockel in Richtung der Kämpfenden und seine Arme zitterten. Er sammelte all seine Kraft und schnaubte, während die anderen beiden noch immer auf dem Tisch rangen und Amarok um sich schlug.

Der Samojedaner rang nach Luft, schlug und trat und versuchte, den Hals des Aramerianers zu greifen, doch es gelang ihm nicht.

»Na, Samo, wie ist das? Willst du deinen Eltern nicht einen Besuch abstatten?«, fragte Radovan angestrengt und verbissen und drückte zu, so fest er konnte. Amaroks Gegenwehr wurde schwächer und sein Widersacher grinste: »Ja, lass los, Wolf. Lass es passieren! Wenn du wüsstest, wie sehr mich das gerade anmacht, einen so süßen Wolf so unter mir zu sehen.«

Vor dem geistigen Auge des Samojedaners lief sein ganzes Leben ab: Er sah sich, seine Eltern, Szenen aus seiner Kindheit. Er sah auch Joliyad, ihr erstes Mal, ihr Glück, ihre Küsse.

Er röchelte laut und als er kurz davor war, das Bewusstsein zu verlieren, sprang sein Freund auf den Tisch und schlug seinem Gebieter den Sockel mit aller Kraft an den Kopf, sodass dieser endlich von Amarok abließ, laut schrie und krachend vom Tisch auf die Erde fiel.

Der Wolf hustete wild und hielt sich die Kehle. Fast wäre er gestorben, aber Joliyad hatte ihm durch sein beherztes Eingreifen das Leben gerettet. »J-Joliyad, du ... du hast mir das Leben ...«, stotterte er, als sein Partner ihn in den Arm nahm.

»Ist schon gut. Warum hast du nur damit angefangen?«, fragte der Fuchs, immer noch aufgeregt und den Tränen nahe.

»Es muss ein Ende haben, Joliyad«, erklärte Amarok erschöpft. »Er lässt unsere Leute entführen und töten. Das muss endlich aufhören. Ich muss das beenden.«

Sie stiegen vom Tisch und sahen Kardoran auf dem Boden liegen: Er verlor Blut, denn er hatte eine große Kopfwunde, jedoch war dem Paar nicht klar, ob sie zu seinem Tode hätte führen können oder nicht. Die beiden Rüden standen ein paar Schritt entfernt und hatten Angst, ihn zu berühren.

Amarok fragte Joliyad: »Ist er tot?«

Der Fuchs sah nur ängstlich herüber und schüttelte den Kopf: »Ich weiß nicht. Ich weiß nicht, ob das jetzt besser wäre oder nicht.« Er zitterte am ganzen Körper. Was um alles in der Welt hatte er getan?

Ehe sie es überprüfen konnten, stand Radovan langsam auf, hielt sich den Kopf und taumelte. Er stöhnte und drehte sich zu den Freunden um, worauf sie erschraken und ihre Herzen pochten.

»Ihr beide werdet sterben! Auch du, Joliyad!«, schrie er und knurrte. »Dann kannst du deinem schwulen Wolf im Himmel bei Eria den Schwanz lutschen!«

Amarok, der wieder zu Atem gekommen war, rannte auf Radovan zu, wobei die Kontrahenten gleichsam jaulten und der Wolf sogar ein Geräusch wie ein Bellen von sich gab. »Lass ihn!«, schrie er dabei.

Als die Feinde sich gegenseitig in einem Faustkampf immer wieder schlugen, musste Joliyad wieder einschreiten, denn: Wenn Radovan die Gelegenheit erhalten sollte, würde er sie nun beide töten und Joliyad konnte auf keinen Fall zulassen, dass der Führer seinem Freund etwas antun würde. Die beiden Rüden standen Seite an Seite und versuchten, Radovan in einem wilden Handgemenge zu schlagen und ihn zu treten.

Irgendwann konnte Kakodaze sich hinter ihm in Position bringen und klammerte sich an seine Schultern. Er warf sich ihm um den Hals, was Kardoran als sehr einschränkend empfand.

»Geh runter von mir, Petom!«, rief er wankend und warf Kako über seine Schultern hinweg nach vorne.

Dieser flog durch den Raum gegen eine Wand und kam nach einem lauten Knall vor ihr zum Liegen, als Amarok dem Älteren im selben Moment in den Bauch boxte. Der Diktator sackte stöhnend zusammen und kniete auf dem Boden.

Er hatte Probleme, Luft zu bekommen und krümmte sich einen Moment, als der Wolf sich vor ihn stellte, auf ihn herabsah und sprach: »… das ist für meine Familie und meine Freunde.«

Dann schlug er seinem Feind mit aller Kraft und geballter Faust unters Kinn, wonach der nach hinten flog und auf dem Rücken landete. Der Knall, den das Zusammenschlagen seiner beiden Kiefer machte, durchzuckte die Luft wie ein Blitz und ließ die Lefzen Radovans aufplatzen. Er verlor zwei Zähne, die blutverschmiert auf der Erde umherkullerten.

Schnell drehte Amarok sich um, um nach seinem Freund zu sehen. Dieser lag noch immer auf der Erde an der Wand und rührte sich nicht.

»Joliyad!«, rief er und rannte zu ihm.

Doch sein geliebter Fuchs bewegte sich nicht und atmete auch nicht mehr. Amarok nahm ihn in den Arm und hielt ihn ganz fest. Der Kopf des Fuchses fiel schlaff nach hinten, denn sein Genick war gebrochen. Als der Samo versuchte, dem Fuchsherz zu lauschen, hörte er es nicht mehr schlagen und verstand nun: *Joliyad war tot!*

»Nein! Bitte, das darf nicht sein! Joliyad! Bitte nicht!«, schrie er und weinte laut. Er drückte den leblosen Körper krampfhaft an den seinen, schluchzte und schniefte. »Oh Joliyad, bitte nicht! Nein!«

Der Wolf hielt den Kopf seines Freundes in einer Hand und schloss mit der anderen sanft die weit aufgerissenen Augen.

Ihre blaue Farbe wirkte nun kalt.

Sie waren leer.

Leblos.

Tot.

Unendlich tiefe Trauer erfüllte den Samojedaner und es kam ihm so vor, als ob seine Seele zerrissen und in tief-schwarzen Rauch gehüllt wurde, der die ganze Welt er-stickte. Sein Herz war so schwer und sein Leben plötzlich so unendlich leer und sinnlos. Die Situation um ihn herum war ihm nicht mehr wichtig. Jetzt war ihm alles egal.

»Was habe ich getan?«, weinte er. »Du hast doch keine Schuld gehabt. Joliyad, mein Füchschen … Bitte, bitte sei nicht tot!« Er kniff seine Augen zusammen und Tränen durchnässten das Fell seines Wolfsgesichts. Sie tropften auf die Schnauze seines toten Freundes und er wischte sie ganz zärtlich mit dem Daumen weg. Dabei wimmerte er leise: »Du wolltest doch nur Frieden. Warum hat niemand auf dich gehört? Warum habe *ich* nicht auf dich gehört? Verzeih mir, mein Schatz! Du hast immer an das Gute geglaubt und gehofft. Und ich Idiot habe in meiner Wut mit den Pfoten danach getreten. Es tut mir so leid!«

Amarok blickte seinen Geliebten noch einen Moment lang an und gab ihm einen zärtlichen Kuss. Dann schloss er die Augen und sprach leise: »Jetzt siehst du aus wie ein Engel, mein Füchschen. Du bist dieser wirren Welt entkommen und vielleicht werden wir uns schon gleich wiedersehen, wo auch immer du jetzt bist, bei Samo und Jadja oder Aram und Eria.«

Zuerst wollte Amarok abwarten: Kardoran würde sicher bald wieder aufstehen und ihn töten und so könnte er wenigstens wieder mit seinem Joliyad zusammen sein. Doch er wusste auch, dass sein Freund dann umsonst gestorben wäre und so begann plötzlich ein wildes Feuer in ihm zu lodern: Der Wolf fasste sich ein Herz, öffnete die Augen und spürte, wie in ihm eine große Kraft erwuchs. Alles, was ihm zuvor Schmerzen bereitete, spürte er nicht mehr. Sein Blut, welches von seinen Lefzen tropfte, war plötzlich so heiß, als drohte es zu kochen. Alle Muskeln des wölfischen Körpers spannten sich an und innerlich verwandelte sich Amarok in eine kalte, unbesiegbare Kampfmaschine, gemacht, um zu töten.

Er drehte seinen Kopf zu Kardoran um, der jetzt wieder aufgestanden war und langsam auf ihn zu kam. Joliyads Liebhaber erhob sich langsam und mit jener Bestimmtheit und Souveränität, die jedem stolzen und freien Samojedaner in die Wiege gelegt worden war. Er zog seine Lefzen weit nach oben und seine Reißzähne waren jetzt zu metallenen Klingen geworden. So rannte er wutentbrannt auf Radovan zu, als dieser ihm gebeugt und schmerzerfüllt entgegenkam und ebenfalls maßlosen Hass in seinen Augen hatte.

»Du … wirst … jetzt sterben, Amarok!«, rief Kardoran abgehackt.

Der Wolf zog beim Laufen heimlich eine Klinge aus der Hosentasche. Es war das Jagdmesser, welches Joliyad zuvor bei ihm auf dem Regal gesehen hatte. Keiner hatte es ihm abgenommen, denn schließlich gab es nicht genügend Wachen, wie Amarok festgestellt hatte. Somit war diese Waffe sein Trumpf, falls alle Gespräche gescheitert wären, was ja nun der Fall war. Radovan konnte seine Gedanken nicht lesen, was bedeutete, dass auch er diese Geheimwaffe nicht erahnte.

Der Wolf rannte schnell, sehr schnell, doch ihm selbst kam jetzt alles wie in Zeitlupe vor: Er konnte die Anspannung jedes einzelnen Muskels in seinem Körper spüren. Blitze schienen seinen ganzen Körper zu durchzucken, als er einen hohen Sprung machte, knurrte und seine mit der Klinge bewaffnete Faust ausstreckte. Kardoran sprang ebenfalls in die Luft, um seinen Feind zu erreichen, und stieß einen Kampfschrei aus. Alles klang dumpf und stark verlangsamt. Ein letztes, langes Ausatmen des Samojedaners folgte und er riss seine Schnauze ganz weit auf.

Am Scheitelpunkt ihrer Sprünge trafen die Gegner einander und Amarok rammte dem Führer das Messer in die linke Seite des Halses. Beide schrien währenddessen laut auf und fielen krachend zu Boden, wobei Radovan auf dem Rücken landete, der Wolf den Sturz aber abfing und auf allen vieren aufkam. Von seinem Widersacher weggedreht hatte er den Kopf gesenkt und schnappte hastig nach Luft.

Was war passiert?

War er getroffen worden?

Hatte er den Fuchs getroffen?

Kardoran hielt sich den Hals, in dem das Messer steckte und schrie vor Schmerzen. Er strampelte mit den Beinen, um irgendwie Halt zu bekommen und sich aufrichten zu können. Dabei verlor er schnell viel Blut, das ein paar Schritte weit spritzte.

Der Samojedaner richtete sich auf, drehte sich um und ging langsam und selbstbewusst auf ihn zu, während der Ältere sich schwer atmend aufsetzen konnte. Krampfhaft versuchte er, sich irgendwie vor seinem Feind in Sicherheit zu bringen, und rutschte auf Blutlachen herum, als laute Geräusche durch den Flur in den Raum drangen: Schüsse aus Laserwaffen und Maschinenpistolen ertönten neben zahlreichen Schreien in aramerianischer und samojedanischer Sprache.

Der Führer drehte seinen Kopf zur Tür und schaute fassungslos drein, als Amarok sich vor ihn stellte und ihn aufklärte: »Du glaubst doch nicht, dass ich ohne Verstärkung hier wäre, oder? Ich habe das InfoCom Joliyads benutzt, um Fotos zu machen und sie meinen Leuten geschickt. Zu blöd, dass du deine Ressourcen nicht für deine Bewachung benutzt hast, Dummfuchs.«

»Du ... du Schwein! Hundesohn! Das ... wirst du mir büßen!«, schrie Kardoran, verzog sein Gesicht und versuchte, die blutende Wunde an seinem Hals abzudrücken. Er konnte den Blutverlust jedoch nicht eindämmen und seine Hand färbte sich tiefrot. Er versuchte erneut, die Gedanken des Wolfes zu lesen, was ihm aber wieder nicht gelang. »Warum kann ich nicht in dich hineinsehen, verdammt?«, fragte er verwundert.

»Das ist mir scheißegal. Das ist das Ende – dein Ende, Radovan! Nie wieder wirst du einen Wolf töten oder einen unschuldigen Fuchs wie Alijano ermorden!«, herrschte Amarok.

»Was? Woher …«, erschrak der Herrscher.

»*Ich* kann zwar keine Gedanken lesen, aber gut, dass meine Leute einen deiner Diener gestern noch abgefangen haben. Du hast ihn umbringen lassen und wirst gleich selbst sterben. Außerdem ist so ein InfoCom eine tolle Sache: Meine Leute waren die ganze Zeit über im Bilde.«

Jetzt fing der Führer an zu lachen. Aber es war ein Lachen, welches bedeutete, dass er verzweifelt war.

Dieser Wolf war sehr klug und hatte es tatsächlich geschafft, seinen Vorteil zu nutzen, wenn er dazu auch selbst seinen Freund hintergehen musste. Joliyad hatte er von seiner Spionage nichts erzählt und konnte so seinen Leuten wichtige strategische Informationen zukommen lassen.

Das füchsische Lachen verstummte abrupt, als sei es dem Führer im wahrsten Wortsinne im Halse stecken geblieben: »Seit wann seid ihr hier?«

»Ich bin erst seit heute hier, aber meine Leute schon lange vor mir. Lange genug, um deinen Untergang zu planen. Sie warteten nur noch auf meine Bilder, die ich hier in Bolemare vorhin erst gemacht habe«, erhielt er zur Antwort. »Ihr hättet mehr Wert auf Verteidigung und Sicherheitssysteme legen sollen, anstatt euch hier auf eurer kleinen Insel so sicher zu fühlen.«

»Gut, du hast gewonnen, Samo. Und jetzt geh und lass uns in Ruhe … Behalt das ganze scheiß Jagrenat von mir aus!«, rief Radovan, als Amarok vor ihm stand und zu ihm herunterblickte.

Plötzlich ertönte eine laute Explosion und die Erde bebte so stark, dass Teile der Decke einzustürzen drohten.

»Was … Was ist hier los?«, fragte der Führer verängstigt und blickte sich erschrocken um.

Durch die Erschütterung musste er sich nun auch mit der Hand abstützen, die erst seine Verletzung bedeckte und so konnte Amarok sein Messer in der tiefen, klaffenden Wunde sehen, aus der das Blut pumpend herausschoss. Die Waffe war fast bis zum Ende der Klinge versunken.

Die Kämpfe im Flur wurden lauter, denn Amaroks Freunde kamen offenbar immer näher.

»Wir haben deinen kleinen, netten Prototypen eines Raumschiffs gefunden. Ein paar lustige Spielereien, Waffen zum Beispiel. Wir nehmen ihn als eine Art Kriegsreparation für unsere Forschung mit, wenn du nichts dagegen hast«, zischte der Wolf ernst.

»Nein! Nicht das Schiff!«, rief Radovan. »Ah, verdammt, ich brauche einen Heiler! Willst du mich hier etwa so sterben lassen?«

Der Wolf drehte sich kurz zu seinem toten Freund um und wurde wieder traurig und wütend zugleich. Tränen füllten noch einmal seine Augen und er schloss sie kurz, bevor er sich wieder seinem Feind zuwandte und sich vor ihn kniete.

»Was hast du vor, Samojedaner?«, fragte der.

»Ich werde dir Gnade zukommen lassen. Ich lasse dich nicht so jämmerlich sterben, Kardoran.«

Eine weitere, schwere Explosion sorgte für den Einsturz eines Teils der Decke des Speisesaals, wobei Kakodazes Freund fast den Halt verlor, sich aber fangen konnte und dabei schnell das Messer aus dem Hals des Aramerianers herauszog, was dieser mit einem lauten Schrei quittierte: »Scheiße! Du Schwein! Eria, hilf mir!«

Danach vernahm Radovan ganz leise die Stimme der Mutterwölfin, die sagte: »Nein, mein Sohn, es ist zu spät.«

»Ja, ruf nach deiner Mama!«, lästerte der Wolfsrüde böse.

»Du Wichser! Scheiß Samo-Schwuchtel!«, fluchte der Führer dann mit letzter Kraft und hechelte vor Schmerz.

»Schönes Messer, nicht wahr?«, fragte Amarok und zeigte Radovan seine Waffe. »Das hat mir mal ein Alsatiat gegeben … Ich werde mich irgendwann bei ihm dafür bedanken, dass es lang genug für deinen Hals war. Die Hunde kommen übrigens auch hierher, über das Meer, aus südlicher Richtung.«

Kakodazes Freund kniete sich auf die Oberschenkel seines Widersachers und jetzt erkannte dieser, dass der Wolf ihn tatsächlich umbringen würde.

Er sprach: »Meinen Freund Joliyad wollte ich nie töten, aber dich und deine Sippe, du Bastard! Schade, dass ich mit dir keine Experimente machen kann. Du eignest dich sicher wunderbar für unsere Forschung.«

»Was? Experimente?«, wunderte der Wolf sich.

Kardoran hustete Blut aus und sprach röchelnd: »Warum sollte ich sie sonst entführen? Nur, um sie zu töten? Was glaubst du, was wir hier machen, du Schwachkopf?!«

Amarok schrie einen Satz, bei dem er, wieder und wieder, das Messer in den Oberkörper Radovans rammte: »Du … bist … ein … verdammter … Schlächter!«

Der Fuchs lag nun blutüberströmt da, mit weit geöffneter Schnauze und aufgerissenen Augen, jedoch lebte er noch immer, schnappte schnell und flach nach Luft.

Es ging für ihn zu Ende.

Sein letztes Gezerre, am Leben festhaltend.

Chancenlos den Kampf verlierend.

Sein Feind schaute verbissen, legte ihm das Messer an die Kehle, beugte sich weit über ihn und flüsterte in sein Ohr: »Sprich dein letztes Gebet, aramerianischer Höllenhund! Denn das hier ist dafür, dass du mir meinen Joliyad genommen hast.«

Langsam schnitt Amarok dem Führer Aramerias den Hals durch, was dazu führte, dass dieser seinen letzten, röchelnden Atemzug tat, am ganzen Körper zuckte und schließlich regungslos dalag. Während des gesamten Schnittes blickte Amarok tief in seine Augen und schaute ernst, zeigte seine Reißzähne und knurrte. ›Ich will sehen, wie dein Leben aus dir flieht‹, dachte er, bevor er einen Moment lang so auf Radovan kniend verharrte, als dessen Blut langsam aus der Kehle quoll wie aus einem Vulkan.

Der Samojedaner selbst war ebenfalls überall blutverschmiert und steckte das Jagdmesser zurück in seine Tasche. Völlig erschöpft stand er auf, hechelte und lief schnell zum

Körper seines Freundes, als plötzlich die Tür aufsprang und etliche bewaffnete Samojedaner mit schwarzen Masken den Raum stürmten. Der Speisesaal würde bald einstürzen und der Boden war mit Schutt bedeckt.

»Alles sichern! Na los!«, rief jemand und ein anderer Wolf erblickte Amarok, der sich seinen Geliebten jetzt auf die Schulter gelegt hatte, um dessen Körper nicht zurücklassen zu müssen.

Tosender Lärm von draußen durchdrang das Gebäude und wurde immer wieder von Schreien und Schüssen zerschnitten.

»Ist das da Radovan Kardoran?«, fragte der Uniformierte und deutete auf die blutüberströmte Leiche des Führers von Arameria.

Amarok nickte und humpelte langsam an ihm vorbei durch die Tür. Er weinte leise, als er den langen, mächtigen Flur entlangging und die riesigen Rüden-Statuen sah. Das alles hier würde es schon bald nicht mehr geben, genau wie seinen geliebten Joliyad. Was würde nun passieren? Wie weit würden die Samojedaner, seine Landsleute, in diesem Krieg gehen? Selbst nach der Einnahme Bolemares würde der Krieg womöglich nicht enden. Arameria war schließlich ein riesiges Land. Gab es dort aber auch eine Hoffnung, nach der sein Freund Joliyad sich so sehr sehnte?

Im ganzen Gebäude waren die Decken schon teilweise eingestürzt und die Luft war von Staub erfüllt, weswegen Amarok hustete und eine Pause machen musste. Er konnte nicht mehr und legte die Leiche seines Geliebten vorsichtig an einer Wand ab, sodass es so aussah, als würde der Fuchs dasitzen und schlafen. Der Wolf setzte sich neben ihn, legte die Hände vors Gesicht und schluchzte. Immer wieder liefen hektische Samojedaner-Soldaten an ihm vorbei und riefen wild durcheinander. Waffenfeuer ertönte nun seltener, weiter entfernt und einige Fuchsleichen lagen im Flur verstreut.

Amarok drehte Kako den Kopf zu und fragte niedergeschlagen: »Ach Joliyad, was soll ich jetzt nur ohne dich machen?«

Dann beugte sich einer der Soldaten zu ihm herunter und reichte ihm eine Hand. »Bist du Amarok?«, fragte er durch seine Maske.

Der Wolf hatte Mühe, auch nur seine Silhouette zu erkennen, blinzelte und antwortete: »Ja.«

Wieder traf irgendetwas das Gebäude, worauf alles bebte, eine der Statuen umkippte und auseinanderbrach. Symbolisch brach nun das Reich Arameria auseinander, ein Land, welches so stolz und weit entwickelt, aber von einem rassistischen Diktator geführt und zugrunde gerichtet worden war.

Die Soldaten der Königlichen Armee liefen nun hastig in die entgegengesetzte Richtung, nämlich zum Ausgang, denn schon bald würde das gesamte Bauwerk einstürzen und man musste sich in Sicherheit bringen. Amarok sah, dass einer von ihnen den Leichnam Kardorans im Laufschritt durch den Flur trug, denn dieser sollte als Beweis, als eine Art Trophäe, mitgenommen werden. So hatte Joliyads Gefährte es damals mit seinen Leuten besprochen, ehe er sein Amt als Anführer der Widerstandsbewegung aufgegeben hatte.

»Komm mit«, sagte der Uniformierte, »wenn du nicht willst, dass dir hier alles um die Ohren fliegt.«

Der Wolf nickte und bat: »Aber mein Freund auch!«

Schnell half der Krieger dem jungen Wolf auf und legte sich den Körper Kakodazes über eine seiner Schultern.

»Es geht zu Ende. Gehen wir, schnell!«, rief er dann und lief mit Amarok an einer Hand, Kakodazes Körper tragend, Richtung Ausgang, wobei sie in einem schwarzen, stickigen Gemisch aus Rauch und Staub verschwanden.

FORTSETZUNG FOLGT...